JN087535

入門

3.X 対応

ブレンダー
Blender

—ゼロから始める3D制作—

伊丹シゲユキ 著

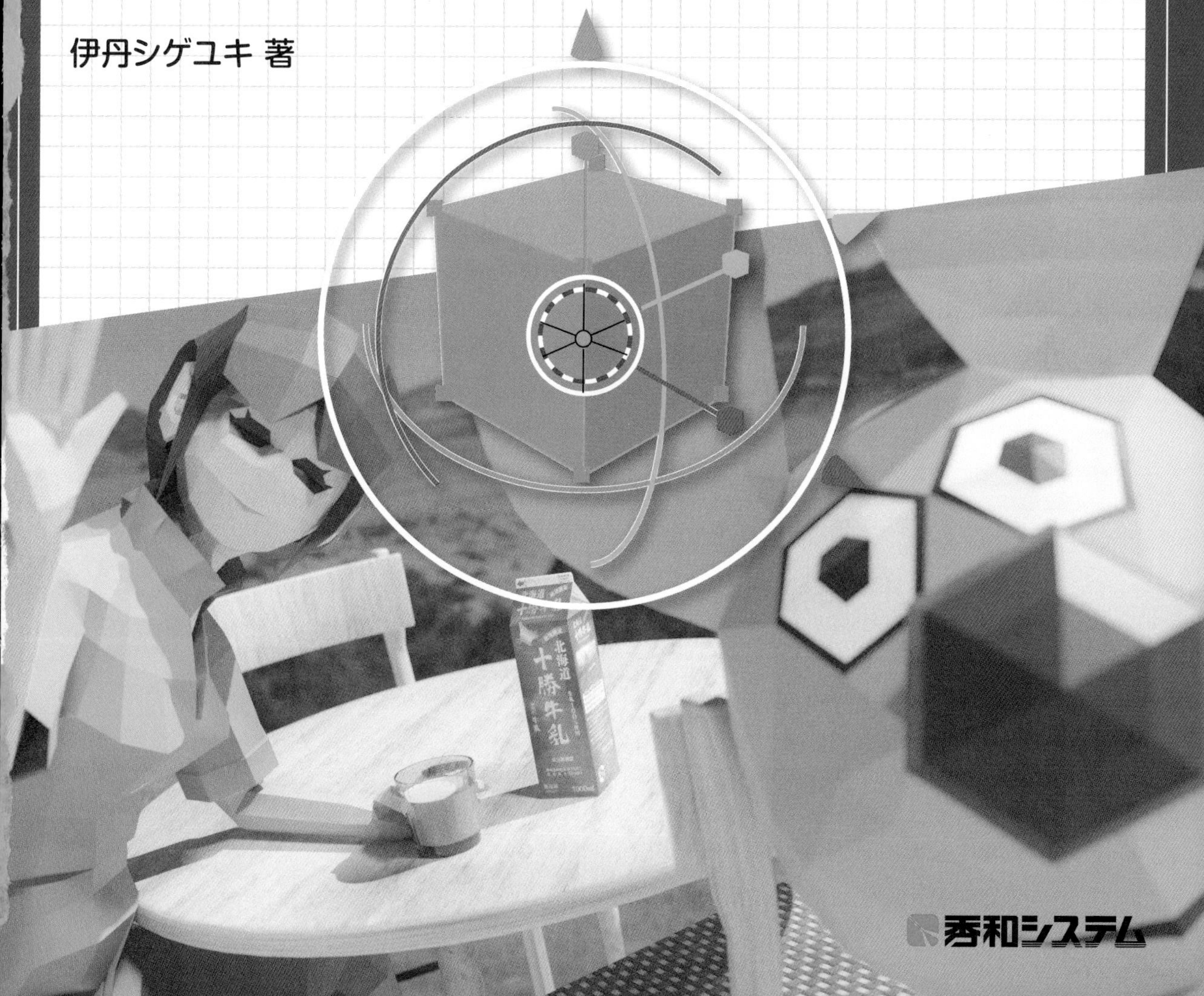

秀和システム

●本書で使用しているパソコンについて

本書はインターネットや3Dを扱うことができるパソコンを想定して解説しています。
掲載している画面やソフトウェアの動作が紙面と異なる場合があります。原因としては①「PC
仕様により異なる場合」(画面の見え方)、②「ソフトウェアの機能向上や改善による変更で異な
る場合」(表示内容や表示項目の増減など) があります。
パソコンのハードウェアやソフトウェアの仕様に関しては、各メーカーのWebサイトなどでご
確認ください。本書は執筆時点の各仕様で著作しております。

●本書の著作にあたり下記のソフトウェアを使用しました

・OS：Windows 10 Pro
・Blender 2.83 / 3.0 / 3.3 / 3.3.1LTS
パソコンの設定によっては同じ操作をしても画面イメージが異なる場合があります。しかし、
機能や操作に相違はありませんので問題なくお読みいただけます。また、Windowsや
macOSは常に更新されるので、紙面と実際の機能に相違が出る可能性があります。

●注意

(1) 本書は著者が独自に調査した結果を出版したものです。

(2) 本書は内容について万全を期して作成いたしましたが、万一、ご不備な点や誤り、記載漏れ
　　などお気付きの点がありましたら、出版元まで書面にてご連絡ください。

(3) 本書の内容に関して運用した結果の影響については、上記 (2) 項にかかわらず責任を負い
　　かねます。あらかじめご了承ください。

(4) 本書の全部、または一部について、出版元から文書による許諾を得ずに複製することは禁
　　じられています。

(5) 本書で掲載されているサンプル画面は、手順解説することを主目的としたものです。よっ
　　て、サンプル画面の内容は、編集部で作成したものであり、全て架空のものでありフィク
　　ションです。よって、実在する団体・個人および名称とはなんら関係がありません。

(6) 商標
　　Microsoft、Windows、Windows10は米国Microsoft Corporationの米国およびその他
　　の国における登録商標または商標です。
　　その他、CPU、ソフト名、企業名、サービス名は一般に各メーカー・企業の商標または登録
　　商標です。
　　なお、本文中では™および®マークは明記していません。
　　書籍の中では通称またはその他の名称で表記していることがあります。ご了承ください。

はじめに

こんにちは！

2020年に『入門Blender 2.9～ゼロから始める3D制作～』が出版されて早くも2年が過ぎました。
　世界中の多くの人々が現在も続くCOVID-19によって行動を制限された大変な2年でしたが、Blenderにとっては飛躍の年となったことも確かです。
　新たなUIや機能と共にリリースされたBlender 2.9は、期待以上に多くのユーザーを獲得し、幾つもの3DCGプロダクションがメインツールとしての導入に踏み切りました。

　利用者の多いオープンソースには更に人と情報と技術が集まります。
　本書はそんな留まることを知らずに進化し続けるBlenderの3バージョン対応の改定版となっています。
　前回と同様にこのバージョンを機に、初めてBlenderに触れる人も多いことでしょう。
　3DCGの世界に踏み込み、初めて手にするソフトウェアがBlenderであるという人も多いでしょう。
　「Blenderは機能的にOK？」、「Blenderは仕事に使えるの？」と言った3DCG初学者、Blenderを始めて手にする利用者、気になりながらも手が出せなかった3DCGクリエーターの質問に対しては自信をもって前回と同様に、「大丈夫！」と答えることができます。
　3DCGソフトウェアは非常に複雑です。しかしソフトウェアの目的が作品を作る手段の一つである以上、理屈を考え過ぎて足踏することは止めて、先ずはダウンロードして手を動かしてみましょう。
　Blenderのポテンシャルに疑問を持つ人は、是非世界中のアーティストの作品を見て下さい。

　筆者はクリエイティブワークに最も大切なことの一つが「自由である」と考えています。
　Blenderは「無料」と言う心強い味方とともに、その制作の自由を手に入れることができるツールです。3DCG制作に興味を持ちながら中々手が出せなかった人、解放され、自由な世界に飛び出して自由な創作を追い求める人、本書がそんな人達の第一歩になればこんなに嬉しい事はありません。

　Windows？　Mac？　Linux？　どれもOKです。
　さぁ、今直ぐBlenderを好きなだけダウンロードして3DCGの世界へ飛び込みましょう。
　フリーの3DCGソフトウェア、Blenderを手に入れて自由で無限の3DCGワールドを創りましょう！

伊丹　シゲユキ

目 次

Chapter 1 3DCGの基礎知識とBlender環境の構築

Chapter 2 Blender の基本

2-3　基本操作 …………………………………………………………………………… 66

Chapter 3

メッシュモデリングの基本

Chapter 4

カーブモデリング

4-1　カーブとサーフェス ……………………………………………… 172

Chapter 7 アニメーション

Chapter 8　アーマチュア

カメラ、ライト、そしてレンダリング

Chapter 10 その他の機能と関連情報

● 本書の読み方（ページ構成）

●サンプルデータ

本書で紹介している3Dモデルのデータです。ダウンロードしたファイルのフォルダ名が表示されています。なお、"サンプルデータ＝正解"とは判断しないでください。正解は幾つもあります。あなたにとってより簡単で合理的な方法があれば、それがあなたにとっての"正解"です。

●画面操作指示

・メニュー項目やプルダウンメニューなどの階層的な操作は、下記のように表記しています。

例：ファイルメニュー➡新規➡全般

・ショートカットキーの操作は、下記のように表記しています。
複数のキー同時に押す

例：[Ctrl] ＋ [N]

複数のキーを次々に押す

例：[G] ➡ [X]

・マウスのボタンに関する表記は、下記となっています。

左ボタン ➡ [LMB]
ホイール ➡ [MMB]
右ボタン ➡ [RMB]

✎ Point

本文では操作に必須な手順や情報を説明していますが、知っておくことで理解が早まる・高くなる情報をPointでは説明しています。

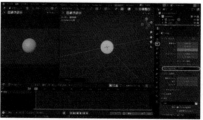

Chapter 7-2

ボールの移動アニメーション

SampleFile Chapter7-2_ball

ここでは簡単なボールの動きを例にアニメーションの実例を説明します。ボールが移動する、転がる、ジャンプするといった一連の動作を設定してみましょう。

1 ● ボールの準備

まず、ワークスペースを「Animation」に切り替えましょう。次にアニメーションの制作に使用するモデルとして簡単なボールを1つ作成します。

画面の「立方体」を削除した後、[Shift] ＋ [A]➡メッシュ➡UV球で球体を追加します。「フレームレート」は30fpsに設定しましょう。

▲「フレームレート」を30fpsに設定

> ✎ Point **ダイナミックトポロジーは便利＆コツが必要**
>
> 「ダイナミックトポロジー」使用時、「クレイ」は使用する距離と強さ、「メッシュ」の大きさと増減の関係で「太る」「やせる」のイメージが逆転しますので色々と試して感覚をつかみましょう。

298

●サンプルデータの入手

　本書で紹介している制作事例は、サンプルデータを用意しています。サンプルデータは、以下URLよりダウンロードしてください。

ダウンロードURL：https://www.shuwasystem.co.jp/support/7980html/6128.html

ファイル作成Blenderバージョン：Windows版　Blender3.3

ファイル作成、編集バージョン：2.9、3.0、3.1、3.2、3.3、3.3.1LTS

ファイル形式：blend

筆者サイト：itami.info/blender3

参考動画URL：youtube.com/buzzlyhan

●拡張子の表示

　ファイルの形式が一目で確認できる拡張子は大変便利で、拡張子に関する知識は制作業界では必須です。Windows、macOSユーザーでファイルの拡張子が表示されていない場合は、拡張子表示の設定を行ってください。

✋ TRY

　少し学習に余裕があれば試してください。更なるステップアップのために初学者の方はトライしてみましょう。

🔍 InDetail

　Blenderは機能満載です。制作過程では紹介できない機能もいろいろあります。しかし、そんな機能こそ知って欲しいと思いますのでInDetailで紹介します。

💡 Tips

　有益な情報は必ずしも技術的ではないかも知れません。Tipsでは知っているとより理解の助けになる情報、知っているだけでスキルアップにつながる紹介をしています。

⌨ Shortcuts

　キーボード入力によるショートカット、そしてマウス操作などを紹介しています。紹介するショートカットはBlenderの初期設定によるショートカットです。

●本書が想定する対象読者

　本書は3DCG初学者の方向けに、Blenderを利用した3DCG制作入門書として執筆しています。もちろん既に他の3DCGソフトに慣れ親しんだ人へのBlender入門のためのガイドブックとして利用していただくこともできます。以下は本書が想定している具体的な対象読者となります。

●必要なPC（パソコン）のスキル

　Windows、macOS、LinuxなどのPC（パソコン）用OS（オペーレーティング・システム）の基本的な操作（ファイルの操作やダウンロード）ができるスキルを備えた人を対象に解説しています。本書は、Windows 10環境下でBlenderを使って執筆しています。そのため、macOSやLinuxとは画面の見え方に違いがあります。操作に大きな違いはありませんが、読み替えるスキルが必要となります。

●サンプルデータのダウンロード

ダウンロードURL：https://www.shuwasystem.co.jp/support/7980thml/6458.html

●3DCGソフトに関するスキル

3DCGソフトの使用経験は問いませんが、以下のユーザーを想定して執筆されています。
・3DCGソフト使用未経験者
・3DCG制作を始めたいと思っているが、一般的な3DCGソフトが高価なために踏み出せないでいる
・Blenderの名前を知っており（興味があり）利用を考えている
・他の3DCGソフトを使用した経験はあるがBlenderに興味があり利用を考えている

●本書で「解説していること」

本書は、Blenderによる3DCG制作初学者向けの内容です。そのため、Blenderの全機能は説明していませんので予めご理解ください。一般的に3DCGソフトは、難解な分野のソフトウェアです。Blenderは3DCGソフトの中でも、特に"感"だけで使いこなすことが難しいソフトウェアです。本書を機会として3DCG制作やBlenderへの理解をさらに深めたい人は他の書籍やインターネットでの検索なども併用して学習を継続してください。

オフィシャルサイトのヘルプやチュートリアルビデオ（英語）は充実しています。ぜひ、一度確認してください。

●本書で紹介している機能

シェイプモデリング／カーブモデリング／スカルプモデリング／マテリアル設定／テクスチャマッピング／UV編集／ノード／アニメーション／アーマチュア／カメラ／ライト／レンダリング／スクリプト／ジオメトリノード

3DCGの基礎知識と
Blender環境の構築

このChapterでは3DCGソフトを利用するために知っておきたい基礎知識を紹介し、Blenderのインストールを行います。Blenderに限らず他の3DCGソフトを扱うためにも共通した知識となりますが、概要を理解している人はChapter 2以降の実際の制作から始めて、必要な際に読み返してください。制作の流れなども説明しますので、3DCG制作の概要をつかみましょう。

1-1 3D

3Dとは「Three Dimensional」の略で3次元（立体）を指します。コンピュータグラフィックスには3Dの他に2Dなどもあり、現在では3Dを超えた4Dなどの言葉も生まれています。2D、3D、4Dの言葉は比較的曖昧にも使われていますが創作やメディアの分野では以下の分類が一般的と言えるでしょう。

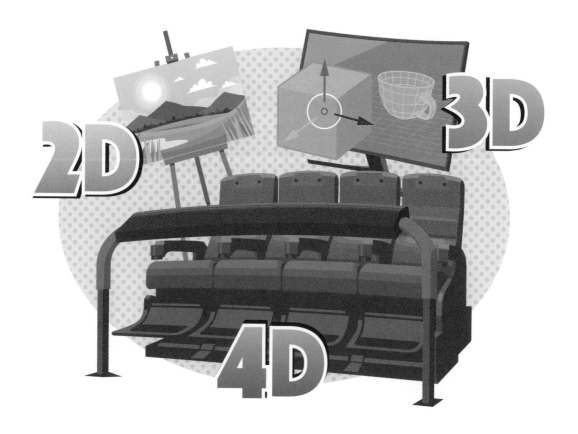

2D	平面的な旧来の映画、手書き（アナログ、デジタルにかかわらず）アニメーションなど
3D	3DCGソフトを利用した映画、アニメーション、ゲーム、アプリなどの作品
4D	3DCG（空間）に「匂い」や「味」「振動」などの要素を加えた作品

1 ● 様々な3DCGソフトウェア

　3Dという言葉には3次元といった意味しかありませんが、3DCGソフトウェアと言えば「Three Dimensional Computergraphics：3次元コンピュータグラフィックス」の略で、コンピュータの演算能力によって擬似的に立体物の画像を生成するソフトウェアを指します。

　一般的には立体物を作成、編集、描画できるソフトを言い、映像、ゲーム、建築、工業製品などの各分野向けに開発されている3DCGソフトウェアがあります。

　本書で紹介するBlenderは統合型3DCGソフトウェアと呼ばれ、モデリングからアニメーション、動画編集など機能を備えたソフトです。

　1つの分野での使用に特定されたものではありませんが、比較的映像分野での利用が進んでいます。

Blender
3ds Max
Maya
Cinema 4D
Houdini
Lightwave 3D
Modo

映像、ゲーム

Unity
Unreal Engine
ゲームエンジン

Marvelous Design
服飾

AutoCAD
VectorWorks
ArchiCAD
建築

Shade3D
Rhinoceros
SolidWorks
Fusin360
工業

2 ● 広がる利用分野

　3DCGソフトウェアの歴史は単純な静止画の制作から始まり、アニメーションやゲームへの利用へと発展してきました。近年では3Dプリンターの出現やVR（仮想現実）、AR（拡張現実）技術など様々な分野での利用が広がり、現実世界との3DCGによって創作された世界との融合を目指す試みが顕著となっています。

基礎知識

1 ● 3DCG制作のワークフロー

　どのような分野の制作においても制作全体のワークフロー（流れ、手順）の理解は必要です。今、自分が行っている作業が全体の中でどの位置に属しているのか、常に注意を払ってください。

　ワークフローは個人制作においては作業の手順となりますが、グループワークでは作業の分担となります。

　本フロー図は、流れを分かり易く簡潔に紹介するために単純化しています。実際の制作現場では、カメラやライトの設定を初期に行い、平行してレンダリングのテストなども進め、モデリングやテクスチャのクオリティを決めるといったことも良く見られます。

　各項目の分類や手順は、制作現場によっても若干の違いや前後もあります。

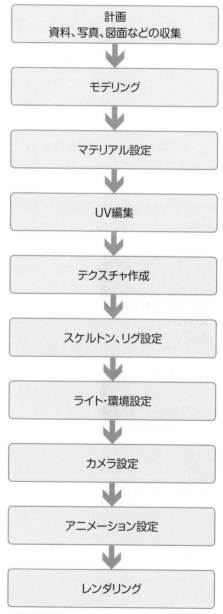

▲3DCG制作のワークフロー

2 ● 基本的な3DCG用語

3DCGの制作では様々な専門用語が使われています。

初めて触れる人にとっては少し難解な言葉も出てきますので、気になったときに読み返すのもよいでしょう。

●モデリング

形状を作成する作業をモデリングと呼びます。現在主要な3DCGソフトウェアでは大きく分けてポリゴン（メッシュ）、カーブ、スカルプトなど3種類のモデリング方法が用意されています。

●オブジェクト

本来、非常に幅広い意味を持ち、ソフトウェアによっては意味するものが違ったりするので注意が必要です。Blenderと本書では「対象の物」と言った意味で使用しています。Blenderの3Dシーンに存在する全てをオブジェクトと呼んでもよいでしょう。

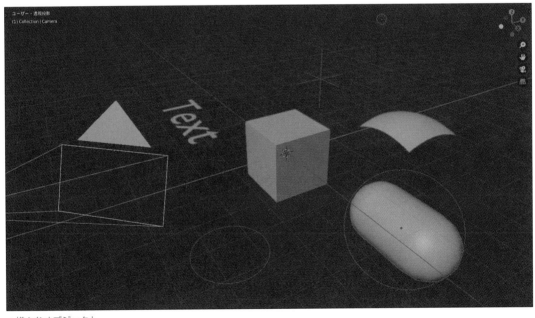

▲様々なオブジェクト

●アクティブ要素（アクティブオブジェクト）

複数のオブジェクトを選択した場合、最後に選択した要素をアクティブ要素と呼びます。

●メッシュ

Blenderではポリゴンの集まりをメッシュと呼び、ポリゴンという言葉はあまり使用していません。

次の画像は立方体のメッシュです。立方体は6つの面（フェイス）から構成され、1つの面は4つの頂点（バーテックス）と4つの辺（エッジ）から構成されています。現在選択されている面（フェイス）は2つの三角ポリゴンから構成されています。

▲メッシュの構造

●メッシュによるモデリング（ポリゴンモデリング）

古くからある基本的なモデリング方法の1つです。立体物を面（ポリゴン）で構成してモデリングを行います。

現在においても3DCGにおけるモデリング方法の基本と言えます。

●ポリゴン

多角形をポリゴンと言います。3DCGでは立体を構成する1つの平面となります。平面を作成するためには最低3つの辺（三角形）が必要です。1つのポリゴンは「頂点」、「辺」、「面」から構成されています。ポリゴンには三角形以上の様々な多角形がありますが、通常ポリゴン数を数える場合は三角ポリゴンの数を数えます。

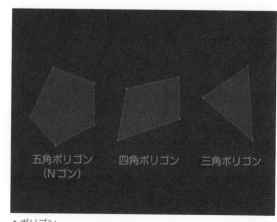

▲ポリゴン

●Nゴン

頂点数が5つ以上のポリゴンです。

一般的にモデリングには古くから利用されている三角や四角ポリゴンが好まれます。人体モデリングでは特に四角ポリゴンが好まれますが、五角以上のポリゴンには扱いやすさやポリゴン数が少なく済むなど多くの利点もあります。

※本書では四角、三角を基本にモデリングを行っていますが大切なことは最終的に、静止時又は変形時の見た目と作業の効率性ですので、ポリゴンの頂点数は重要で無いと考えています。そのためNゴンの修正方法などには触れていません。

●シェイプ

3Dモデルの形状を言います。例えばBlenderの「シェイプキー」ではメッシュの頂点位置を変化させて形状を変形させることが可能です。表情を変化させるフェイシャルアニメーションなどに利用されます。

●カーブ、サーフェス（ベジェ、ナーブス）

ベクトルデータを利用したモデリング方法です。工業製品など滑らかな面を持つ立体のモデリングなどに適しています。自由なテクスチャマッピング（立体物への画像貼り付け）には適していませんので、カーブモデリングによりベースの立体物の作成を行った後にメッシュ（ポリゴン）への変換が行われることも一般的です。数学的なカーブの計算方法により「ベジェ」や「ナーブス（NURBS）」などの呼び方があります。

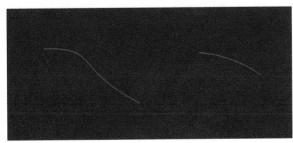

▲ベジェ（左）とナーブス（右）

▲編集時のベジェ（左）とナーブス（右）

●スカルプトモデリング

スカルプトモデリングとはポリゴンデータをベースとした、彫刻を模した（粘土細工のような）モデリング手法です。

感覚的なモデリングが可能で3Dプリンターなどで利用する造形物にも適している反面、ポリゴン数の増大や計画的なメッシュの設計を苦手とします。そのため使用する目的によっては完成後のモデルに対してメッシュの再構築を行う「リダクション」や「リトポロジー」などの作業を必要とする場合もあります。

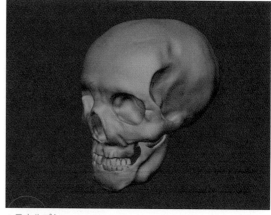
▲スカルプト

●メタボール

メタボールは3Dモデルの曲面を表す言葉です。メタボールによるモデリングはメタボール同士の引力などの作用を利用したモデリング手法です。

液体のような滑らかな物体のモデリングに適していますが、思った形状を作成するには慣れが必要でしょう。メタボールによって基本的なモデリングを行い、その後メッシュに変換して利用することも一般的です。

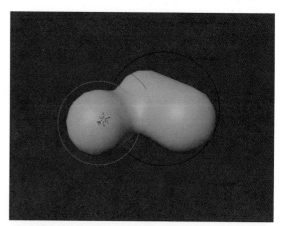
▲メタボール

●マテリアル

3Dモデルにおける表面の質感です。プラスティック、金属、ゴム、肌などそのオブジェクトがどのような物体であるかを設定します。実際の見た目（ルック）はマテリアルの設定とテクスチャによって決められます。Blenderの基本マテリアル「プリンシプルBSDF」は物理ベースレンダリングを行い、作品の目的によってフォトリアルや2Dアニメーション風（セルルック、トゥーンシェーディング）のレンダリングなど簡単に様々な質感設定が可能となっています。

▲金属やガラスのマテリアル設定を行ったオブジェクト

●テクスチャ

　3Dモデル（メッシュ）に貼り付ける画像または類するものです。テクスチャをマップとも呼び、オブジェクトに配置することをテクスチャマッピングまたは単にマッピングとも言います。

　テクスチャは多くの場合、画像データから作成されるイメージテクスチャを言いますが、演算により生成されるプロシージャルテクスチャもその範囲に含まれます。イメージテクスチャに利用される画像形式はpng、jpg、tiff、targaなど様々です。

　マテリアルとテクスチャの関係は3DCG初学者には混乱しやすい概念です。3Dモデルの見た目は最終的にマテリアルの質感設定とそのマテリアルで使用されているテクスチャによって決まります。テクスチャはマテリアルの設定項目の1つだと考えればよいでしょう。

　例えば鉄の質感はメタリックやスペキュラー、粗さなどの設定で作成しますが、その鉄にさびや傷がついている場合、それらの表現はテクスチャとして画像を作成し貼り付けます。また、見た目の柄だけで無く部分的な反射や粗さ、疑似的な凹凸を表すこともテクスチャで行います。

▲イメージテクスチャ（左）とプロシージャルテクスチャ（右）　　▲ディスプレイスマッピングで凹凸まで表現したオブジェクト

●UVとUV編集

　UVとは3D空間上に平面座標を配置するための座標系です。立体物に画像（テクスチャ）を貼り付けるために利用する座標は横方向にU、縦方向にVを使用します。例えば地球儀に貼られる平面的な地図の展開方法には「グード図法」や「メルカトル図法」などがあるように、3DCGソフトでは立体物の面をUV座標として展開しテクスチャのマッピング座標に利用します。思った位置に画像を配置するためのこの調整作業をUV編集（UV展開）と言い、作品のクオリティを決める大きな要素の1つです。

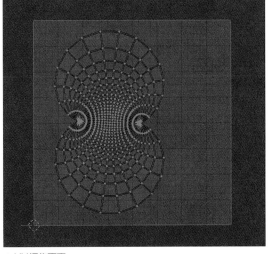

▲UV編集画面

●シーム

「シーム」とは縫い目の意味で、「テクスチャマッピング」のためにUV展開する際の「縫い目（カット）」する境界の指定です。

●シャープ

「辺」の設定で「スムーズシェード」を設定した場合に部分的に鋭さ（シャープ）を残す場合の指定です。

●クリース

「クリース」とは「折り目」の意味です。サブディビジョンサーフェス使用時に「辺」に対して鋭角的に折り目を付ける機能です。

●ライト

3DCG制作においてライトの設定は非常に重要です。古典的な三点照明などの手法も有用ですが、現在の3DCGソフトのライトは色温度の設定などリアルなライトの知識の利用も可能です。またHDRI（High Dynamic Range Image：ハイダイナミックレンジ画像）などイメージベースドライティングによる明るさ情報を持つ背景画像の利用も欠かせません。

▲ライティング

●カメラ

Blenderのカメラは現実世界のカメラと同様の設定が可能です。最終的なレンダリング画像がカメラによって作成されることを考えれば、カメラの設置には現実世界のカメラワークと同様の感性やテクニックを身に着ける必要があります。

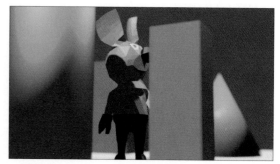

▲被写界深度でぼかしを設定したカメラ

●レンダリング

一般的にはコンピューターソフトウェア内でデータを元に結果を生成することを言います。3DCGソフトにおいてはモデリングやテクスチャマッピングされた3Dデータを元に画像を生成する処理を言います。生成するソフトウェアをレンダリングエンジンまたはレンダラーと呼びます。

●Workbench（ワークベンチ）

Blenderの3Dモデルを制作するための作業用の簡易レンダリングモードです。作業のためのレンダリングですので、高速でリアルタイムの表示が可能です。様々な表示モードを持っていますのでプレゼンテーションなどにも活用できます。

▲Workbench（ワークベンチ）表示

●Eevee（イービー）

Blenderの物理ベースリアルタイムレンダラーでありCycles（サイクルズ）や他のソフトウェアの物理ベースレンダラーと基本的な互換性を持っています。Blenderの機能に未対応の部分もあり注意が必要ですが、高速でしかもCyclesと同等に扱えるのでリアルタイムでのレンダリングにはEeveeが最適です。簡易のライトや環境の映り込みなども標準で反映されているので、マテリアルの確認には便利です。

▲Eevee（イービー）によるレンダリング

Eeveeによるレンダリングはプレビュー確認用のリアルタイムレンダリングとは言え、その美しさには定評があり、最終的な作品の書き出しに使用してもよいでしょう。

●Cycles（サイクルズ）

高精細なレンダリング結果を得るためのBlenderの物理ベースレンダラーです。Eeveeではリアルタイムでの確認を行い最終的なレンダリング画像出力はCyclesで行うのが一般的な流れとなります。

Eeveeとは多くの設定で互換性がありますが、レンダリング速度を追及するEeveeでは面倒な設定もCyclesではより簡潔に設定することが可能です。

▲Cycles（サイクルズ）レンダリング

1　環境
2　基礎
3　メッシュ
4　カーブ
5　スカルプト
6　マテリアル
7　アニメーション
8　アーマチュア
9　レンダリング
10　関連情報

●アーマチュア（スケルトン）

　キャラクター制作において稼働可能なモデルを作成するために設置する骨格を言います。アーマチュアはボーンから構成されています。アーマチュア（ボーン）を効率良く操作できるように添付したオブジェクトをリグと呼びます。

●ウェイト

　各ボーンがどの程度ポリゴンの頂点に影響を与えるかの設定を言います。キャラクターなどを作成しアーマチュアを設置した場合、どのボーンにどの頂点が影響されるかを設定することによって関節を曲げた時のメッシュの形状変化をコントロールします。ウェイトの調整作業をスキニング、スキンウェイト調整などと呼び、ブラシを利用して色で設定するウェイトペイントや数値設定などの方法があります。

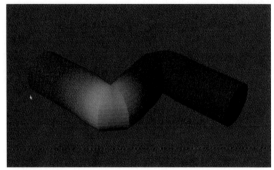

▲ウェイトペイント

●分業化

　ワークフローでも見られるように3DCG制作には多くの専門業務があります。もちろん1人で全てをこなすスーパークリエーター（ゼネラリスト）も存在しますが、大きな制作会社ではより分業化が進んでいます。主な項目としては、モデラー（モデリングをする人）、リガー（キャラクターなどのボーン、リグ設定者）、アニメーター（キャラクターなどに動きを付ける人）などがありますが、モデラーもキャラクターモデラー、背景モデラー、プロップ（小物）モデラーと分業される場合もあります。

●シーン

　Blenderにおけるシーンとは、レンダリング対象となる全てのオブジェクトが含まれる最上位のグループの一種です。1つのファイルには最低1つ以上のシーンが存在します。

●ワールド空間

　3Dビューで表示されている3D空間です。ワールド空間の中心はグローバル座標の原点となります。

●グローバルとローカル

　3DCGソフトでは3次元の空間を扱うため、座標に対する考え方が幾つかあります。その中で代表的なものがグローバルとローカルです。グローバルはワールドの中心を原点として固定したX軸、Y軸、Z軸座標です。ローカルは各オブジェクトやオブジェクトを構成するポリゴンなどの位置や角度を基準にしたX軸、Y軸、Z軸座標です。

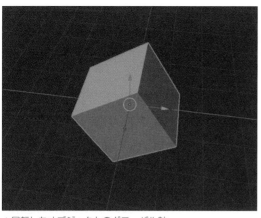

▲回転したオブジェクトのグローバル軸

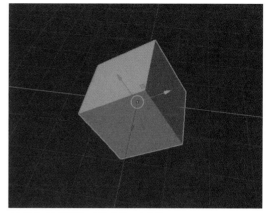

▲回転したオブジェクトのローカル軸

●ジオメトリ

　一般的には幾何学などの意味を持ちますが、ここでは座標を持った形状を言い、3D空間内に存在する個々の物を指します。オブジェクトは「物」といった抽象的なイメージですが、ジオメトリは3D空間内で座標を持ったより具体的な「対象物」を示します。

●原点

　初期状態では位置、回転、スケールの基準点となります。ジオメトリの中心点です。原点は黄色いドットとして表されています。

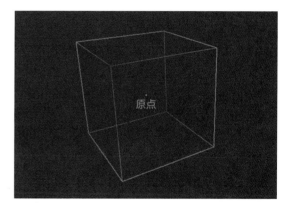

▲原点

●トポロジー

　数学の一分野の名称ですが、3DCGのモデリングにおいてはポリゴンの流れ、分割、構成と言った意味になります。トポロジーがきれい、きたないなどの言い方をします。トポロジーがきたない場合の問題点としては、面でのしわの発生や可動部での意図しない変形などに現れます。

●法線

ポリゴンの面には表面と裏面があります。法線とはポリゴン面（または線や頂点）に対して表方向に垂直に伸びる線です。法線によってポリゴンの向き（裏表）を判断することが可能です。

▲面の法線を表示したメッシュ

●シェーダー

「シェーダー」とは画面上に3Dモデルを陰影表示するプログラムを言います。「レンダリング」にも似た概念ですが、「レンダリング」はより広義な言葉で「シェーダー」は「レンダリング」に含まれる具体的な処理と言えます。

●ピボットポイント

自由に移動可能な回転、拡縮など編集の中心座標となります。画面上には表示されておらずマニピュレーターが表示されている状態でその位置を見ることが可能です。Blenderではピボットポイントの位置を3Dカーソルや原点に設定することが可能です。

●バウンディングボックス

バウンディングボックスとはオブジェクトが入る最小の箱をイメージする境界線です。Blenderのような3DCGソフトでは立方体として表示されます。

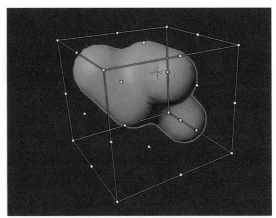

▲「ケージを拡大縮小」に見られるバウンディングボックス

●オイラー角とクォータニオン角

3DCGソフトで使用される角度設定には2種類あります。

オイラー角は通常私たちが目にして使用する角度設定です。オブジェクトの状態を3次元空間内でXYZ軸、360度の角度で管理し設定します。

一方、クォータニオン角は方向ベクトル（傾いている方向）と回転角度で表す方法で、一般的には馴染みのない設定ですが、アニメーション設定時などにオイラー角利用で発生するジンバルロックの問題が起こりません。

●ジンバルロック

XYZの三軸（オイラー角）で制御する回転台（ジンバル）が特定の条件下でロックされ、制御できない状態を言います。

●デルタトランスフォーム

相対的なトランスフォーム（位置や角度など変更）設定です。例えば、現在の位置よりも1m、X軸方向に移動させるなどアニメーションの設定には便利です。

●コンポジション

Blenderのコンポジションは、Adobe PhotoShopで行うような画像処理を複合的に組み合わせる機能です。3Dの設定に頼らずに、レンダリング画像にエフェクトや色調の補正を加えることができます。

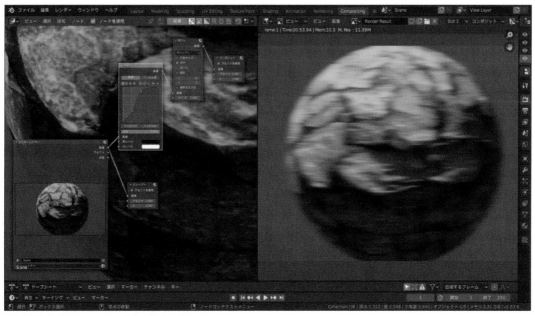

▲レンダリング画像にブラーとトーンカーブを設定

●パーティクル

　3DCGにおけるパーティクルは細かい粒子、線、メッシュオブジェクトを発生させ炎、煙、雲、火花、髪などを生成する手法です。

　パーティクルには発生元、生成から消滅までの時間、重力などの設定があります。髪の発生などは「ヘア」と呼びパーティクルとは別の呼び名で表すこともあります。

　Blenderではモディファイアーのパーティクルシステムにより設定します。

●ジオメトリノード

　Blender 2.92で導入されたノードの一種です。

　地面の小石の表現などに代表されますが、小石以外にも花々、木々、苔など特定のオブジェクト（スキャッタリングオブジェクト）を特定の位置に配置する表現全般に利用可能です。

●グリースペンシル

　Blenderのグリースペンシルは3D空間内に自由に描画できる機能と考えれば良いでしょう。そのため、モデリングの下絵、正確なパースイラスト、3D絵コンテ、動画コンテ、2Dと3Dを融合したアニメーション表現など様々な用途が考えられます。

●スクリプティング

　プログラミング言語を利用して3DCGソフトウェアの動作（オブジェクトの生成、トランスフォーム、各種の設定など）を制御することです。

　Blenderでは学びやすいインタープリタ型の言語であるPythonを使用します。

●モンキー（スザンヌ）

　映画に登場するオラウータンから名付けられたBlenderのテスト用モデルです。

　500ポリゴンのローポリゴンで作られています。

Chapter 1

1-3 Blenderの概要

1 環境

2 基礎

3 メッシュ

4 カーブ

5 スカルプト

6 マテリアル

7 アニメーション

8 アーマチュア

9 レンダリング

10 関連情報

1 ● Blenderとは

Blenderはオープンソースの統合型3DCGソフトウェアです。開発の歴史は古く1998年に始まります。初期リリースの後、紆余曲折がありオープンソース化して現在ではBlenderFoundation (https://www.blender.org/foundation/) が開発を担っています。オープンソースなのでもちろん無料ですが、そのコミュニティーは非常に活発でオープンが故に頻繁にアップデートも行われ、様々なプラグインが開発されています。

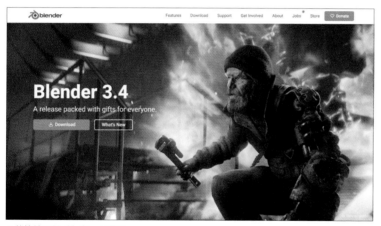

▲執筆時のサイトホーム画面

統合型3DCGソフトウェアであるため、3D制作に必要な機能、モデリング (メッシュ、カーブ、スカルプト)、テクスチャペイント、レンダリング、スクリプト編集 (Python)、ノードベースのコンポジット機能や動画編集機能、2Dアニメーションの制作機能まで装備された強力なソフトウェアとなっています。

有志による日本語化も早くから行われているので日本語使用に問題はありません。本書も日本語表記で解説を進めていますが、3DCG用語はかなりの部分が英語のままです。英語に対して苦手意識がある人でも是非検索の幅を英語まで広げてトライしてみてください。

「フリーのBlenderって仕事に使えるのか？」といった質問がよくあります。筆者も利用し始めた「最初の頃の最大の疑問であり関心事」でしたが、現在では間違い無く「もちろん使える、凄い3Dソフトだ！」と答えられるでしょう。

UIこそ若干独特ですが、それも他のソフトに慣れてしまっている場合の話。使えば使う程その合理性を実感できます。本書では分かり易く解説するためにマウスによる画面UIを中心に解説を進めていますが、Blenderの操作は全てショートカットで可能と言える程にキーへの割り当てが進んでいます。また、それらショートカットは完全にカスタマイズ可能でワークスペースのカスタマイズも含めるとあなた自身の使いやすいBlender環境を自由に構築することも可能です。

Blender VS Maya

現在、3DCGソフトの業界標準と言えばもちろんAutodesk社のMayaになります。筆者もMayaユーザーでMayaの絶大さも十分に理解しています。Blender VS Mayaとの話題も耳にしますが、簡単には片付けられない話です。3Dソフトウェアとしては甲乙付け難いと思っているのですが、Mayaはゲーム業界や映像業界で長年使われてきた実績があり、人材、ノウハウの蓄積や開発環境周辺も整備されています。特に制作にかかる費用を無視するリッチな現場ではMaya単体の使用に留まらずモデリングからレンダリング、コンポジットなどに専用のソフトを使用すること

によって作品のクオリティを上げています。一方Blenderは無料という導入障壁の低さから、先ずは、趣味やフリーランス、中小の制作事務所への導入が進むでしょう。コミュニティーや利用者の活動は活発で、これは趣味やフリーランスのユーザーが多いソフトウェアにある独特のエネルギーと言えます。ただ、言えることは「Blender VS Maya」と比較されること自体、もはやBlenderがプロプライエタリ（主に市販ソフト）のMayaの対抗馬として捉えられている証拠ではないでしょうか。

2 ● バージョン2.xから3.xへ

2019年夏にリリースされたBlender2.8系はそれ以前の2.7系よりもユーザーインターフェイス（UI）を含めて大きく変化しました。

もちろんUI以外にもリアルタイムレンダリングエンジンEeveeの採用、スカルプト機能、グリースペンシルなどもその大きな変化に目を見張ることができます。スカルプト機能に関しては非常に使い心地がアップし、完全に造形のためのツールとして完成した感があります。

　グリースペンシルは3D版のAdobe Animateと言った感があり2D、3Dを橋渡しできるアニメーションツールとして独特の存在感を増しています。一方、筆者も待ち望んでいる3Dペイント機能には大きな進歩はみられませんでした。SubstancePainter程の機能が装備される必要はありませんが、こちらも現在のBlenderの進化速度から考えれば今後非常に期待できる部分ではあります。

　2.8系最後のバージョンである2.83で特徴的な事と言えばLTS (long-termsupport：長期サポート) 対応になったことでしょう。LTS対応のBlenderがリリースされたことによって、長期に渡る大型のプロジェクトに導入される可能性が格段に高まりました。今後は映画やゲーム制作のメインの3DCGソフトとして導入する企業も多くなるでしょう。

　そんなBlenderですが、2021年12月には待望の3.0バージョンが、2022年9月7日には3.3LTSがリリースされました。進化のスピードが早く今後も目が離せないBlender、近い将来ZBrushもSubstancePainterも要らない、それでいて2Dアニメーターも3Dアニメーターも利用できるオールインワンのソフトウェアが現われる可能性があります。

3 ● Blender 動作環境

　BlenderはWindows11・10・8・7、macOS 10.12以上、Linuxなど主要なOS上での動作が可能です。また、インストールやインターネット接続は不要の独立したアプリケーションなので、コンピューター内の好きな場所に保存しての利用が可能です。

　推奨されるマシンスペックはBlender 3.0対象では以下となっています。

- CPU：64-bit quad core CPU
- RAM：16GB
- ディスプレイ：Full HD (1920 × 1080ピクセル)
- デバイス：マウス (3ボタン)、タブレット等
- グラフィックカード：4GB RAM

　尚、本書執筆Blenderバージョンは3.0、3.12、3.3.1LTS、ハードウェアはCPU及びGPU、Windows 10の環境下で検証しています。アップデートやUIの見直しが頻繁に起こるBlenderですので、今後リリースされる3.xのマイナーバージョンではUIや機能、動作上の違いが発生する場合がありますのでご了承ください。説明、各画面スナップショットなどは特に断りがない場合を除きWindows OSを対象としたものとなります。

ダウンロードと
インストール

Blenderのダウンロードはオフィシャルサイトblender.org (https://blender.org/) から可能です。

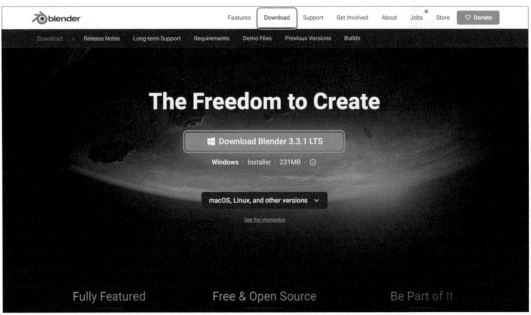

▲ blender.orgダウンロードページ

Blenderのオフィシャルページを訪れると最新バージョンの [ダウンロード] ボタンが表示されています。ボタンをクリックしてダウンロードページを開いてください。

　インストーラー版のBlenderは中央の [DownloadBlender 3.x.x] (xxはバージョン) ボタンを押してインストーラーをダウンロードしてください。

ブラウザのダウンロードフォルダに保存されますので見失わないようにしましょう。

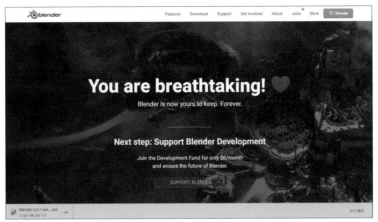

▲ダウンロード中画面 (Chrome)

　zip圧縮版、その他OS用のダウンロードは [macOS, Linux, and other versions] のボタンを押して目的のファイルを選んでください。zip圧縮版のBlenderは好きな場所に解凍して使用できます。

　学校など管理権限が障害になる場合はzip圧縮版の使用が良いでしょう。個人のUSBメモリなどに保存して使用することも問題ありませんのでzip圧縮版は大変便利です。

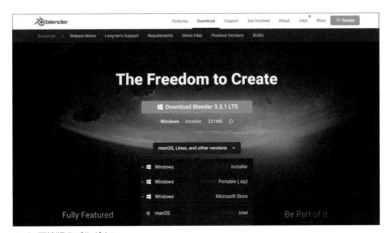

▲zip圧縮版のプルダウン

1 ● インストール版 Blender の画面

　以下にインストール版 Blender のインストール手順を紹介します。ダウンロードしたファイルをダブルクリックしてください。環境によってはインストールスペース確認の警告が出ますが、問題ないと思われる場合はそのまましばらく待ってください。インストール開始の画面が表示されます。

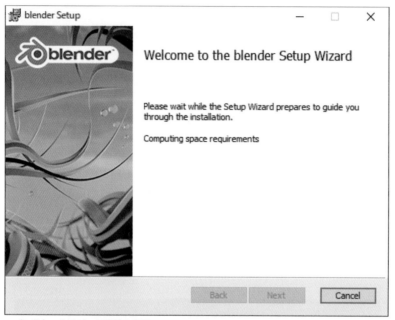

▲インストールスペース不足の表示

step 1 インストール開始の表示画面

　[Next] ボタンを押してインストールを開始してください。

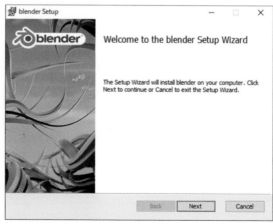

▲インストールの開始です！

step 2　ライセンスに関しての確認画面

「I accept the terms in the License Agreement」
をチェックして [Next] ボタンを押してください。

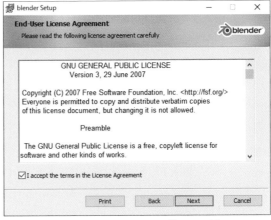

▲英語のライセンスを全て確認するのは難しいですね

step 3　インストール場所の設定画面

初期設定場所で問題のない場合はそのまま [Next]
ボタンを押してインストールを続けてください。
　インターネットや書籍の情報は初期インストール場
所を基本に説明されていますので初学者の方は特に初
期設定場所へのインストールをお勧めします。

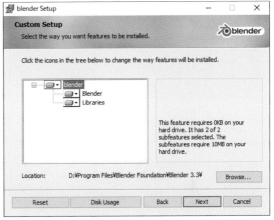

▲インストール場所の決定

step 4　インストールの最終確認

[Install] ボタンを押してください。

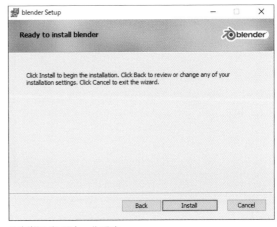

▲本当にインストールです

1 環境

2 基礎

3 メッシュ

4 カーブ

5 スカルプト

6 マテリアル

7 アニメーション

8 アーマチュア

9 レンダリング

10 関連情報

step 5 ユーザーアカウント制御画面

管理者パスワードの必要な場合はパスワード入力画面が表示されますので、管理者のユーザー名とパスワードを入力してください。

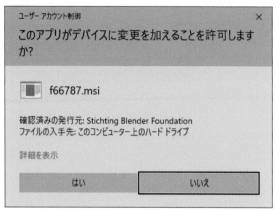

▲おっと、管理者パスワードの入力が必要

step 6 Blenderのインストールが始まる

そんなに時間はかかりませんので、インストールの進捗バーをしばらく眺めて…

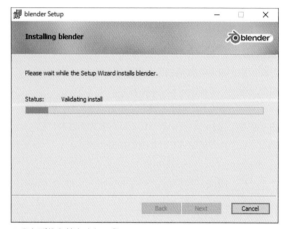

▲のんびりと待ちましょう

step 7 完了画面

お疲れさま！　問題が発生しなければ [Finish] ボタンを押してBlenderインストール作業の完了です。初期設定でのインストール版でのアプリケーションの保存先はC:¥Program Files¥Blender Founda tion となります。

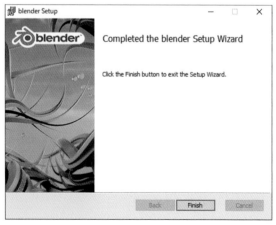

▲インストール完了！

2 ● 環境設定ファイルの場所

　初期設定のままBlenderをインストールした場合、各ユーザーの環境設定ファイルは以下の場所に保存されます。バックアップを保存する場合はこちらを参照してください。

※ AppDataフォルダは隠しファイル設定となっています。

C:¥Users¥ユーザー¥AppData¥Roaming¥Blender Foundation¥Blender¥バージョン番号¥config

● startup.blend

起動時に最初に参照されるファイルで、アプリケーションの初期状態が保存されています。

メニュー➡ファイル➡デフォルト➡スタートアップファイルを保存で保存された際に作成されます。

● userpref.blend

メニュー➡編集➡プリファレンスで行った各種設定が保存されています。

3 ● その他のフリーソフト

　Blenderがフリーであることも驚きですが、ほかにも様々なフリーソフトがリリースされています。ここで紹介するフリーソフトはそれらの中でも筆者も利用する強力なソフトウェアです。

● krita（krita.org）

　高機能なフリーのペイントソフトでテクスチャの作成などにも力を発揮します。3D作品においてテクスチャの仕上がりは大変重要です。Kritaはプロフェッショナルな機能を持つ、自由、無料で、オープンソースのペイントプログラムです。全ての人が入手できるアートツールの存在を願うアーティスト達によって開発されています。

●Kuadro（kruelgames.com/tools/kuadro）

Kuadroはいくらでも好きなだけオープンできる画像ビューワーです。

3D制作に利用する資料画像などをデスクトップに表示します。

4 ● 制作の心強い味方になるサイト

テクスチャやモデルを含めて、フリー素材の利用は避けられません。

もちろん商用に利用する場合はプロジェクトの既定や各サイトライセンスの確認も大切ですが、様々なデータを目にするだけでもイメージは大きく広がります。

※各サイトの配布データ等の著作権、ライセンス等は筆者による使用の自由を保障するものではありません。使用に際しては各サイトのライセンスをよく確認してご利用ください。

●ambientcg.com

旧cc0textures.comのambientcg.comはPBR（フィジカルベースドレンダリング）テクスチャ配布サイトです。ライセンスは全てCC0で、無料で自由に使えることをうたっています。

● polyhaven.com

高品質のHDRI、テクスチャ、モデリングデータ素材が揃えられています。マテリアル設定済みのBlenderファイルがダウンロードできるので大変参考になります。ライセンスはCC0。

● textures.com

無料と有料のテクスチャやHDRI画像が配布されています。

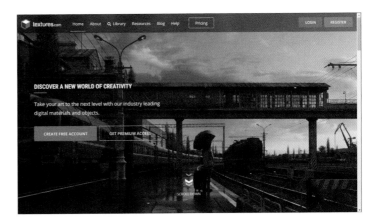

● free3d.com

無料の3Dモデルが数多くストックされています。

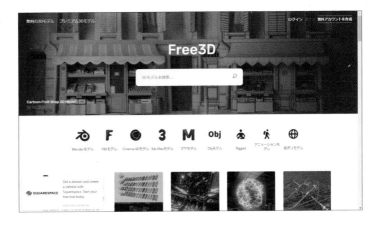

● turbosquid.com

メジャーな3Dモデルの販売サイトです。無料のモデルも数多くストックされています。

● blendermarket.com

Blenderの有料アドオン（Blenderの機能を追加、強化する拡張機能ソフトウェア）や有料アセット（作品を作るために必要なモデル、テクスチャ、データ）などの販売サイトです。

初期状態のBlenderに慣れたら次はより強力な機能や効率良く作品を作るためのアセットを探して見るのも良いでしょう。

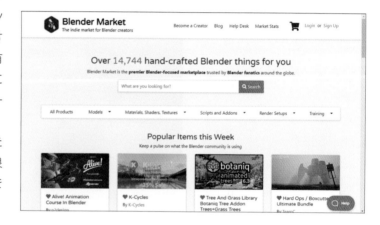

● builder.blender.org/download

デイリービルドではBlenderの開発バージョンの入手が可能です。

開発途中のバージョン使用ではリスクの覚悟も必要ですが、開かれたオープンソースだからこその開発版リリースです。最新の機能をいち早く試したい人はチャレンジしてください。

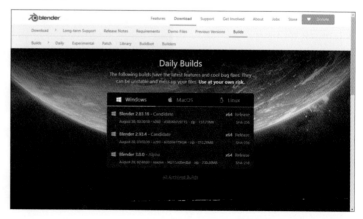

Blender の基本

このChapterではソフトウェアの起動から画面構成と主要なユーザーインターフェース (UI)、そしてモデリングに関する基本的な考え方を紹介します。

以後のChapterでも利用する基本的な知識ですので、必要になった時に各項目をリファレンス的に読み返しましょう。

2-1 Blenderの起動

先ずはBlenderの起動です。スタートメニューなどに登録されている場合はそちらを選んでソフトを起動してください。解凍してインストールした場合のBlenderの起動はblenderフォルダ内の「blender.exe」をダブルクリックしてください。

初期設定でインストールを行っている場合、**C:¥Program Files¥Blender Foundation¥blender-3.x（バージョンの数字が入る）内にある「blender.exe」のファイルがソフトウェア本体となります。**

▲Blenderアイコン

アイコン上で、**[RMB]➡「スタートメニューにピン留めする」**を選びスタートメニューに登録しておくか、**[RMB] ドラッグ➡「ショートカットをここに作成」**で好きな場所にショートカットアイコンを作成するのもよいでしょう。

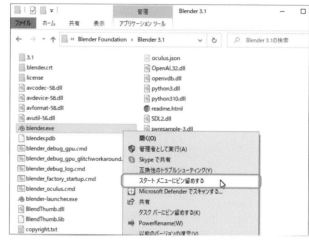

▲スタートメニューにピン留め

Tips 「Blender.exe」と「Blender-launcher.exe」の違い

Windows用のBlenderでは、同じフォルダ内には「Blender.exe」と「Blender-launcher.exe」の2つのEXEファイルがあります。

どちらも同じように起動可能ですが、「Blender-launcher.exe」を使用するとコンソールウィンドウ（黒いウィンドウ）を開かずに起動できます。

1 ● Blender 3.12のスプラッシュ画面

ソフトを起動するとスプラッシュ画面が表示されます。初期のスプラッシュ画面では、言語の設定や基本のユーザーインターフェース (UI) 設定が可能です。初期設定では英語 (English) に設定されていますので、❶日本語を使用する場合は「言語」を「日本語 (Japanese)」に変更してください。言語設定も含め、「ショートカット」「選択」「スペースバーの扱い」などのUI設定は、後でも変更可能なので余り悩まなくても大丈夫です。

本書はUIを初期設定の状態で説明しています。「テーマ」ではBlenderのUI色を選ぶことができます。

Blenderを初めてインストールして使用する場合は最後に [Next] ボタンを押して初期設定を完了してください。

▲Blenderのスプラッシュ画面

既にBlenderを使用している場合は、❷ [3.2の設定を読み込む] ボタンを押して以前使用していた設定の読み込みが可能です。

❸読み込みの必要がない場合、初めてBlenderを使用する場合は [新しい設定を保存] ボタンを押して設定を完了しましょう。

2 ● Blenderの起動初期画面

メニューやパネルが多くてなかなか難しそうですね。3Dソフトの画面は見た目にもアイコンやメニューが所狭しと並びUIが複雑です。Blenderもその例に漏れません。どこから手を付けて良いのかと迷ってしまいますが、多くの機能に惑わされずに先ずは最低限に必要なものだけをしっかりと利用しましょう。

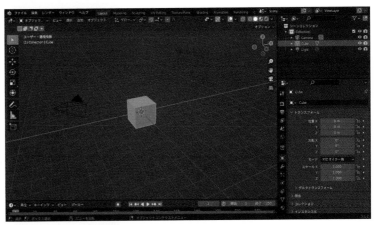

▲Blenderの一般的な初期画面

1 環境

2 基礎

3 メッシュ

4 カーブ

5 スカルプト

6 マテリアル

7 アニメーション

8 アーマチュア

9 レンダリング

10 関連情報

画面構成

Blenderは非常に高機能で画面構成も複雑です。本書では全てを紹介できませんが、ここでは各部の名称と機能を簡単に説明していますので必要に応じて読み直してください。

重要と思われるものは実際の制作手順でも再度紹介します。

1 ● 各部の名称と役割 （オブジェクトモード）

「オブジェクトモード」における各部の名称と役割を紹介します。

Blenderの画面は「トップバー」「エリア」「ステータスバー」から構成されています。「エリア」には複数の「エディター」が配置可能で、各「エディター」は「リージョン」から構成されています。「リージョン」には「ヘッダー」「メインリージョン」「ツールバー」「サイドバー」「オペレーターパネル」などがあります。

▲初期ワークスペースの表示と各部の名称

❶座標系切り替え／ピボットポイント／スナップ／プロポーショナル編集

❷3Dビュー表示関係

❸シェーディング

❹アウトライナーフィルタ／コレクション追加

❺ミラー編集／頂点マージ他

❻サイドバータブ

ワークスペース

シーン／レイヤー

トップバー

アウトライナー

エリア

ライト

3Dカーソル

インタラクティブ
ナビゲーション

原点

ナビゲーション
コントロール

サイドバー

マニピュレーター

3Dビュー

プロパティエディタ

●メニュー

Blenderの基本メニューです。ファイル操作やレンダリング、ウィンドウの複製など基本的な操作メニューです。

●トップバー

各種ワークスペースが設定されています。ワークスペースとは編集作業のための各種エディターがレイアウトされた画面です。初期状態で幾つかのワークスペースがトップバーに登録されています。ワークスペースは自由に作成、削除が可能です。**項目が隠れている場合は、トップバー上でマウスホイールを回転させると左右に移動して表示させることができます。**

Layout	基本のワークスペース (「3Dビューポート (オブジェクトモード)」が表示される)
Modeling	モデリング画面 (「3Dビューポート (編集モード)」で選択オブジェクトが表示される)
Sculpting	スカルプト画面 (「スカルプトモード」で選択オブジェクトが表示される)
UV Editing	UV編集、マッピング画面 (「UVエディター」と「3Dビューポート」で選択オブジェクトが表示される)
Texture Paint	3Dビュー上でのテクスチャペイント画面 (「画像エディター」と「3Dビューポート」で選択オブジェクトが表示される)
Shading	マテリアルのプロパティ設定画面 (「シェーダーエディター」と「3Dビューポート (マテリアルプレビューモード)」で選択オブジェクトが表示される)
Animation	アニメーション設定画面 (「アクティブカメラビュー」「3Dビューポート」「ドープシート」が表示される)
Rendering	レンダリング画面 (「画像エディター (ビュー)」が表示される)
Compositing	レンダリング画像の合成や後処理用画面 (「コンポジター」「ドープシート」が表示される)
Geometry Nodes	ジオメトリノード (「3Dビューポート」「ジオメトリノードエディター」が表示される)
Scripting	スクリプト記述画面 (「3Dビューポート」「Pythonコンソール」「テキストエディター」が表示される)
各タブ上で [RMB]	コンテキストメニュー表示でタブの編集操作ができます。
＋	自由に好みのワークスペースを作成、保存することが可能です。

●ヘッダー

・エディターセレクター

各種エディターの表示を選べます。

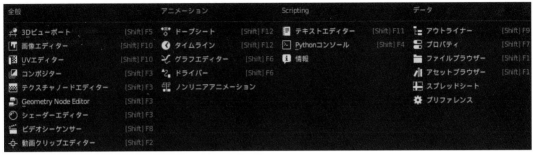

▲ファイルブラウザーやプリファレンスもエディターです。

・モードセレクター

選択しているオブジェクトによって表示されるモードは変化します。

▲メッシュオブジェクト選択時のモードセレクター

●ツールバー

ショートカット [T] で開閉します。「ツールバー」では選択中のオブジェクトに対する操作が可能です。モードによって表示が変化します。

▲「オブジェクトモード」ツールバー項目

●オペレーターパネル

直前に行われた編集や設定に関するパラメーターが表示、編集できます。

▲画面左下に現れるオペレーターパネル

●3Dビュー

初期起動時にはパース（遠近、透視投影）表示されている3D制作のための基本的な表示です。

●サイドバー

ボタンのクリックで開き、ドラッグで閉じます。[N]での開閉も可能です。「サイドバー」には「アイテム」「ツール」「ビュー」の各情報と設定が表示されます。

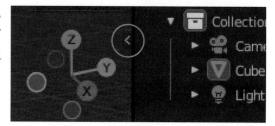

▲サイドバーに表示されるトランスフォーム設定

「アイテム」選択されているオブジェクトに関するトランスフォーム設定が行えます。

「ツール」選択されているツールに関しての設定が行えます。

「ビュー」3Dビュー（カメラ）の設定や3Dカーソルの設定が可能です。

●プロパティエディター

「**プロパティエディター**」は現在のシーンとオブジェクトに関する様々な情報の確認と設定が可能です。操作上必要なタブだけが表示されていますので、使いたいタブが見当たらないときはオブジェクトの選択状態などを確認してください。

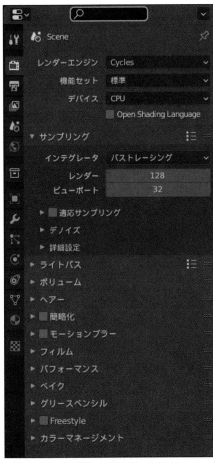

▲「レンダープロパティ」選択時の「プロパティエディター」

アイコン	名称
	エディタータイプ
	アクティブツールとワークスペース
	レンダー
	出力
	ビューレイヤー
	シーン
	ワールド
	コレクション
	オブジェクト
	モディファイヤー
	パーティクル
	物理演算
	オブジェクトコンストレイント
	オブジェクトデータ
	マテリアル
	テクスチャ

「表示フィルター」

「**プロパティエディター**」以外にも様々なパネルに見られる「**表示フィルター**」は、非常に便利な検索窓です。

使いたい（見つけたい）オブジェクト、ノード、機能などの名称を入力して素早く表示することが可能です。

●エリア

ワークスペースを構成する各パートです。

●タイムライン

アニメーションを設定、管理するためのタイムラインです。

▲24FPSで約10秒の初期設定

●ステータスバー

キーマップやエラーなど各種情報が表示されます。

2 ● アウトライナー

「アウトライナー」は現在開いているBlenderファイルのオブジェクト内容をリスト表示するウィンドウです。

非常に便利なウィンドウですが、少し複雑な部分もありますので慣れるに従って利用範囲を広げましょう。

●アウトライナーでできること

アウトライナーでできることは以下となります。

- ●シーン内データ（オブジェクト）の表示／非表示
- ●オブジェクトの削除
- ●オブジェクトのレンダリングを有効化／無効化
- ●使用されているデータのリンクやリンク解除の操作など

▲アウトライナー

●フィルタアイコンの意味

各フィルタアイコンをクリックして表示項目の設定が可能です。

①ビューレイヤーに含める／除外するの設定

②選択可能／不可の設定

③一時的な表示／非表示の設定

④ビューポートで表示／非表示の設定

⑤レンダー対象／非対象の設定

⑥コレクションをホールドアウトマスクとして設定
（マスクとして透過）

⑦表示せず影や反射などに影響を与えるコレクションとして設定

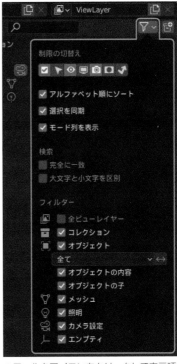

▲フィルタアイコンをクリックして表示項目を設定

Tips　日本語が良い？

　本書は日本語化したBlenderをベースに執筆されていますが、日本語化したUIの利用がよいかの判断は難しいところです。なぜなら3D用語の多くは英語であり、様々な疑問に答えるインターネット上の情報の多くが英語となっているからです。3D情報に限らずインターネット上の情報の70％は英語であり、日本語の情報は3～5％と言われています。

　例えばUI設定も全てを日本語化するのではなく、ツールチップの項目だけにチェックを入れて日本語化するのも1つの方法です。

　そうすればマウスをUI要素に重ねたときには日本語の説明文が表示されますが、その他は英語のままなので情報検索の際には世界中の英語情報からの検索が容易となるでしょう。

※言語の選択は最初の起動時にスプラッシュ画面で設定しますが、いったん設定した後は、**メニュー➡編集➡プリファレンス➡インターフェイス➡「翻訳」**の項目でも変更可能です。

《⛷「プリファレンス」87ページ参照》

●アウトライナーの項目

「アウトライナー」には多くの情報（オブジェクト）が並びますが、「アウトライナー」を構成する重要な項目に「シーン」「ビューレイヤー」「シーンコレクション」「コレクション」の4つがあります。

「シーン」「ビューレイヤー」「シーンコレクション」「コレクション」の関係は図のようになります。

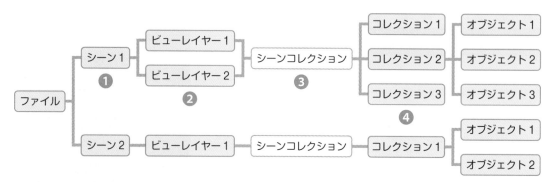

※上記相関図は「シーン」間のリンクや「コレクション」のインスタンス等を考慮していません。
▲アウトライナーを構成する要素

▲「シーン」「ビューレイヤー」「コレクション」の追加と削除

❶シーン

ファイルには最低1つの「シーン」が存在します。「シーン」は自由に作成して名前を付けることができます。Blenderで最終的に1つの画面を作成するためには色々なオブジェクトを作成し配置しますが、単に静止画を作成するためだけに配置するのでは無く、時間の流れが発生するものもあります。それはあたかも1本の映画を作成するようなもので

▲シーン「シーン」を作成

す。多くの場合、「シーン」は1つで充分ですが「シーン」を作成して切り替えるとファイルを読み込み直したように扱えます。

また、既存の「シーン」の一部や全てをリンクやコピーを行って、新たな「シーン」を作成することも可能です。

 「シーンプロパティ」によって行います。

❷ビューレイヤー

「ビューレイヤー」は1つのレンダリング単位（設定）と言えます。「シーン」には最低1つ以上の「ビューレイヤー」が存在します。「ビューレイヤー」は自由に作成して名前を付けることができます。

特定の「コレクション」を除外することが可能です。

「ビューレイヤープロパティ」によって設定します。

▲ビューレイヤー「View Layer_001」を作成

❸シーンコレクション

各「シーン」には1つの「シーンコレクション」が存在します。名前の変更できないフォルダのようなものです。「コレクション」を入れるための親のフォルダと考えることができます。

❹コレクション

自由に作成、削除、名前の変更が可能な「コレクション」はフォルダのような入れ物と考えればよいでしょう。「コレクション」に入れることで1つのグループとして扱ったり、他の「コレクション」や「ビューレイヤー」からデータ効率の良い再利用可能な素材（インスタンス）として管理することが可能です。

「コレクション」を削除しても内部の「オブジェクト」は削除されません。

 「コレクションプロパティ」によって設定します。

▲「球（Sphere）」が属するコレクション「Collection 2」を作成

3 ● エリアの操作

Blenderの各部は「エリア」と呼ばれるパートによって区切られています。「エリア」は操作に慣れないうちは面倒に感じますが、その半面カスタマイズ性が高く、自由に配置することによって好みの「ワークスペース」を設定することも可能です。「エリア」の操作は旧Blenderの混乱の原因でもありましたが、2.8以降は改善されていますので、「エリア」の分割と結合の操作方法は充分に確認しておいてください。

●サイズ変更

エリアの境界で [LMB] を押して左右または上下に動かして**サイズの変更**ができます。

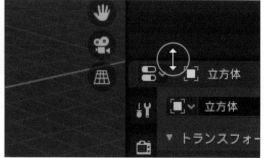

●分割

エリアの境目コーナーで [LMB] を押して複製したいエリア側にドラッグするとエリアを**分割**（複製）することができます。

●新たにウィンドウを作成して分離

[Shift] を押しながら「分割」操作を行うことによって新たにウィンドウを作成して**分離**することが可能です。

 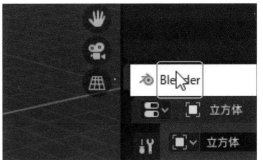

●ウィンドウを結合

複製した**エリアのコーナーの境目**で[LMB]を押して結合したいエリア側にドラッグするとエリアを**結合**することができます。

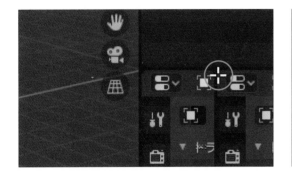 

4 ● スタートアップファイルの保存と初期化

メニュー➡ファイル➡デフォルト➡スタートアップファイルを保存でウィンドウのサイズ、位置、各エリアの状態、など多くの状態を起動時設定として保存できます。また、メニュー➡ファイル➡デフォルト➡初期設定を読み込むで初期設定状態に戻すことも可能です。

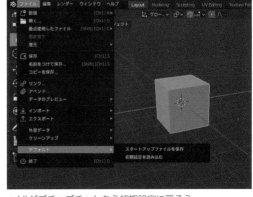

▲UIがゴチャゴチャしたら初期設定に戻そう

2-3 基本操作

ここではファイルの「新規」「終了」「オブジェクトモード」「編集モード」「選択」など「メッシュオブジェクト」を例としたツールなどBlenderの基本操作を覚えます。

「サイドバー」や「プロパティエディター」などは実際のモデリングを始めるChapter 3以降の制作で順次紹介します。

1 ● 新規

ファイルの作成は**メニュー➡ファイル➡新規➡全般**または [Ctrl] + [N] から「全般」を選んでください。

新規作成の際に指定する項目は「全般」以外に、「2D Animation」「Sculpting」「VFX」「Video Editing」などがあります。それぞれの項目を選ぶと各作業に適したワークスペースが表示されます。

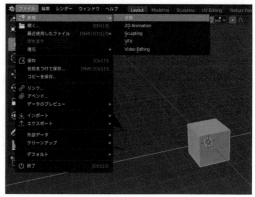

▲新規➡「全般」で作成

2 ● 終了

Blenderの終了はウィンドウ右上の⊠をクリックまたは**メニュー➡ファイル➡終了**や[Ctrl] + [Q]を選んでください。ファイルが変更されている場合は保存確認のためのダイアログボックスが表示されます。

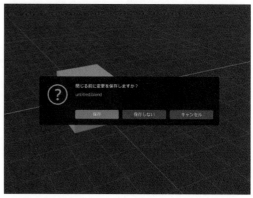

▲保存確認の画面

3 ● 保存とファイル管理

　ファイルの保存は**メニュー➡ファイル➡保存**（または名前をつけて保存）で可能です。Blenderファイルの拡張子は「.blend」になります。

　Blenderは自由にファイルの保存先を選べます。ファイルの管理はソフトウェアに

```
3DProjects ── 作品A
            ── 作品B
            ── 作品C ── xxx.blend
                     └─ assets
                        （下絵、テクスチャ画像など）
```

▲ファイル管理例

よっても人によってもその考え方は様々ですが、しっかりとしたルール決めの必要があります。正しいと思われたファイル管理も時間が経つと意味を成さない場合も多くありますが、コツとしては関連ファイルへのリンク切れなどが起こらないようにするためにも、不用意にフォルダを細分化せずに3D作品を1つのフォルダ以下にまとめて管理することをお勧めします。

●3Dファイル形式

　3Dデータには様々なファイル形式が存在します。

　初学者の方はBlenderの基本ファイル形式である**「.blend」**で保存すれば大丈夫ですが、将来、より自由に3Dファイルを作成して扱うためには様々なファイル形式を利用する必要が生じます。

　こちらの表は代表的な3Dデータのファイル形式です。他の形式が気になり始めた際に読み返してください。

拡張子	概要
.mb、.ma、.3ds	Autodesk社のソフトウェア、Mayaや3ds MAXのファイルです。
.obj	Wavefront Technologiesが開発した古くからある形式の1つです。
.stl	3Dプリンターで出力するファイル形式としては現在最も普及しています。

以下はファイル交換にお勧めの形式

拡張子	概要
.fbx	FBXは古くからある形式ですが、現在3DCGデータの受け渡しのための標準と考えてOKです。色、UV、アニメーションなどのデータが保持されます。
.glb、.gltf	glTFは新しい3DCGデータの汎用フォーマットです。将来的に広まる可能性もあります。（glbはテクスチャを同梱できるバイナリファイルです。）
.dae	ColladaフィルはPlayStation 3用に作られた形式です。比較的新しく高機能で3DCGデータの受け渡しにも利用されています。

※他のソフトウェアとのファイル交換や3Dデータをダウンロードする時にはファイル形式を確認しましょう。座標系や単位など注意すべき部分もありますが、形式に迷った場合は「FBX」形式を利用しましょう。

4 ● Blender 空間の座標系 （グローバル）

Blenderの3D空間の座標は**X・Y軸が平面 (-Y が前)**、**Z軸が高さ**方向になります。他の3Dソフトに慣れている人は座標系の違いに注意してください。

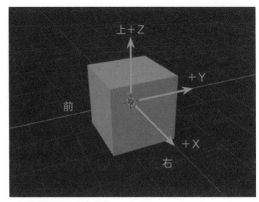

▲初期起動時の方向（グローバル）

5 ● 3D空間で自由に動く（視点の移動）

筆者は3Dソフトを学習する際に「最初に最も大切なことは？」と聞かれれば、それは**3D空間の中で自由に動けること。自分の望む視点に自由に変えることができ、オブジェクトを自由に移動、回転できること**であると答えます。

平面的なグラフィックソフトでは縦横とズームしかありませんが、3D空間では対象のオブジェクトが立体ですので背後に回り込む事もできます。

先ずはBlenderの画面内を移動してオブジェクトをどの方向、距離からでも自由に見れるようになりましょう。

ここではBlenderに用意されている3種類の視点移動方法を紹介します。試しに画面の真ん中に表示されている立方体を色々な方向から眺めてみましょう。

●「インタラクティブナビゲーション」と 「ナビゲーションコントロール」

3Dビューの右上に位置する「インタラクティブナビゲーション」と「ナビゲーションコントロール」はマウスのみでビューの操作が行える、非常に便利なナビゲーションツールです。

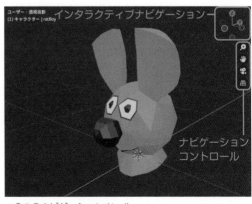

▲2つのナビゲーションツール

インタラクティブナビゲーション

　現在の軸の向きを知ることができると同時に、マウスで [LMB] ドラッグすることによってビューの方向を自由に変えることができます。

▲直接マウスでドラッグして視点を変える

●軸ラベルをクリック

　軸のラベル（X、Y、Zなど）を [LMB] クリックして、各正投影に切り替えることが可能です。

▲Yラベルをクリックして「フロント・平行投影」に切り替えた

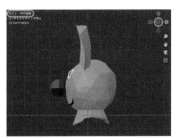

▲Xラベルをクリックして「ライト・平行投影」に切り替えた

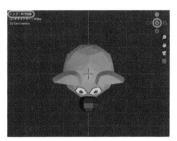

▲Zラベルをクリックして「トップ・平行投影」に切り替えた

　再度同じラベルを **[LMB] クリックする**と、反対側からの視点に切り替えることができます。

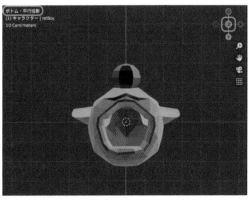

▲再度Zラベルをクリックして「ボトム・平行投影」に切り替えた

ナビゲーションコントロール

マウスドラッグやクリック操作によってビューをコントロールします。

ズームアイコン

「ズームアイコン」を [LMB] ドラッグすることによって、画面をズームイン／ズームアウト可能です。

▲ズームイン／アウト

ハンドアイコン

「ハンドアイコン」を [LMB] ドラッグすることによって、画面の移動 (平行移動) ができます。

▲パン (水平・垂直移動) 操作

カメラアイコン

「カメラアイコン」を [LMB] クリックすることによって、「カメラビュー (レンダリング用カメラ)」に切り替えることができます。再度クリックすると元のビューに戻ります。

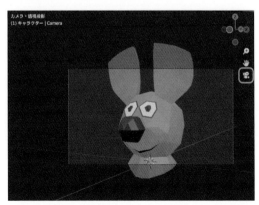

▲「カメラビュー」と「3Dビュー」の切り替え

グリッドアイコン

「グリッドアイコン」は透視／平行投影の状態を表示します。アイコンを [LMB] クリックすることによって遠近感を表現した「透視投影（パースビュー）」と遠近感のない「平行投影」を切り替えることができます。

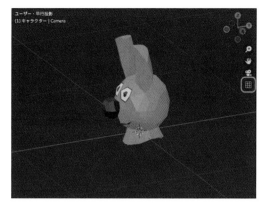

▲「平行投影」によるビュー

●マウスとキーボードによる視点操作

先ず最初に覚える一般的な2ボタン（1ホイールマウス）とキーボードによる視点操作は以下の3つです。より効率良く画面のビュー操作を行うために先ず最初に覚えましょう。

> **Shortcuts**
>
> ビューズームイン／ズームアウト：[MMB] ホイール回転
> ビュー平行移動　　　　　　　：[Shift] + [MMB] プレス+ドラッグ
> ビュー回転　　　　　　　　　：[MMB] プレス+ドラッグ

Tips　Blenderにおける「ビュー」

Blenderで作業のために投影されている「ビュー」は「カメラ」から独立したものです。

レンダリングに使用する「カメラ」と作業のための「ビュー」は別のものと考えましょう。

●テンキーによるビュー切り替え

テンキーには主要な視点操作が設定されています。その中でも「.」(ピリオド)による選択オブジェクトの画面中央表示はとても便利なキー操作なのでぜひ覚えてください。

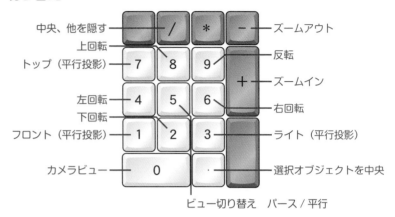

中央、他を隠す ── /
── *
── ズームアウト
上回転
トップ（平行投影） ── 7   8   9 ── 反転
── ＋ ── ズームイン
左回転 ── 4   5   6
下回転 ── 右回転
フロント（平行投影） ── 1   2   3 ── ライト（平行投影）
カメラビュー ── 0   ・ ── 選択オブジェクトを中央
ビュー切り替え　パース / 平行

●透視投影（パースペクティブビュー）と四分割表示を切り替える

ヘッダーメニュー➡ビュー➡エリア➡四分割表示 [Ctrl] + [Alt] + [Q]でトップ、フロント、サイド、パースビューを同時に確認できる「四分割表示」への切り替えが可能です。

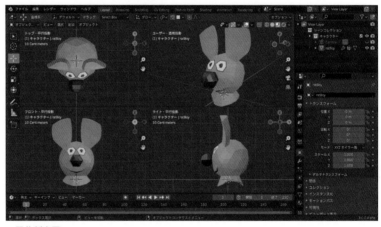

▲四分割表示

⬇ Shortcuts

透視投影と四分割表示の切り替え：[Ctrl] + [Alt] + [Q]

☝TRY　基本の視点操作をチェック！

❶3D空間で自由に視点移動ができますか？
❷パースペクティブビューと四分割表示を行き来できますか？

6 ●「オブジェクトモード」と「編集モード」

　Blenderで3Dオブジェクトを扱う場合「**オブジェクトモード**」と「**編集モード**」を理解することが大変重要です。「**オブジェクトモード**」とは選択している対象がメッシュ構造を変えずに位置、角度、単純な拡縮などが可能なモードです。特定の処理を行う場合には「オブジェクトモード」でなければならないと言った制約が発生する場合もあります。一方、「**編集モード**」は対象の要素を個別に操作可能なモードで、最も一般的な例としてはシェイプにおける「頂点」「辺」「面」を編集できる状態と考えれば良いでしょう。

▲「オブジェクトモード」で選択した「UV球」

▲「編集モード（頂点）」で選択した「UV球」

●「オブジェクトモード」と「編集モード」の切り替え

　2つのモードの切り替えは [**3Dビュー**] の左上にある「**モードセレクター**」で行えます。[**Tab**] を押すと、2つのモード間の切り替えが素早く行えます。

▲「メッシュオブジェクト」選択時の「モードセレクター」による「オブジェクトモード」と「編集モード」の切り替え

 Shortcuts

オブジェクトモードと編集モードの切り替え：[Tab]

---

7 ● 選択

「オブジェクトモード」「編集モード」には共通の選択ツールに「**長押し**」「**ボックス選択**」「**サークル選択**」「**投げ縄選択**」があり、[W] によって順にツールを切り替えることも可能です。

ここでは Blender 起動時に用意されている「**メッシュオブジェクト**」を例に説明します。

●モード

選択ツールでは新規、追加、除外、反転、交差のモードがあり、より自由に選択対象の調整が可能です。

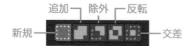

▲4種類の選択方法

●「オブジェクトモード」での選択

「選択」されたオブジェクトは「**移動**」「**回転**」「**スケール**」など操作の対象となります。「選択」されたオブジェクトは黄色い線で囲まれます。**複数のオブジェクトを「選択」した場合、最後に「選択」されたオブジェクトは黄色い線で表示され、その他のオブジェクトはオレンジ色の線で囲まれます。**

●長押し

オブジェクトを [LMB] クリックすることで「選択」が可能です。[Shift] + [LMB] クリックでオブジェクトをクリックすることによって複数オブジェクトが「選択」できます。また、複数選択したものを [Shift] を押しながらクリックすると選択解除することが可能です。

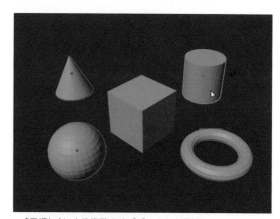

▲「長押し」により複数のオブジェクトを選択

❷ボックス選択

[LMB]プレスで表示される選択域で、オブジェクトを囲むことができる選択ツールです。

「選択」はオブジェクトの一部でも可能です。全てを囲む必要はありません。

※オブジェクトをクリックすることによって「長押し」と同様の選択も可能です。

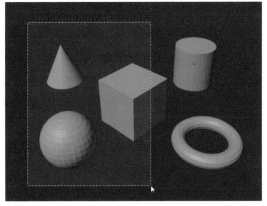

▲「ボックス選択」による選択

❸サークル選択

[LMB]プレスによりオブジェクトをドラッグするように選択することが可能です。原点の位置が選択の対象となり（原点を選んだ際に選択）、半径の数値を変えることによって選択する範囲を調整できます。新規、追加、除外のモードがあります。

※オブジェクトをクリックすることによって「長押し」と同様の選択も可能です。

 ◀「サークル選択」の「モード」

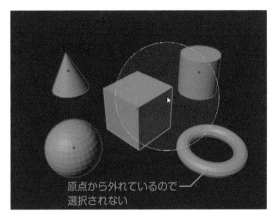

原点から外れているので──選択されない

▲「サークル選択」による選択

❹投げ縄選択

[LMB]プレスにより自由に選択範囲を描き、オブジェクトを囲むことができる選択ツールです。原点の位置が選択の対象となり（原点を選んだ際に選択）、新規、追加、除外、反転、交差のモードがあります。

※オブジェクトをクリックすることによって「長押し」と同様の選択も可能です。

 ◀「投げ縄選択」の「モード」

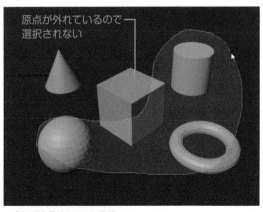

原点が外れているので──選択されない

▲「投げ縄選択」による選択

●「編集モード」での選択

　「編集モード」では選択された対象を編集することが可能です。ここではBlender起動時に用意されている「メッシュオブジェクト」の「円柱」を例に説明します。「メッシュオブジェクト」の場合、**編集の対象は「頂点」「辺」「面」**となります。そのため「編集モード」では❶「頂点選択」❷「辺選択」❸「面選択」「マルチモード」のいずれかを選ぶ必要があります。各選択モードの切り替えはアイコンをクリックすることで可能です。画像は各選択状態による「移動」の違いです。

❶「頂点選択」編集モード

▲「頂点選択」の「モード」

▲「頂点」を選択

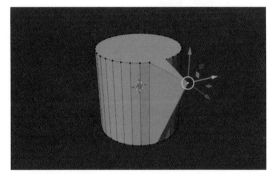

▲「頂点選択」編集モードで頂点を移動した状態

❷「辺選択」編集モード

▲「辺選択」の「モード」

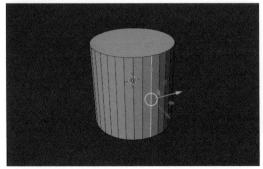

▲「辺」を選択

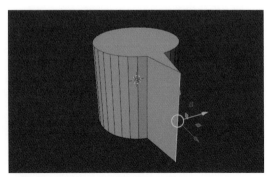

▲「辺選択」編集モードで辺を移動した状態

❸「面選択」編集モード

▲「面選択」の「モード」

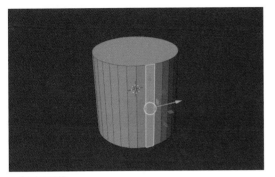

▲「面」を選択

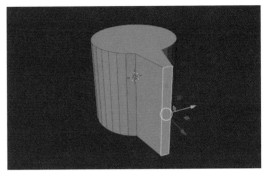

▲「面選択」編集モードで辺を移動した状態

　「マルチモード」への切り替えは[Shift]を押しながらアイコンをクリックして複数の選択可能状態に設定します。

▲「頂点」と「辺」を選んだ「マルチモード」

▲「頂点」と「面」を選んだ「マルチモード」

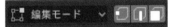

▲「頂点」「辺」「面」を選んだ「マルチモード」

⬇ Shortcuts

頂点選択	：LMBダブルクリック➡ [1]　注）テンキーは不可
辺選択	：LMBダブルクリック➡ [2]　注）テンキーは不可
面選択	：LMBダブルクリック➡ [3]　注）テンキーは不可
リンク選択	：[L]
ループ選択	：[Alt] ＋頂点、辺、面をLMBクリック
最短距離選択	：[Ctrl] ＋頂点、辺、面をLMBクリック
投げ縄選択	：[Ctrl] ＋頂点、辺、面をRMBドラッグ

●「編集モード」による各ツールの使用

「頂点」選択を例に各選択ツールを紹介します。

⬚ 長押し

「頂点」を [LMB] クリックすることで選択が可
能です。[Shift] + [LMB] で「頂点」をクリック
することによって複数の「頂点」を選択できます。
また、複数選択したものを [Shift] を押しながら
クリックすると選択解除することが可能です。

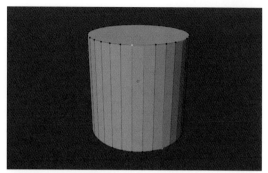
▲「長押し」により複数の頂点を選択

⬚ ボックス選択

[LMB] プレスの選択域で「頂点」を囲むことが
できる選択ツールです。新規、追加、除外、反転、
交差のモードがあります。

▲「ボックス選択」の「モード」

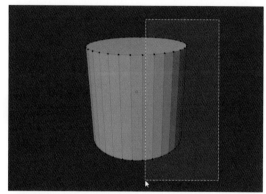
▲「ボックス選択」による選択

⬚ サークル選択

[LMB] プレスにより「頂点」をドラッグするよ
うに選択可能です。新規、追加、除外のモードがあ
ります。

▲「サークル選択」

▲「サークル選択」による選択

▶ 投げ縄選択

　[LMB]プレスにより自由な選択範囲を描き、「頂点」を囲むことができる選択ツールです。新規、追加、除外、反転、交差のモードがあります。

▲「投げ縄選択」による選択

▲「投げ縄選択」の「モード」

● その他の選択

　Blenderでは複数の「分離」されたオブジェクトを同時に選んで「編集モード」に切り替え、同時に編集することが可能です。

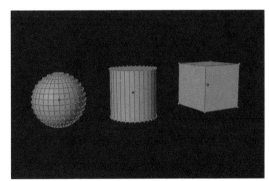

▲ 複数オブジェクトの同時編集状態

📥 Shortcuts

選択を非表示	: [H]
選択以外を非表示	: [Shift] + [H]
表示	: [Alt] + [H]
全選択	: [A]
「長押し」、選択ツールの切り替え	: [W]
ボックス選択	: [B]
サークル選択	: [C]

1 環境
2 基礎
3 メッシュ
4 カーブ
5 スカルプト
6 マテリアル
7 アニメーション
8 アーマチュア
9 レンダリング
10 関連情報

Tips 透過表示

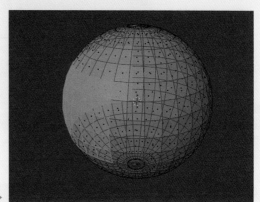

初期の表示モードでは裏側にある隠れた頂点、線、面は選択されません。これはボックスやサークル、投げ縄選択ツールを使用しても同じです。

背面にあるものを選択したい場合は**「透過表示」**に切り替えて選択します。

「透過表示」▶

8 ● 3Dカーソル

自由に移動可能なオブジェクトから独立した3D座標点です。Blenderで最も特徴的なインターフェイスの1つです。

ヘッダーメニュー➡オブジェクト➡原点を設定➡原点を3Dカーソルへ移動による原点の移動やトランスフォームのピボットポイントなどに使用されます。

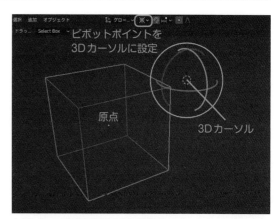

▲3Dカーソルを回転の中心に設定

9 ● オブジェクトを操作する

「移動」「回転」「スケール」などのオブジェクトの基本操作を確認しましょう。ツールの使用とショートカットでは少し操作に違いがありますが、どちらも大切な操作なので確実に覚えましょう。

●移動ツール

オブジェクトを選択し、[LMB] ドラッグでオブジェクトの**移動**が可能です。

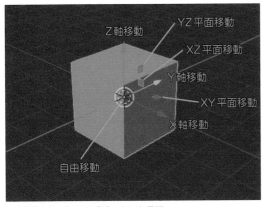
▲「移動」ツールでオブジェクトを選択

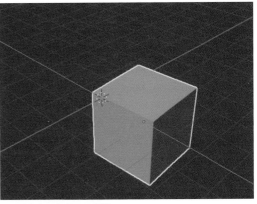
▲X軸方向へ移動した状態

●回転ツール

オブジェクトを選択し、[LMB] ドラッグでオブジェクトの**回転**が可能です。

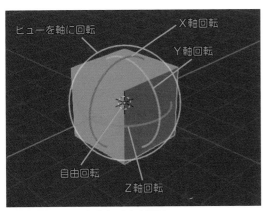
▲「回転」ツールでオブジェクトを選択

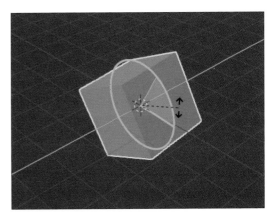
▲Y軸を中心に回転した状態

●スケールツール

スケールツールには**「スケール」**と**「ケージを拡大縮小」**があります。

ⓐ**「スケール」**

オブジェクトを選択し、[LMB] ドラッグで**拡大縮小**することが可能です。

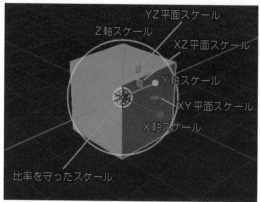

▲「スケール」ツールでオブジェクトを選択

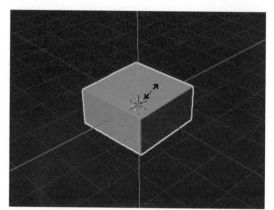

▲ Z軸 (青) 方向に対して変形した状態

ⓑ**「ケージを拡大縮小」**

[ケージを拡大縮小] のツールはプレスしたポイントと**対角線上**にあるポイントを変形の中心として拡大縮小できるツールです。

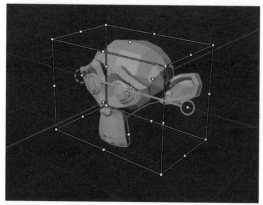

▲「ケージを拡大縮小」ツールでオブジェクトを選択

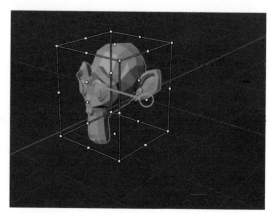

▲「対角線上」のポイントが変形の中心

●トランスフォームツール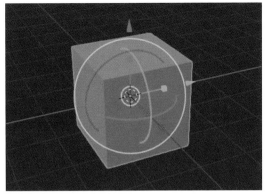

「トランスフォーム」ツールは移動、回転、ス
ケールを全て含めたツールです。

▲本書表紙でもお馴染みの「トランスフォーム」ツール

🔽 Shortcuts

移動	: [G]
回転	: [R]
スケール	: [S]
特定の軸方向への移動	: [G] ➡ 軸　例: [G] ➡ [X]（X軸移動）
特定の軸方向への回転	: [R] ➡ 軸　例: [R] ➡ [X]（X軸回転）
特定の軸方向への拡大縮小	: [S] ➡ 軸　例: [S] ➡ [X]（X軸拡大縮小）

●その他のツール

「アノテート」と「メジャー」は「オブジェクトモード」と「編集モード」で使用できるツールです。

アノテート

[アノテート]は注釈を書き込むツールです。

「アノテート」の他に、「アノテートライン」「アノテートポリゴン」「ア
ノテート消しゴム」が並び、ツールの設定は右サイドバー➡ツール➡アノ
テーションで行います。「アノテート」の削除は「アノテート消しゴム」ま
たはサイドバー➡ビュー➡アノテーションからレイヤーの削除で行えま
す。

メジャー

［メジャー］は距離や角度を測ることができます。

選択して［Delete］を押すことによって削除できます。

立方体を追加

［立方体を追加］はメッシュオブジェクトをマウスドラッグでインタラクティブに作成します。「立方体を追加」の他には「円錐を追加」「円柱を追加」「UV球を追加」「ICO球を追加」が用意されています。凡その形状を作成した後に「オペレーターパネル」で必要な形状に成形してください。

●「編集モード」のみで使用できるツール

メッシュオブジェクトの編集モードで使用できる代表的なツールを抜粋して紹介します。

押し出し

頂点、辺、面などを押し出すツールです。

押し出し方向のタイプにより「領域」「法線方向」「個別」「カーソル方向」があります。

面を挿し込む

選択した面の内側に新たな面を作成します。

ベベル

頂点、辺、面などにベベル（角落とし）加工を行うツールです。「オペレーターパネル」により様々な形状の設定が可能です。

ループカット

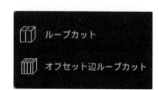

［ループカット］はメッシュ上にループ状の辺を作成します。

［オフセット辺ループカット］は選択された辺に均等に離れた辺を作成します。

ナイフ ／二等分

[ナイフ] はメッシュ上を [RMB] ドラッグした軌跡を切断します。

[二等分] は選択した辺または面を二等分割します。

ポリビルド

[Ctrl] + [LMB] クリックで作成したポイントより辺や面を生成しま

す。

スピン

[スピン] は辺や面より回転体を生成します。

[スピン複製] は複製しながら回転体を生成します。

スムーズ

[スムーズ] は選択した頂点を平坦にします。

[ランダム化] は選択した頂点位置をランダム移動します。

辺をスライド

[辺をスライド] は面に沿って辺を移動します。

[頂点をスライド] は辺に沿って頂点を移動します。

収縮／拡張

[収縮／拡張] は選択した頂点を法線方向に沿って収縮／拡張させます。

[押す／引く] は選択した要素を押したり引いたりといった加工が可能

です。

せん断

[せん断] は要素をシアー変形させます。

[球へ変形] はオブジェクトの中心の周りの頂点を球上に移動します。

領域リップ

「リップ」は選択した頂点、辺、面を切り裂きます。マウスポインターの位置によって切り裂く方向が決まります。

　[領域リップ] はポリゴンを引き裂いて移動します。

　[辺リップ] は頂点を延長して移動します。

 Shortcuts

押し出し　　：[E]

面を差し込む：[I]

ベベル　　　：[Ctrl] + [B]

ループカット：[Ctrl] + [R]

辺をスライド：[Shift] + [8]

💡 Tips　3Dソフトのモデリングにおいて大切な基本ルール

　それは可能な限りオブジェクトを動かさず視点を動かそう！です。

　オブジェクトを不用意に動かすと、位置や回転角度の加工が難しくなります。

　必要な場合を除きモデリングはワールドの中心から行いましょう。

☞TRY　基本のオブジェクト操作をチェック！

❶オブジェクトの移動ができますか？

❷オブジェクトの回転ができますか？

❸オブジェクトの拡大、縮小ができますか？

10 ● プリファレンス

　Blenderは非常にカスタマイズ性の高いソフトです。本書ではデフォルト設定を基本にショートカットや操作の紹介を行っていますが、最初の起動時にUIの選択を行うことによって普段使い慣れている3DCGソフトウェア環境に合わせることも可能です。

　初期起動以降では**メニュー➡編集➡プリファレンス➡インターフェイス**や「**テーマ**」では色の設定、「**キーマップ**」ではショートカットを自分好みにカスタマイズできますが、インターネット上の情報やHowTo動画などはデフォルトの画面やインターフェースをベースに紹介しているため、ソフトの使用に慣れるまではカスタマイズはお勧めできません。

●インターフェイス

　「**ツールチップ**」はアイコンやメニューの上にマウスカーソルを重ねたときに表示される吹き出しの説明文です。「**インターフェイス**」はユーザーインターフェイスを日本語表記にします。「**新規データ**」は新たに作成するオブジェクトに付けられる名称です。例えば立方体を作成した場合、日本語なら「立方体」、英語なら「Cube」となります。

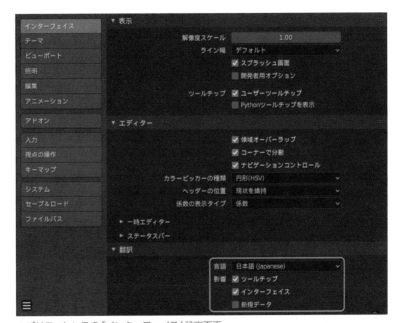

▲プリファレンスの「インターフェイス」設定画面

●テーマ

メニュー➡編集➡プリ
ファレンス➡テーマで色や
角の丸み、シェードによる
陰影などを自由に変更可能
です。以前のバージョンで
は筆者もオリジナルのテー
マをリリースしていまし
た。

変更項目は非常に多いの
ですが、学習が一段落すれ
ば気分転換にチャレンジし
てみるのも良いでしょう。

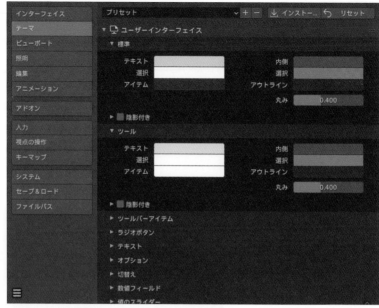

▲「テーマ」設定画面

●キーマップ

メニュー➡編集➡プリ
ファレンス➡キーマップで
キーやマウスによる操作の
割り当てを自由に変更可能
です。

使い慣れるまでは初期設
定のままで使って…、慣れ
てしまえば変更の必要も無
くなりますね。

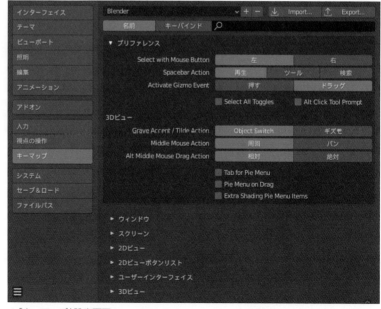

▲「キーマップ」設定画面

11 ● 「3Dビュー」の「シェーディングモード」

Blender起動時の初期画面の「3Dビュー」は「ソリッドモード」と呼ばれる「シェーディング (陰影描画)」で表示されています。

「シェーディングモード」に関する知識は非常に重要ですが、初学者にとっては難解な部分でもあります。モデリング時には読み飛ばしてもOKですが、オブジェクトに色、テクスチャの設定などを行う場合には必要となる知識ですので、疑問に思った際には、復習のために読み返してください。

「3Dビュー」の「シェーディングモード」には「ワイヤーフレームモード」「ソリッドモード」「マテリアルプレビューモード」「レンダリングモード」の4種類があります。

▲「シェーディングモード」の設定　　　　　　▲「レンダーエンジン」の設定

※「レンダリングモード」は「レンダープロパティ」の「レンダーエンジン」で設定した描画方法により表示されます。

❶「ワイヤーフレームモード」

「ワイヤーフレーム」によるプレビューです。

煉瓦のディスプレイスメントマップ (テクスチャによる疑似的な凹凸描画) が表示されています。

※「ディスプレイスメント」設定はモディファイヤによる設定を行っています。

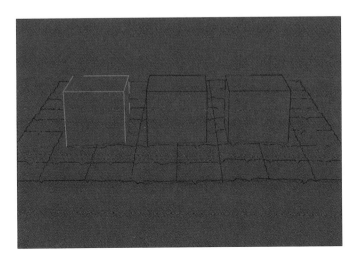

❷「ソリッドモード」

「Workbench」によるプレビューです。

「シェーダー」の設定により簡易の照明設定が可能です。煉瓦のディスプレイスメントマップ（テクスチャによる疑似的な凹凸描画）が表示されています。

画面スナップショットは照明に「MatCap」（Clay_Brown.exr）を適用させた状態です。スカルプトモデリングでは有用でしょう。

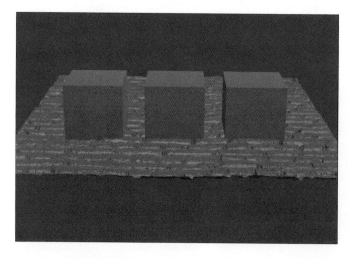 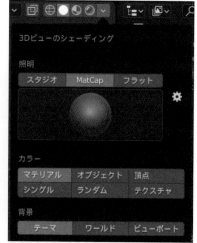

❸「マテリアルプレビューモード」

「Eevee」によるプレビューです。

初期状態ではBlenderに用意されている環境とライトが使用された状態で表示されます。

ユーザーにより環境やライトを設定している場合は、有効に設定してプレビュー確認が可能です。

❹「レンダリングモード」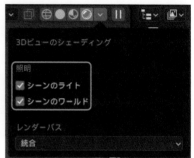

レンダープロパティ➡レンダーエンジンによって設定された「レンダーエンジン」によって表示されます。

特に「Cycles」のレンダリング結果を「3Dビュー」上でリアルタイム確認するのには便利です。「レンダープロパティ」サンプリング➡ビューポートの設定値によってレンダリング画像のクオリティが決まります。

画面スナップショットは「Cycles」によるシェーディングです。「3Dビューのシェーディング」によるライト設定は「シーンのライト」「シーンのワールド」とも有効にし、設定した照明を反映しています。

メッシュモデリングの基本

モデリング（形を作ること、造形）は3DCG制作の基本となります。このChapterでは実際の制作を通してBlenderの基本的なモデリングを学びます。モデリング方法には幾つかの種類がありますが、紹介している手法はモデリング方法の中でも基本的なメッシュ（ポリゴン）によるモデリングです、他の3DCGソフトウェアでも利用可能な共通した考え方と技術です。

3-1 グラスを作る

さて、初めての「メッシュ」による「モデリング」です。最初は試しにグラスを作ってみましょう。

形を作るだけで色も付けないシンプルなグラスですが、モデリングの基本となるテクニックが幾つも出てきます。細かい説明は省略しますので、まずは気軽に制作を進めてみましょう。

1 ● メッシュ (ポリゴン) によるモデリング

面によって構成される「メッシュ (ポリゴン) モデリング」は古くからあるモデリング方法の基本です。Blender にはいくつかの基本となる「メッシュ」が用意されていますので、制作者はモデリングに適した「メッシュ」を選び「モデリング」を始めます。

●メッシュの種類

画面スナップショットは Blender に用意されている代表的な「メッシュ」です。「モデリング」に利用する基本形となります。

※ちなみに「スザンヌ」は Blender のテスト用モデルです。使い道は自由です。

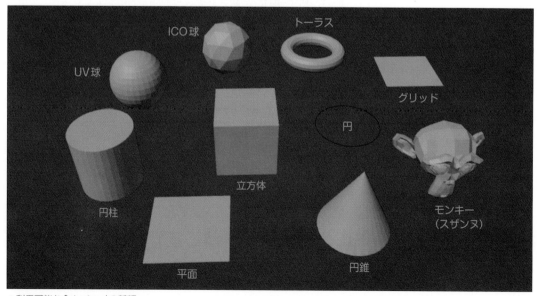

▲利用可能な「メッシュ」の種類

2 ● 計画

SampleFile　Chapter3-1_glass

　原寸（実際の大きさ）で作成可能なものは、基本的に原寸で制作しましょう。実際のグラスを測っても良いですが、おおよそのサイズでも問題ありません。ここではモデリングのベースとして「メッシュ」に「円柱」を使用します。使用するツールは「押し出し」「面を差し込む」「ベベル」などの機能です。もちろん余裕があればその他のツールも工夫しながら試してください。失敗したと思ったときはひとまず[Ctrl] + [Z]（元に戻す）です。

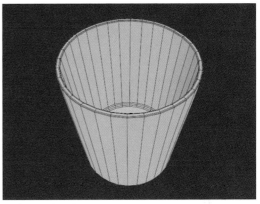

▲グラスの完成形

3 ● メッシュを追加

　Blenderを起動すると「立方体」のメッシュが表示されています。

　この「立方体」はグラスのモデリングでは使用しませんので、選択して[Delete]を押して削除しましょう。

　「ワークスペース」は「Layout」のままで問題ありません。

　「Camera」と「Light」は不要ですので、これらのオブジェクト

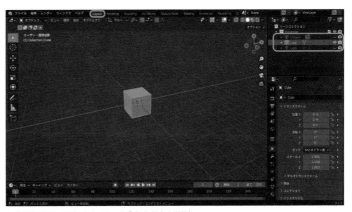

▲初期画面で用意されている「立方体」を削除

はアウトライナー➡目のアイコンをクリックして非表示に設定しています。

※「新規データ」の日本語適用

　プリファレンスで日本語の指定に「新規データ」にチェックを入れていても、初期画面で用意されているカメラ、ライト、メッシュの名称は英語で作成されています。

　ソフトウェアの起動後に「追加」により作成されるオブジェクトには日本語の名称が使用されます。

次に、ヘッダーメニュー➡追加➡メッシュ➡「円柱」を選び「円柱」を追加します。

▲「円柱」を「追加」

 Tips ワークスペース

　モデリングを行う際に使用する「ワークスペース」は「Layout」「Modeling」のどちらも問題はありません。「Modeling」ワークスペースは切り替えるだけで「編集モード」となり「タイムライン」が表示されていませんので、よりシンプルなモデリング専用ワークスペースと言えます。「タイムライン」が邪魔で少しでも画面を広く使いたい人は「Modeling」ワークスペースに切り替えて作業を行ってください。

　ちなみに、Blenderは初期設定でスペースキーに「アニメーション再生」が割り当てられています。スペースキーに指が触れると知らない間にプレイヘッドが動きだしている、なんてことはよくありますが、これはタイムラインが表示されていない「Modeling」ワークスペースでも同様です。

　そのため本書では、プレイヘッドが動きだすと直ぐに気が付くことができる「Layout」ワークスペースを利用しています。

追加された「**円柱**」はメートル級の大きな円柱ですので、左下に表示される「**オペレーターパネル**」の
「**半径**」に5cm、「**深度**」に10cmを入力してサイズ調整を行います。

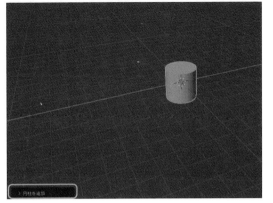

▲左下の「オペレーターパネル」をクリック

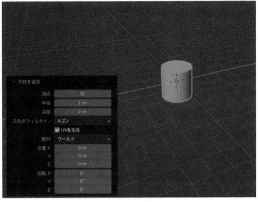

▲「オペレーターパネル」よりサイズを設定

単位付きで入力すると、メートルに換算された
値に変換表示されます。

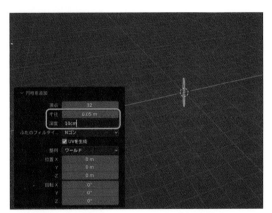

▲「半径」に5cm、「深度」に10cmを単位付きで入力

Blenderは初期設定の単位がメートルになって
いる関係で、サイズを変えると小さく見えなく
なってしまいました。

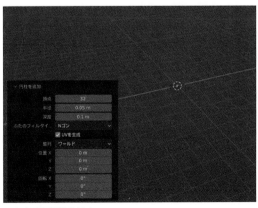

▲小さくて見えない！

[MMB] をスクロールしてオブジェクトが見えるようにズームしてください。「円柱」が選択されている場合は、テンキー [.] を押すことによって簡単にオブジェクトを中央にズーム表示します。

どうですか、見えましたか？

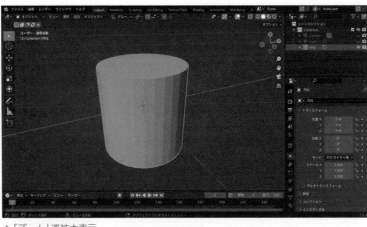

▲「ズーム」で拡大表示

もし拡大表示を行った際にグラスの表示が割れてしまったら、カメラの撮影範囲から外れたためです。

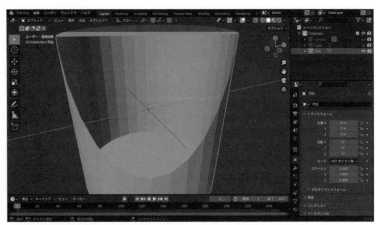

▲表示の割れたオブジェクト

カメラ設定を調整して、オブジェクトに近付いても表示が割れずに映るように設定しましょう。

「3Dビュー」の表示に使用されている「カメラ」の設定は「サイドバー」から行います。

▲クリックまたは [N] で「サイドバー」を開く

▲ [LMB] ドラッグまたは [N] で「サイドバー」を閉じる

「サイドバー」を開いて
「ビュー」タブの「範囲の開
始」に1cmを入力します。
「サイドバー」の開閉はマウ
スで左向きアイコンをク
リック、閉じるときはド
ラッグしてください。[N]
での開閉も可能です。

▲「サイドバー」を開いて「範囲の開始」に1cmを入力

それではグラスのモデリ
ングを始めるために「オブ
ジェクトモード」から「編集
モード」に切り替えましょ
う。
「編集モード」に切り替え
るには3Dビュー画面の左
上にある「モードセレク
ター」で選ぶか、円柱を選択
して[Tab]を押してくださ
い。

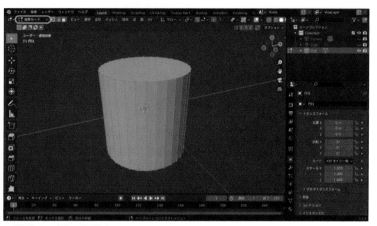

▲「編集モード」の「円柱」

「オブジェクトモード」と「編集モード」の理解はBlenderにとっては非常に重要です。「オブジェクト
モード」はオブジェクト全体を扱うモード。「編集モード」はオブジェクトを構成するメッシュを自由に
編集できるモードとして覚えましょう。

 Shortcuts

サイドバーの開閉　　　　　　　　　　　　：[N]
オブジェクトモード、編集モードの切り替え：[Tab]

4 ● 「面を差し込む」

「**編集モード**」に切り替えると「**ツールバー**」の表示が変わりますので、次に「**面**」の選択を選び上部の面を [LMB] クリックで選択します。

※「**ツールバー**」の右端を引っ張って拡大するとツール名が表示されます。

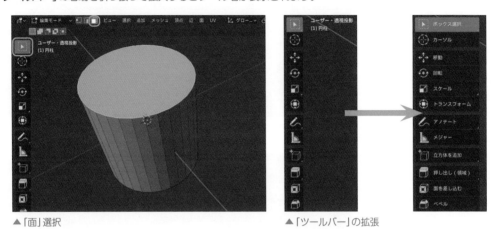

▲「面」選択　　　　　　　　　　　　　　　　　▲「ツールバー」の拡張

「**面**」が選択できれば、「**ツールバー**」から「**面を差し込む**」を選んでください。黄色いリングが現れるので、リング内を [LMB] で少し内側へドラッグしてみます。

「**面を差し込む**」は選択した面の内側に新たな面を作ります。このままマウスで調整してもよいのですが、画面左下に表示される「**オペレーターパネル**」をクリックして開き、数値入力すると簡単に調整できます。

幅の値がグラスの厚みになりますので、好きな数値を入力してください（筆者は3mmを入力しました）。**ツールは持ち替えない限り有効のままですから、不用意に他の部分を選択しないようにしましょう。**

ツールを確実に解除するには、一旦「**選択ツール**」などに切り替えると良いでしょう。

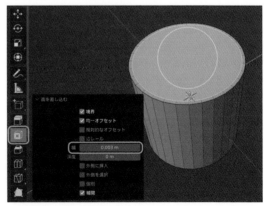

▲「面を差し込む」

100

5 ● 「押し出し」

次に作成した**「面」**を選択したまま、下方向に押し出してグラスの基本的な形状を作ります。

押し出す前に3Dビューを**「透過表示」「ワイヤーフレーム」**に切り替えて背面も見えるようにしましょう。

▲「透過表示」では背面の「頂点」も選択可能です

「面を差し込む」で作成された面はそのまま選択されているので、**「押し出し」**ツールを選び黄色いハンドルを選択して下方向に押し出します。押し出す深さはパースビューのままでも可能ですが、**「インタラクティブナビゲーション」**の**-Y (Y)** ラベルをクリックするかテンキーの **[1]** で**「フロント・平行投影」**に切り替えて確認するのがよいでしょう。

少し押し出すと、左下に**「オペレーターパネル」**が表示されますので、本書では**移動Zに－8.5cm**を入力しました。

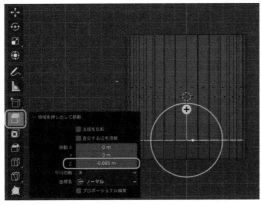

▲Zに－8.5cmを入力

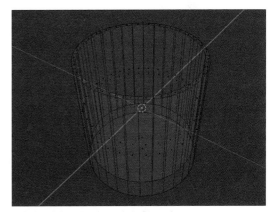

▲角度を変えて見ると、こんな感じです

「円柱」のままでは形状が単純ですので、グラスの下部を円錐状に少し絞ります。「頂点」選択を選び、「ボックス選択」ツールに切り替えて下部を選びます。

このときの「選択」では**後ろの「頂点」も同時に「選択」したいので、必ず「透過表示」に設定して行って**ください。

「選択」した後にツール「スケール」に持ち替えます。

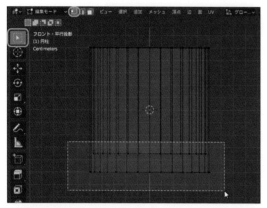
▲下部を選択

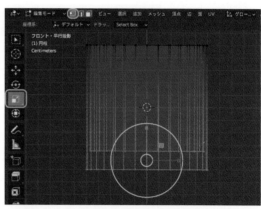
▲「スケール」に持ち替えた状態

「スケール」ツールで調整すれば良いのですが、フロントやライト／レフトの平行投影のまま横方向に縮小すれば…、楕円形に変形してしまいました。これはよくある失敗ですね。

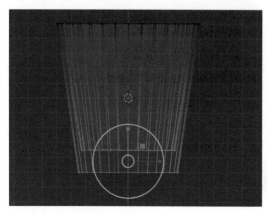
▲上手くできているように見えても

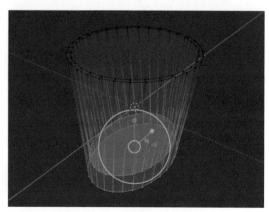
▲片方だけ変形してしまって、失敗！

　正しい縮小方法は、横から選んだ状態でビューを**「トップ・平行投影」**に切り替えてXY平面上での縮小です。

　白い円の内側を[LMB]ドラッグで縮小しましょう。

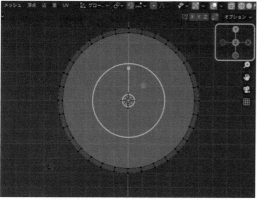

▲「トップ・平行投影」

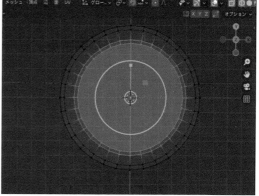

▲XY平面上で縮小

　しかし、これでは全体の形のイメージが少しつかみにくいですね。**ヘッダーメニュー➡ビュー➡エリア➡四分割表示**で**「四分割表示」**に切り替えてパースビューを確認しながら「トップ・平行投影」で調整してもOKです。

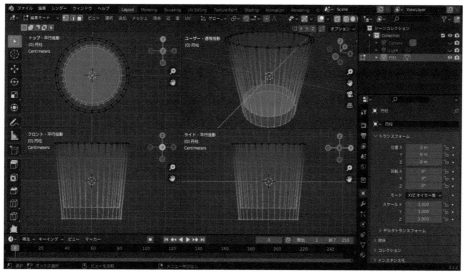

▲四分割表示で縮小

 **Shortcuts**

四分割表示：[Ctlr]＋[Alt]＋[Q]

少し角度を付けたパースビューで、**拡大縮小の XY平面のハンドル**を持って縮小しながら、角度を変えて確認を繰り返してもよいでしょう。自分に適した方法を試してください。

調整に満足できればグラスの基本形は完成です。

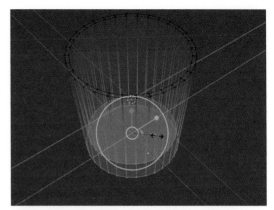

▲パースビューでXY平面に対してスケール

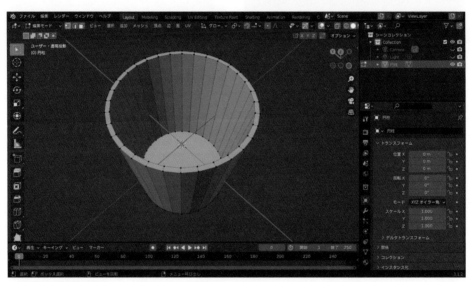

▲グラスの基本形の完成

「スムーズシェード」と「フラットシェード」

　オブジェクトを滑らかにするには、「面」を増やす方法と「辺」のエッジをシェーディングによって擬似的に滑らかに見せる方法があります。

　Blenderの基本的なシェーディングには「フラットシェード」と「スムーズシェード」の2種類がありますが、通常は「フラットシェード」で表示されていますのでオブジェクトの面を「スムーズ」（滑らかに）にしたいときは「スムーズシェード」に切り替えてください。

　「スムーズシェード」とは擬似的に面を滑らかに見せる方法で、ポリゴン数の増大やメッシュ形状の変化は起こりません。

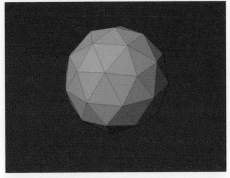

▲メッシュの状態（フラットシェード）

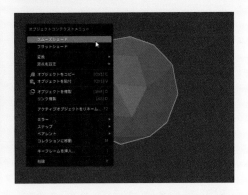

●「スムーズシェード」

　「スムーズシェード」は「オブジェクトモード」による選択で、[RMB] プレス➡オブジェクトコンテクストメニュー➡スムーズシェードを適用します。

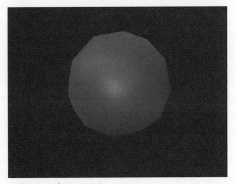

▲「スムーズシェード」

● 「フラットシェード」

　「フラットシェード」は「オブジェクトモード」
による選択で、[RMB] プレス➡オブジェクトコ
ンテクストメニュー➡フラットシェードを適用し
ます。

▲「フラットシェード」

● 「スムーズシェード」と「フラットシェード」の
混在表現

　工業製品などのモデリングでは1つのオブジェ
クトに「スムーズシェード」と「フラットシェード」
を混在させる必要があります。

　オブジェクトの一部に対してスムーズとフラッ
トを混在させるには「面選択」の「編集モード」で、
[RMB] プレス➡面コンテクストメニュー➡ス
ムーズシェードまたはフラットシェードを適用し
ます。

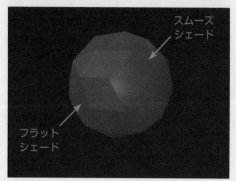

▲「スムーズシェード」と「フラットシェード」の混在

6 ● 「ベベル」

最後の仕上げはベベルです。

「ベベル」とは角落としのことですが、**「ベベル」**を設定するグラスの場所は飲み口、グラスの底、裏側の各辺です。選択を「頂点」から**「辺」**に変えて、**[Alt]＋「辺」**クリックで**「辺」**を**「ループ選択」**（一周選択）します。

「辺」が選択できればツールバーから**「ベベル」**ツールを選び、黄色いハンドルを少し引き上げてください。[Shift]を押しながら引っ張ると、少し調整の変化が緩やかになります。

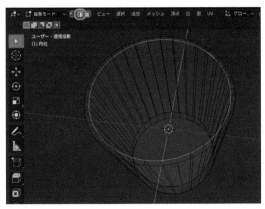

▲内側の「辺」をループ選択

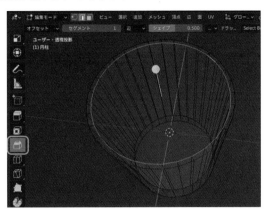

▲「ベベル」

「ベベル」にはかなり微妙な調整が必要です。しっかりとズームアップして作業してください。**「オペレーターパネル」**が表示されますので**「オフセット」**の幅と**「セグメント」**の数値を調整します。

本書の作例では**幅に0.7mm**、**セグメントに2**を入力しました。セグメントとは分割数の設定です。

内側の**「辺」**に**「ベベル」**設定が終われば、外側も同様に加工を行いましょう。

※両側の「辺」に、同時に「ベベル」を設定することも可能です。

▲「ベベル」の設定

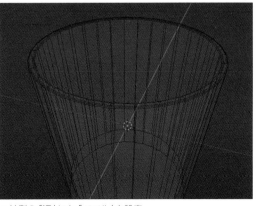

▲外側の「辺」にも「ベベル」を設定

飲み口が終わればグラスの内側の底も「ループ選択」して「ベベル」を設定します。

飲み口よりも幅とセグメントの数値を大きくして滑らかにします。

本書の作例では**幅に2.5mm**、**セグメントに3**を入力しました。

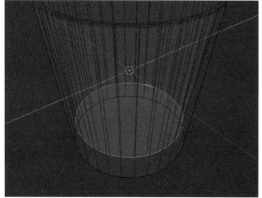

▲グラスの底の「辺」選択

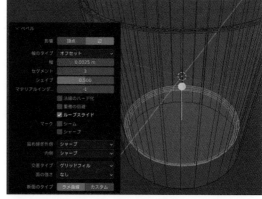

▲「ベベル」の設定

最後に下からのぞき込んで、グラスの底の「面」を選び「ベベル」を設定しましょう。

こちらは**幅に1mm**、**セグメントに1**を入力しました。

「ベベル」は選択する対象によって結果が変わりますが、本書では「ループ選択」の紹介と結果がイメージしやすいとの理由で「辺」を選択しています。

グラスの内、底などは同じ結果が得られるので、選択の簡単な「面」を選んで適用しても良いでしょう。

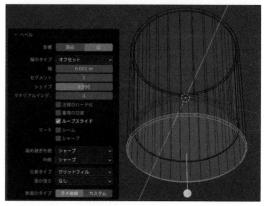

▲グラスの底にも「ベベル」

✏ Point　エッジループとフェイスループ

3Dソフトではループと言った言葉をよく耳にします。

ループとは一連のつながった状態を言い、「**エッジループ**」や「**フェイスループ**」はエッジ（辺）やフェイス（面）のループ状態のことを言います。

エッジやフェイスがループ選択できると作業の効率化につながります。また、一般的にきれいなループ状態を持つメッシュは「**トポロジー**」がきれいなどと言われています。

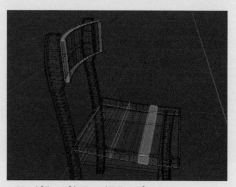

▲エッジループとフェイスループ

7 ●「完成」

　いかがでしたか、最初のモデリング作品は完成しましたか？ビューの角度やズームを調整し、形を確認しながらモデリングできましたか？

　今回使用した「面を差し込む」「押し出し」「ベベル」は非常によく利用するツールです。また、[Alt] ＋「辺」クリックの「ループ選択」もよく使う選択方法の一つです。次のモデリングでも再度説明を加えながら利用しますので、先ずはモデリングのリズムが体験できればOKです！

▲完成したグラス

1 環境

2 基礎

3 メッシュ

4 カーブ

5 スカルプト

6 マテリアル

7 アニメーション

8 アーマチュア

9 レンダリング

10 関連情報

> **⚠ Point　ベベル**
>
> 　「ベベル」には様々な設定がありますが、ここでは代表的な設定と形状の変化を「辺」を例に見てみましょう。
>
> ❶ベベルなし
> ❷ベベル－セグメント：1　幅：適宜
> 　シェイプ：設定は無効
> ❸ベベル－セグメント：6　幅：適宜　シェイプ：0.5
> ❹ベベル－セグメント：6　幅：適宜　シェイプ：0.1
> ❺ベベル－セグメント：6　幅：適宜　シェイプ：0
>
>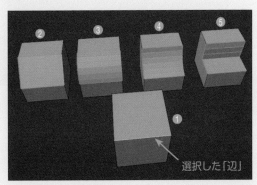
>
> 選択した「辺」
>
> ▲代表的な「ベベル」のバリエーション

8 ● 保存

グラスが完成すれば、ファイルを**「保存」**しましょう。

デジタル作品はファイルが無くなれば、どんなに努力した作品も跡形もなく消えてしまいます。ファイルが迷子にならないように、ファイル名やファイルの保存先のルールは各自の環境に合わせて決めておきましょう。

保存は**メニュー➡ファイル**で表示される保存ダイアログボックスで行います。

今回のグラス制作では最後に一度だけ「保存」を行いましたが、より大切な作品制作の際には、必ず制作途中にも保存をくり返し行ってください。

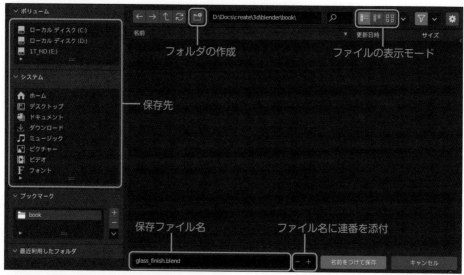

▲保存ダイアログボックス

Point　単位

モデリングの際にどのような大きさでモデリングするのかが決められているわけではありませんが、原寸で制作可能なものは原寸制作が推奨されます。

Blenderの初期設定時のグリッドは、1メートル四方に設定されています。そのため、最初に用意されている立方体は、一辺2メートルの立方体となります。

単位にmが表示されていますが、数値フィールドには10cmなどの単位付や、0.1などの小数点付きで入力することが可能なほか、計算式などの入力もできます。

▲単位付きで数値入力

▲計算式を入力

●スライドやボタンによる変更

数値の入力は直接入力以外に [LMB] 左右ドラッグ、左右に現れるボタンクリックによる値の増減も可能です。

▲マウスで左右ドラッグにより増減

▲左右のボタンクリックにより増減

●複数の値を編集

複数の数値フィールドを [LMB] ドラッグして入力すると、複数フィールドの値を同時に変更することも可能です。

▲3つのフィールドを縦にドラッグして同時入力

●単位・計算式の入力

シーンプロパティ➡「単位」の項目でBlenderで利用する各種単位の設定を変更することが可能です。

▲シーンプロパティで単位の変更が可能

1 環境

2 基礎

3 メッシュ

4 カーブ

5 スカルプト

6 マテリアル

7 アニメーション

8 アーマチュア

9 レンダリング

10 関連情報

3-2 テーブルセットを作る

この制作では少しレベルアップさせて「**テーブル**」と「**椅子**」のモデリングを行います。
利用する機能は「**リファレンス画像の参照**」「**メッシュの追加**」「**スナップ**」「**リンク複製**」「**ループカット**」「**辺の鋭さで選択**」他と色々ですが憂鬱にならないでください。

まず初めに完成したレンダリング画像を確認しましょう。頭の中でのイメージを膨らませてください。丸テーブルと椅子が4脚のセットです。

Blenderの操作に少し慣れている人は、自分なりのモデリング方法でもアレンジしてみてください。

▲テーブルセットの完成イメージ

1 ● テーブルの作成

SampleFile	Chapter3-2-1_table

●ファイル構造と下絵の準備

制作を始める前にプロジェクト用のフォルダを
作成しましょう。

Blenderでは制作物全体を管理するためのプロ
ジェクトやその制作に使用されるアセット（素材）
などのフォルダが強制的に作成されることはあり
ません。しかし、制作に関係するファイルの紛失
やリンク切れを防ぐためにもフォルダを作成し、
全ての関係ファイルをまとめるように心がけてく
ださい。

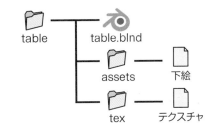

▲配布ファイルの構成

テーブル制作ではassetsフォルダ内に下絵ファイルを用意していますので、ダウンロードしたファ
イルを任意の場所に保存して利用してください。

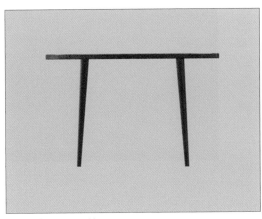

▲テーブルの脚の下絵

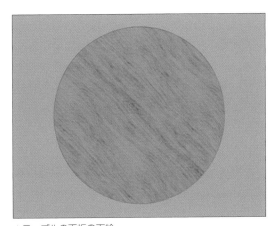

▲テーブルの天板の下絵

■ファイルの作成

フォルダと下絵ファイルの準備ができたところでBlenderを起動します。

新しくファイルの作成が必要な場合はメニュー➡ファイル➡新規➡全般を選ぶか [Ctrl] + [N] で「全般」を選んでください。ワークスペースは「Layout」、3Dビューのシェーダーは「ソリッドモード」です。

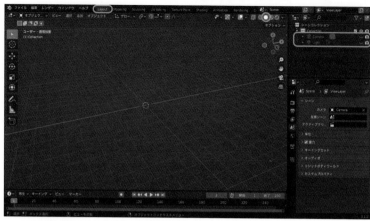

▲「立方体」を削除

中央の「**立方体**」をグラスの制作と同様に [Delete] を押して削除し、「Camera」と「Light」も同様に「アウトライナー」で非表示に設定しています。

■下絵の取り込み

「table」フォルダの下絵ファイルを読み込みます。Blenderは他の3Dソフトと同様にモデリングのために参考とするリファレンス画像（下絵）を配置することができます。

テーブル作成では2枚の下絵をフロントとトップに読み込みます。**このとき大切なことは、配置する方向の平行投影へビューを切り替えて読み込むこと**です。画面右上の「インタラクティブナビゲーション」の－Yのラベルをクリックするか [1] を押して「**フロント・平行投影**」に切り替えてください。

▲－Yラベルをクリックして「フロント・平行投影」

ヘッダーメニュー➡追加➡画像➡参照で脚の下絵を読み込みます。

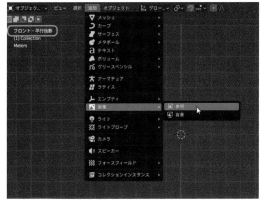

▲「フロント・平行投影」ビューで下絵の読み込み

Blenderのファイルブラウザには、ファイルのプレビューやフィルタなどの機能が用意されています。

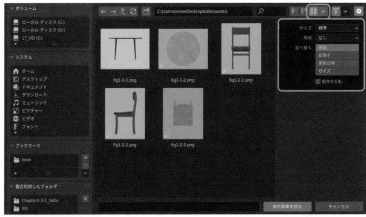

▲画像のサムネイルを表示したファイルブラウザ

同じフォルダ内に数多くの様々なファイルが存在する場合はフィルタ機能が便利です。

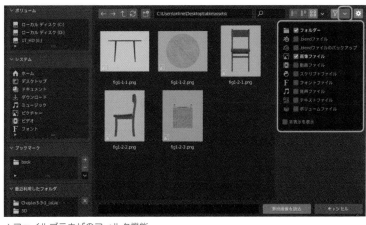

▲ファイルブラウザのフィルタ機能

■下絵の調整

「フロント・平行投影」に下絵が読み込めれば、下絵の設定を行いましょう。

読み込んだ画像に対する名前の設定は、**「アウトライナー」**で名前をダブルクリックして変更します。

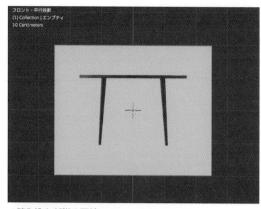

▲読み込んだ脚の下絵

その他の項目は**「プロパティエディタ」**の**「オブジェクトデータプロパティ」**で設定します。このままではグリッドが見えず、モデリングの際も少し邪魔になるので、**「不透明度」**にチェックを入れて**不透明度の値を0.1程度の透明に設定**します。

「平行投影」のチェックはそのままでよいでしょう。**「透視投影」**のチェックを外せば、パースビュー時には非表示になりますので好みにより変更してください。

▲「オブジェクトデータプロパティ」で下絵の設定

次に読み込まれた脚の下絵の大きさと位置を調整し、脚の端を地面の位置に合わせます。

大きさの調整は「**スケール**」ツールを使用します。

白い円の内側を [**LMB**] ドラッグすると比率を拘束した「**スケール**」が可能です。

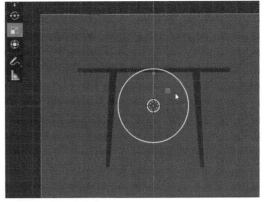

▲「スケール」ツールで調整

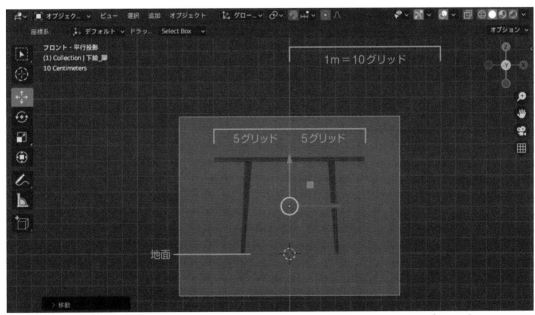

▲大きさと位置の調整

テーブルの天板は直径1メートル程度での作成を予定していますので、グリッドを見ながら縮小してください。完全に一致させる必要はありません。「**フロント・平行投影**」からの表示では1つのグリッドが10cmなので、**左右5グリッドづつ**の大きさに設定すればよいでしょう。

拡大し続けると更に細かいグリッドが表示されるので間違えないように注意しましょう。

上下位置は**Z軸**で0の位置が地面 (赤い線) となりますので、「**移動**」ツールで位置合わせを行ってください。

脚の下絵設定が終われば次に天板の読み込みと設定も行います。

天板の下絵は脚と同様に**「インタラクティブナビゲーション」**のZのラベルをクリックするか**[7]**を押して**「トップ・平行投影」**に切り替えて読み込みましょう。

大きさと位置の調整は**左右5グリッドの直径1mに**設定し、高さ方向へは天板の高さまで移動させます。

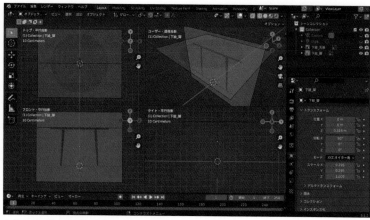

▲2つの下絵を配置したところ

■**下絵の保護**

下絵に対する設定が済めば、不用意に移動できないように設定します。

方法としては**「位置をロック」**または**「選択を無効」**に設定するかのどちらかです。どちらの方法を利用してもかまいませんが、これらの方法は下絵ファイル以外のオブジェクトにも利用できますのでぜひ覚えておいてください。

本書では**アウトライナー➡フィルター➡選択を無効**のアイコンを表示に設定し、クリックすることによって**「選択を無効」**に設定しました。

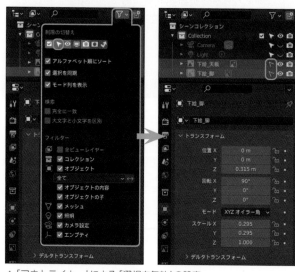

▲「アウトライナー」による「選択を無効」の設定

▲鍵アイコンをクリックして「位置をロック」

■ファイルの保存

　下絵の配置までが終わったところで、いったん**メニュー➡ファイル➡「保存」**によりファイルを保存しましょう。

　3Dソフトは比較的フリーズしやすいソフトです。制作途中ではいつフリーズしてもよいくらいの覚悟でファイルの保存に注意しながら作業を進めてください。

　ファイル名入力フォームの横にある[＋][－]《➪「保存」110ページ参照》のボタンを押すことによってファイル名に連番を付けることが可能です。上書きによる保存だけでなく、作業の要所でバージョンを上げての別名保存には便利な機能です。

邪魔にならない下絵の配置

　テーブルのモデリングでは下絵をワールドの中央に配置していますが、モデリングの邪魔にならないように、平行投影方向に適宜移動させて、中央に作業スペースを作るのも良いでしょう。

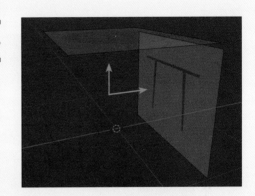

📝Point　素材の準備に手間を惜しまない

　複数の下絵を読み込む場合はPhotoshop等の画像編集ソフトで各々の画像の大きさを同じに調整したり、歪みや角度、中央合わせによるトリミングなどを調整しておくと3Dソフトに取り込んでからの扱いがより簡単になります。

●天板の作成

どの部分からモデリングを始めるか？　経験を積めば自分なりのルールができますが、**迷った時は形状が単純で大きさのイメージのつかみやすい物から**はじめましょう。

まずは天板からモデリングを行います。

■メッシュの追加と調整

天板は薄い円柱状です。

元となる「メッシュ」として**ヘッダーメニュー➡追加➡メッシュ➡円柱**または**[Shift] ＋ [A]➡追加メニュー➡メッシュ➡円柱**を選び**円柱**を追加します。脚の下絵は「アウトライナー」で非表示設定にしています。

追加した「円柱」で下絵が見づらい場合は**「透過表示」**を有効にしてください。「円柱」を追加すると左下に**「円柱を追加」**の**「オペレーターパネル」**が表示されますので、パネルをクリックして開き**「頂点」**の数値に**64**を入力して少し滑らかにし、**「半径」**の値に**50cm**、**「深度」(厚み)** の数値フィールドに**3cm**を入力します。

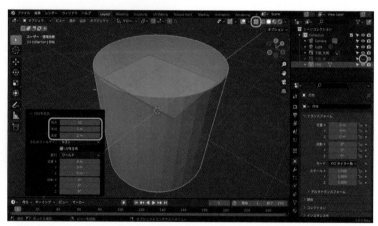

▲「オペレーターパネル」に頂点数：64、半径：50cm、深度：3cmを入力

> ✅ Point　**追加されるオブジェクト**
>
> 「メッシュ」は「3Dカーソル」の位置に追加されます。大きさなどの初期設定値は、以前に設定された「オペレーターパネル」などの値で追加されます。そのため、本書とは違った「メッシュ」が追加される場合がありますので注意してください。

「円柱」が天板らしくなりましたね。「アウトライナー」で名前も変更しておきましょう。

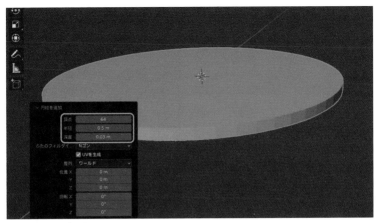

▲天板のサイズ調整

■ベベル加工

天板の基本的な形ができました。

あと少し加工を施しましょう。**"世の中にあるものにはほとんど、ベベルがある！"**と言うことで、天板の上下の「辺」に「ベベル」を設定します。

📥 Shortcuts

オブジェクトの追加メニュー：[Shift] + [A]

✏️Point 「オペレーターパネル」の再表示

「オペレーターパネル」はオブジェクトの追加時や変形時に一時的に表示されるパラメーター設定用のパネルですが、目を離した隙に消えていることがあります。

そんなときは**メニュー➡編集➡最後の操作を調整**を試してみてください。再度オペレーターパネルの表示が可能な場合があります。

テーブルの上下の辺に「ベベル」加工を行う場合、「辺」または「面」のどちらを選択しても同じ結果が得られますので、選択の簡単な「面」を選びました。

オブジェクトを選んで [Tab] を押すか、「モードセレクター」で「編集モード」に切り替えて選択の対象に「面」を選び、天板の「上面」を選択してください。

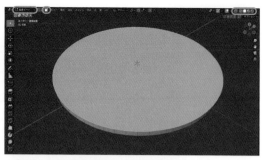

▲「編集モード」で「面選択」に切り替え「上面」を選択

「上面」が選択できれば、マウス操作または「インタラクティブナビゲーション」を操作して下側からの視点に変えます。もし、操作途中で選択が解除されてしまった場合は [Ctrl] + [Z] で選択状態を戻してください。下側からの視点に切り替えることができれば、**[Shift] を押しながら「上面」と同様に「下面」も選択します。**

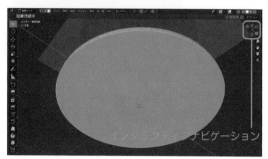

▲ [Shift] を押して「下面」も選択

上下の「面」が同時に選択できたでしょうか。上手く選択できれば、次は「ベベル」の適用です。ツールから「ベベル」をクリックしてください。

中央に黄色いハンドルが現れますのでマウスで引くと「ベベル」がつくられます。マウスでハンドルを引くときに [Shift] を加えることによって、変化が小さくなり微調整しやすくなります。

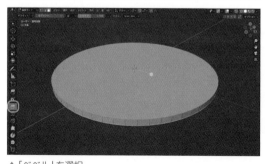

▲「ベベル」を選択

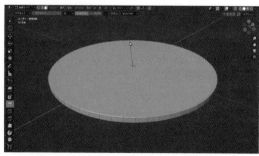

▲ [Shift] を押しながら微調整可能

見た目で決めても、「オペレーターパネル」での数値設定でもOKです。

本書では「オペレーターパネル」で「オフセット」1cm、「セグメント」3、「側面」0.5を入力しました。

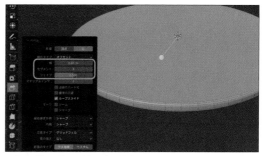

▲「オペレーターパネル」の設定

1 環境
2 基礎
3 メッシュ
4 カーブ
5 スカルプト
6 マテリアル
7 アニメーション
8 アーマチュア
9 レンダリング
10 関連情報

✎ Point　ツールのやり直しには注意

「ベベル」や「押し出し」「面を差し込む」などのツール設定を行った際に "失敗！" と思ったときは、そのまま作業を続けず [Ctrl] + [Z] で確実に元の状態に戻してから再設定しましょう。

見た目に変化が見られなくても「面」が奇妙に加工されている場合が多く、その後の作業に様々な問題が発生します。

🔍 InDetail　「モディファイアー」の「ベベル」？

「ベベル」設定は「ツールバー」の「ベベル」の他にモディファイアープロパティ➡モディファイアーを追加➡「ベベル」でも可能です。

「モディファイアー」の「ベベル」は修正も自由で便利な半面、「適用」といった効果の確定を考え

る必要もあります。

本書では「ツールバー」の機能を基本として説明を進めます。

《🔖「InDetail ブーリアン（モディファイアー）」164ページ参照》

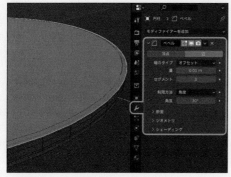

▲「編集モード」の「ベベル」設定と表示

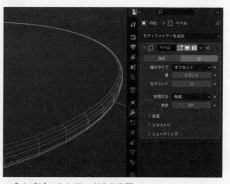

▲「オブジェクトモード」の表示

天板の下絵はほとんど必要ありませんでしたね。

天板は３Ｄビューの中心で作成されていますので、脚の下絵を再度表示させ、「**フロント・平行投影**」で確認しながら位置を調整すれば完成です。

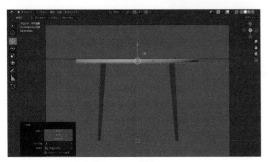

▲「フロント・平行投影」から位置設定

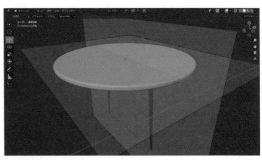

▲「完成した天板」

⚠️ Point　制作は常に整理、整頓

3D制作では数多くのオブジェクトを作成します。アウトライナーでの名前の整理は常に行ってください。

●脚の作成

次にテーブルの脚を作成しましょう。3D制作のコツの1つは共通のオブジェクトを再利用して、できるだけ効率良くモデリングを行うことです。

計画としては**1本の脚を作成し、回転角度を設定しながら他の3本を複製**します。

■メッシュの追加と調整

下絵を確認するためにビューを「**フロント・平行投影**」に設定し、シェーディングは下絵が見えるように「**透過表示**」と「**ワイヤーフレーム**」を選択しましょう。

次に脚を作成するためのメッシュを追加しますが、脚も円柱状なので**ヘッダーメニュー➡追加➡メッシュ➡「円柱」**を追加します。天板を作成した設定で「**円柱**」が追加されます。

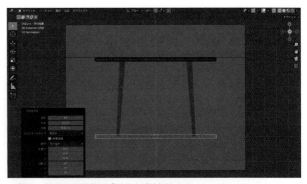

▲最後に設定した状態で「円柱」が追加された

「オペレーターパネル」で「**頂点**」数は24、「**半径**」は**2.5cm**、「**深度**」に**60cm**を入力して脚の長さを調整します。微調整はマウスで行うこととします。

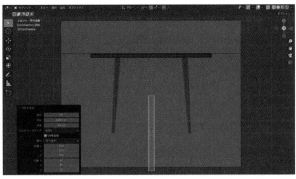

▲「オペレーターパネル」でサイズを設定

■円柱 (脚) の位置調整

基本的な「円柱」の設定が済めば、「円柱」の上端を天板の底面にぴたりと合わせます。
このとき、「**スナップ**」（**吸着**）する要素の種類を「辺」に設定して**スナップの磁石アイコンをオン**にしてください。

▲スナップ先を「辺」に設定して有効にする

📝Point　　先ずは定番のチェック

何故か思ったように操作ができないときは、次の確認を行ってみてください。
● 操作の対象を選んでいますか？
●「オブジェクトモード」か「編集モード」か？
● 選ぶ順番は正しいですか？
● 値が小さすぎて変化が分からないのではないですか？

📝Point　　「編集モード」での「追加」

オブジェクトの「追加」は「オブジェクトモード」「編集モード」のどちらのモードでも可能ですが、「編集モード」で「追加」を行うと追加されたオブジェクトは「編集モード」状態のオブジェクトと「統合」された状態となります。

1 環境
2 基礎
3 メッシュ
4 カーブ
5 スカルプト
6 マテリアル
7 アニメーション
8 アーマチュア
9 レンダリング
10 関連情報

「オブジェクトモード」で「円柱」を選択して、マウスを上端あたりに移動させて [G] を押した後に [Z] を押します。

これで真上（Z軸方向）にだけ移動することが可能となります。

上手く「スナップ」させるには [G] を押す前のマウスの位置が大切です。「スナップ」させたいオブジェクトの「辺」の位置で [G] を押しましょう。

▲ [G] ➡ [Z]

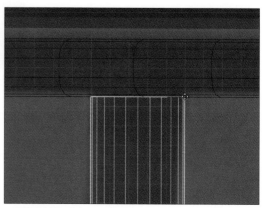

▲天板の底辺に「スナップ」

[G] ➡ [Z] でZ軸での移動モードになるので、マウスを移動させて天板の底部に移動させ、下絵を確認しながら適当な位置で [LMB] クリックで確定します。

いったん近くに移動させて、十分に表示を拡大させて作業するのがコツです。

「円柱」が上手く天板にスナップできれば、次に「円柱」の足もとを地面に設置させましょう。**「スナップ」（吸着）する要素の種類を「増分」に設定して「絶対グリッドスナップ」のチェックを入れスナップの磁石アイコンをオンに**してください。

「増分」はグリッドに対してのスナップ設定です。

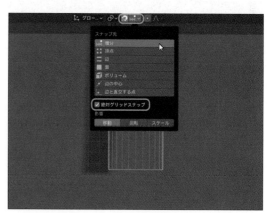

▲スナップ先を「増分」に設定して有効にする

「オブジェクトモード」から [Tab] で「編集モード」に切り替えて、「頂点」選択モードで脚の先端の頂点を選択します。このとき「トランスフォームピボットポイント」が「中点」など「3Dカーソル」以外になっていることを確認してください。

背面の「頂点」も選択する必要があるので、シェーディングは「透過表示」を有効のままです。

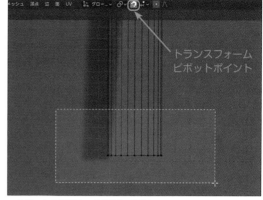

▲「ボックス選択」で「頂点」の選択

「移動」ツールを選び、**高さ方向（Z軸）の0（地面）**
の赤いグリッドにスナップさせ、下絵に従って横方向に位置を合わせます。位置合わせができれば、そのまま「スケール」のショートカット **[S]** を押して下絵の大きさに合わせましょう。

マウスは動かすだけでOKです。プレスなどの必要はありません。

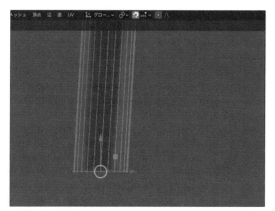

▲「移動」ツールで位置合わせ

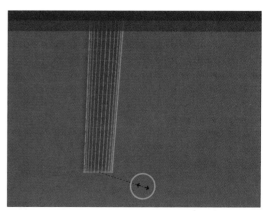

▲ [S] で大きさを調整

 **Shortcuts**

軸を固定した移動：[G] ➡ [X]（移動➡X軸）

　　　　　　　　　[G] ➡ [Y]（移動➡Y軸）

　　　　　　　　　[G] ➡ [Z]（移動➡Z軸）

■脚を増やす

作成した脚を複製してテーブルを完成させましょう。

増やす前に「アウトライナー」で名前を「脚」に変更しておきます。

脚を複製しながら回転させる中心に「3Dカーソル」を利用します。もし「3Dカーソル」がワールドの中心にない場合は、**[Shift] ＋ [S] で「パイメニュー」を表示し「カーソル→ワールド原点」で「3Dカーソル」をワールド原点に移動**させます。

「トランスフォームピボットポイント」には「3Dカーソル」を指定しましょう。

※ [Shift]+[C]で3Dカーソルをワールド原点に移動させることも可能です。

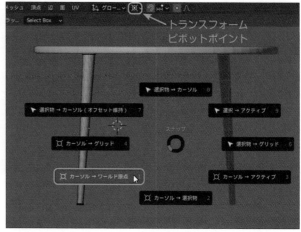

▲ [Shift] ＋ [S] で「パイメニュー」を表示し「3Dカーソル」を移動

3Dビューを「トップ・平行投影」に切り替えて、「オブジェクトモード」で脚を選択し、**ヘッダーメニュー➡オブジェクト➡「リンク複製」([Alt] ＋ [D])を選んだ後に [RMB] クリックしてください。複製した瞬間はマウスに追従しますが、[RMB] クリックすることによって複製元と同じ場所に設定されます。**「リンク複製」はオリジナルを共有する複製方法です。

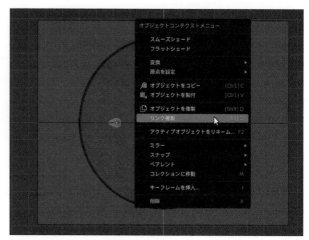

▲同じ場所に「リンク複製」

脚は同じ場所に複製されていますので、そのまま「回転」ツールに切り替えて少し回転させます。「オペレーターパネル」が「回転」に変わるので、90を入力して2つ目の脚の位置に設定します。

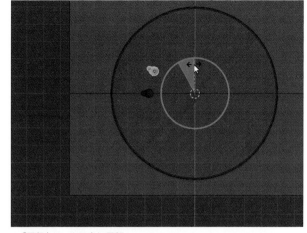

▲「回転」ツールで少し回転

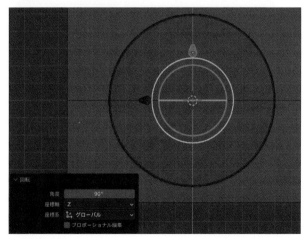

▲「回転」の値に90を入力

複製された脚をそのまま選択し再度複製し回転させましょう。同様の操作を繰り返し脚の全てを「リンク複製」と「回転」により作成できればテーブルの完成です。

テーブルセットの作成では、テーブルと椅子を別のファイルとして作成し2つのファイルを組み合わせる方法も体験します。

完成したファイルを「table」と名前を付けて保存しましょう。

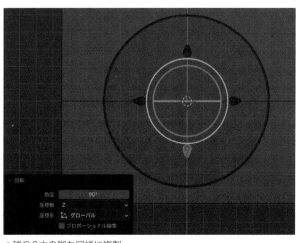

▲残り2本の脚も同様に複製

1 環境
2 基礎
3 メッシュ
4 カーブ
5 スカルプト
6 マテリアル
7 アニメーション
8 アーマチュア
9 レンダリング
10 関連情報

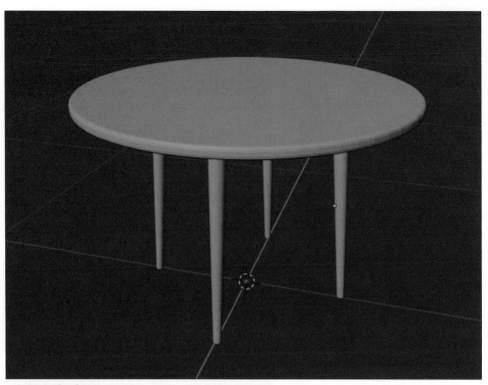

▲完成したテーブル

📥 **Shortcuts**

全てのオブジェクトがビューに収まるように表示させて、3Dカーソルをワールドの中心に移動させる：
[Shift] + [C]

リンク複製：[Alt] + [D]

パイメニューによる3Dカーソルと選択オブジェクトの操作

[Shift] + [S] で表示される「パイメニュー」を利用すると「3Dカーソル」や「選択オブジェクト」を素早く操作可能です。

メニュー内の数字はショートカットになります。例：3Dカーソルをワールド原点[Shift]+[S]➡1

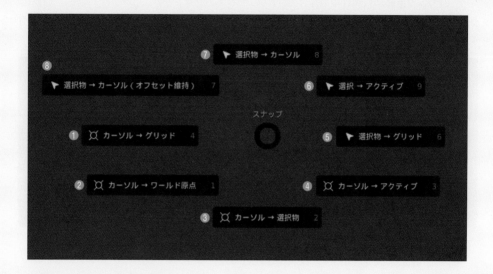

❶カーソル ➡ グリッド	3Dカーソルを一番近いグリッド交点へ移動
❷カーソル ➡ ワールド原点	3Dカーソルをワールドの原点へ移動
❸カーソル ➡ 選択物	3Dカーソルを選択物の中心へ移動
❹カーソル ➡ アクティブ	3Dカーソルを複数選択物のアクティブオブジェクトへ移動
❺選択物 ➡ グリッド	選択物を一番近いグリッド交点へ移動
❻選択 ➡ アクティブ	複数選択物のアクティブオブジェクトへその他の選択物を移動
❼選択物 ➡ カーソル	選択物／複数選択物を3Dカーソルに移動
❽選択物 ➡ カーソル（オフセット維持）	複数選択物の距離を保ったまま3Dカーソルに移動

2つの複製方法「オブジェクトを複製」と「リンク複製」

Blenderの複製には「**オブジェクトを複製**」と「**リンク複製**」があります。

「**オブジェクトを複製**」は通常のコピー＆ペーストの操作を一度に行うコマンドで、ショートカットは[Ctrl] + [D]です。この複製方法は独立したオブジェクトを作成する複製方法です。

一方、「**リンク複製**」の[Alt] + [D]は同じオブジェクトの分身を作るようなコピー方法です。「**リンク複製**」の特徴としてはデータ量が少なく、1つのオブジェクトを編集することによって他の全てのオブジェクトにその変更を反映させることができることです。

▲「リンク複製」で増やした木

▲1つを編集すると全てに反映する

「原点」を設定

「**原点**」はオブジェクトの位置、変形などの操作の基準点です。

「**原点**」の編集は対象のオブジェクトを選択して、**ヘッダーメニュー➡オブジェクト➡「原点を設定」**または[RMB]プレス➡**オブジェクトコンテクストメニュー➡「原点を設定」**を選ぶことによって可能です。

▲「原点を設定」メニュー項目

　こちらのジオメトリ（オブジェクト）、原点、
3Dカーソルが各々離れた状態を例に代表的な
**「ジオメトリを原点へ移動」「原点をジオメトリへ
移動」「原点を3Dカーソルへ移動」**の3つを紹介
します。

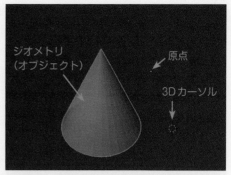

▲ジオメトリ（オブジェクト）、原点、3Dカーソル

❶「ジオメトリを原点へ移動」

「ジオメトリ」が「原点」へ移動します。

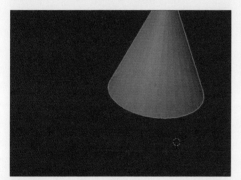

▲「ジオメトリを原点へ移動」

❷「原点をジオメトリへ移動」

「原点」が「ジオメトリ」へ移動します。

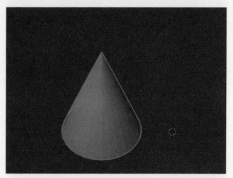

▲「原点をジオメトリへ移動」

❸「原点を3Dカーソルへ移動」

「原点」が「3Dカーソル」へ移動します。

▲「原点を3Dカーソルへ移動」

「原点を3Dカーソルへ移動」と「ジオメトリを原点へ移動」の組み合せ例

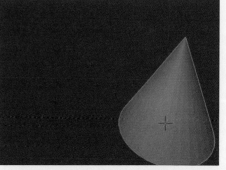

▲[Shift]＋[S]のパイメニューでも可能です！

「トランスフォームピボットポイント」
InDetail

　ヘッダーにある「トランスフォームピボットポイント」では、オブジェクト変形の基準点が設定可能です。ここでは「回転」を例に「トランスフォームピボットポイント」設定時の動きを確認します。

▲トランスフォームピボットポイント

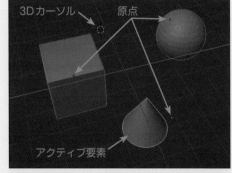

▲各オブジェクト、原点、3Dカーソル、アクティブ要素

❶「バウンディングボックスの中心」

　複数のオブジェクトが入る「バウンディングボックス」の中心をトランスフォームの「ピボットポイント」とします。

❷「3Dカーソル」

　「3Dカーソル」を「ピボットポイント」とします。

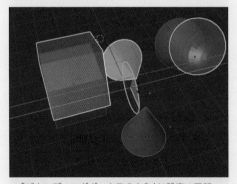

▲「バウンディングボックスの中心」に設定➡回転

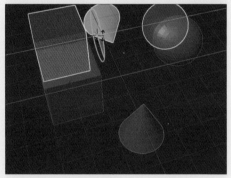

▲「3Dカーソル」に設定➡回転

134

❸「それぞれの原点」

　各々のオブジェクトの原点を「ピボットポイント」とします。

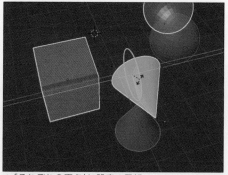

▲「それぞれの原点」に設定➡回転

❹「中点」（デフォルト）

　選択した複数のオブジェクトの中心「原点」同士の中心を「ピボットポイント」とします。

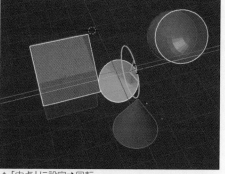

▲「中点」に設定➡回転

「編集モード」で同じ頂点選択の場合の「バウンディングボックスの中心」と「中点」の違い。

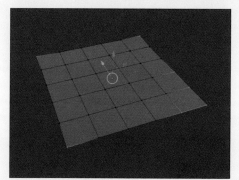

▲「バウンディングボックスの中心」

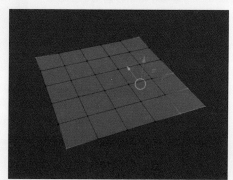

▲「中点」

❺「アクティブ要素」

　最後に選択したオブジェクト「アクティブ要素」の中心を「ピボットポイント」とします。

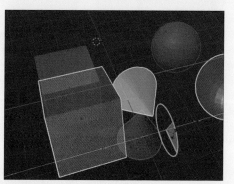

▲「アクティブ要素」に設定➡回転

1 環境
2 基礎
3 メッシュ
4 カーブ
5 スカルプト
6 マテリアル
7 アニメーション
8 アーマチュア
9 レンダリング
10 関連情報

2 ● 椅子の作成

次に椅子を作成します。テーブルに比べると作りも複雑で工数も多くなります。

●下絵の配置と調整

ファイル➡新規➡「全般」を選び新規の
ファイルを作成します。今回は表示されて
いる「立方体」を利用して下絵の大きさや
位置を調整してみましょう。

[N]で「サイドバー」を表示し、「立方体」
の寸法に椅子の座面までの平均的な高さ
である**45cm**を入力します。次に地面に設
置するために「移動」の**Z**の値に**22.5cm**
（45cmの半分を上方向に移動するため）
を入力しました。

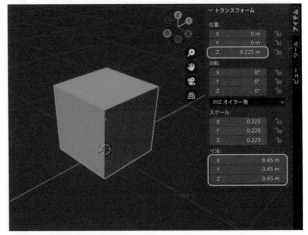

▲「立方体」を45cmに設定して地面に設置

次に各平行投影のビューに三方向からの下絵を配置しましょう。

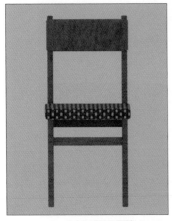

▲「フロント・平行投影」の下絵

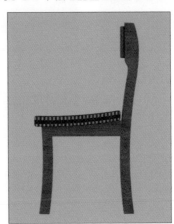

▲「ライト・平行投影」の下絵

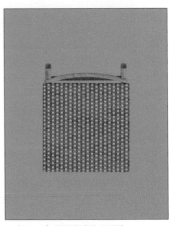

▲「トップ・平行投影」の下絵

下絵の大きさの調整は、**45cmの「立方体」**を利用しますので、下絵が見えにくい場合などは**「ワイヤーフレーム表示」**や**「透過表示」**に切り替えてください。

参照画像の半透明化は天板と同様に画像の**「プロパティ」**から行います。

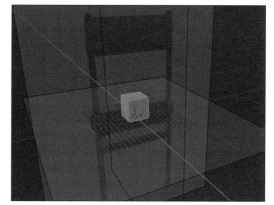

▲下絵と45cmの「立方体」を配置したところ

正面の下絵の座面までの高さを**「立方体」**を利用して調整します。

正面の下絵の大きさ調整が終われば、その下絵を基準として他の下絵も調整してください。3面の下絵の大きさや位置を合わせにくい場合は、座面のモデリングを少し進めた後に座面のオブジェクトを利用して下絵を再調整するのもよいでしょう。

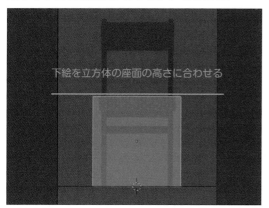

▲「立方体」を利用して下絵の調整

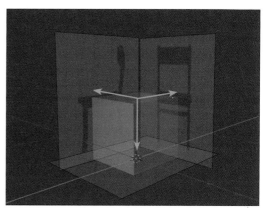

▲下絵の位置も調整

最後にモデリングしやすいように下絵の位置を移動させ、天板と同様にロックをかければファイルを一度保存しましょう。

●座面の作成

下絵の調整に利用した**「立方体」**をそのまま使って座面の作成から始めましょう。

下絵を参考にしながら、前、右、上の各正投影から確認して**「立方体」**の大きさと位置を調整します。

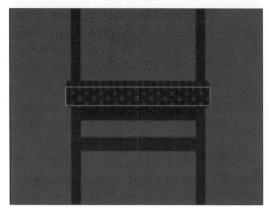

▲「フロント・平行投影」

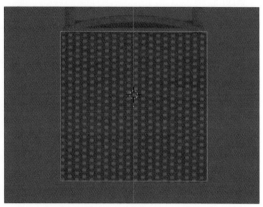

▲「トップ・平行投影」

座面は緩やかにカーブしていますので、後の作業で曲げることを考慮した大きさと位置に配置しています。

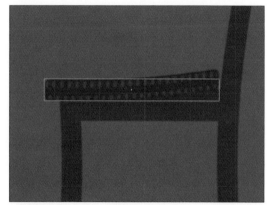

▲曲げを考慮して位置を設置

■「適用」により変形の値をリセット

　次に「ベベル」を適用させますが、その前に「スケール」を行ったままでは、「ベベル」設定などで不都合が発生しますので値を初期化します。Blenderではこの操作を「適用」と呼んでいます。「適用」は「オブジェクトモード」で対象のメッシュを選んでヘッダーメニュー➡オブジェクト➡適用➡全トランスフォームを行います。

▲適用➡全トランスフォーム

　「適用」には幾つかの種類が用意されていますので必要に応じて使い分けるとよいでしょう。本書では特定のトランスフォームに対する「適用」忘れを避けるために「全トランスフォーム」を実行します。

　「適用」を「全トランスフォーム」対象に実行し、「位置」の値が0、「スケール」の値が1に初期値としてセットされました。

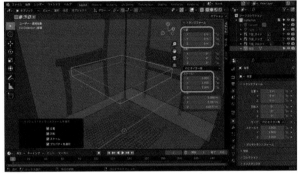

▲各値がリセットされた

■ベベルの実行

　「スケール」の各値が初期化されたことを確認してグラスや天板の制作でも使った「ベベル」を実行します。「ベベル」を適用させるために「編集モード」で [A] を押してオブジェクトを全選択します。「ベベル」の設定値を決めるときは実際の椅子の座り心地を想像しましょう。

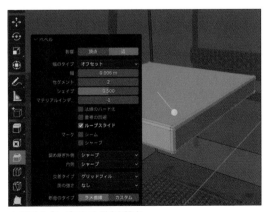

▲「幅」と「セグメント数」を設定

■座面を曲げるためにループカット

座面に少しカーブを付けるために「ループカット」を使用して分割を増やします。

「編集モード」で「ループカット」ツールを選択してオブジェクトの「辺」の上にマウスを持って行くと黄色い線が現れます。分割したい方向 (Y軸方向) に現れるといったんクリックして確定します。

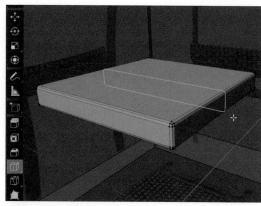

▲Y軸方向に現れた分割線

確定した後に左下に現れる「オペレーターパネル」の「分割数」に10を入力します。

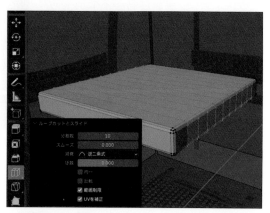

▲分割数を10に設定

選択ツールに切り替えて画面の任意の場所をクリックして「ループカット」を確定します。これで座面を曲げるための分割ができました。

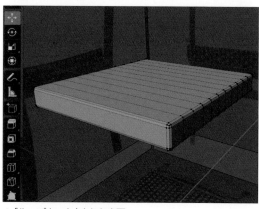

▲「ループカット」された座面

■座面を曲げる

椅子の制作では何度かオブジェクトを曲げる操作が必要となります。

メッシュオブジェクトを曲げる方法は幾つか用意されていますが、ここでは「トランスフォーム」の「曲げ」を利用しましょう。

「曲げ」は「3Dカーソル」を中心に設定し、オブジェクトを曲げるツールです。「編集モード」で使用するツールですが使用にはコツがあります。

1つ目は曲げたい方向から見て平行投影で使用すること、2つ目はショートカットで使用することです。メニューを使用した場合は制御が非常に難しく、多くの場合望んだ結果が得られないでしょう。

「ループカット」した座面を「頂点」の「編集モード」で全選択（[A]）します。

次に、3Dビューを「ライト・平行投影」に切り替えて「3Dカーソル」を曲げる中心に設定します。

マウスポインターは「3Dカーソル」から充分に離れた右側に位置した状態で、ショートカットの「曲げ」（[Shift] + [W]）を実行します。

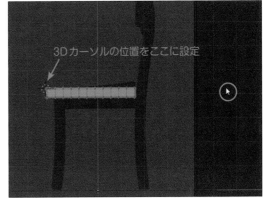

3Dカーソルの位置をここに設定

▲マウスポインタを「3Dカーソル」から離して [Shift] + [W]

破線と矢印が現れるのでオブジェクトを曲げたい方向にマウスを動かして、曲がり具合を調整してください。

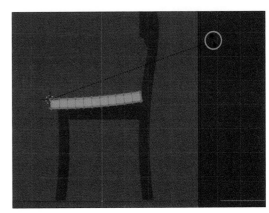

▲曲げを調整

「曲げ」は必ず大きさの変形を伴います。必要な場合は曲げた後に「スケール」などのツールで再度調整してください。最初はコツが必要ですが、慣れると感覚的に使える曲げのツールとなるでしょう。

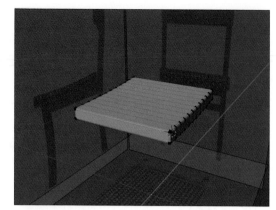

▲完成した座面

✐ Point　面は曲がらない！

当たり前のことだけどよくあるのが、辺が存在しないのに（面が分割されていないのに）形状を加工しようとしているミス。例えば、棒状のオブジェクトを曲げたい場合、分割が不足していると思ったように曲げることはできません。

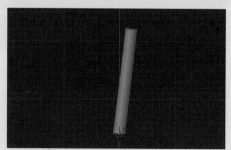

▲分割されていないので曲がらない！

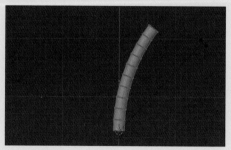

▲分割して曲げる

⬇ Shortcuts

曲げ：[Shift] + [W]

●後脚の作成

　次に後脚を作成します。前脚は後脚をカットした状態で作成できますので、後脚さえできれば前脚は完成したも同じです。

　座面は「**アウトライナー**」の目のアイコンをクリックして非表示にしておきましょう。3Dビューを「**ライト・平行投影**」に切り替えて立方体を追加し、長さや幅を整えます。
　どの部分に合わせて幅を決めるか悩みますが、脚の先端（地面との設置点）を基準に調整しました。「**ライト・平行投影**」からの調整と同時に「**フロント・平行投影**」からの調整も忘れずに行いましょう。

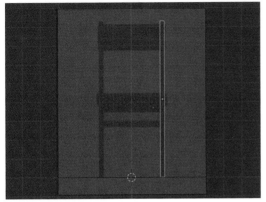

▲「フロント・平行投影」正面

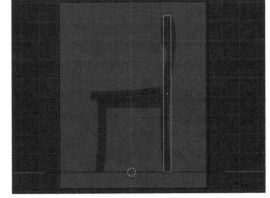

▲「ライト・平行投影」カーブは気にせず幅を合わせる

　「**立方体**」がおよそ脚の外形に設定できれば、座面と同様に「**ループカット**」で曲げるための分割数を増やします。

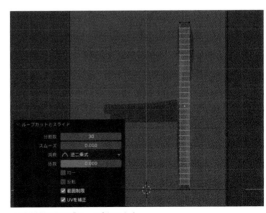

▲分割数30で「ループカット」

■脚を曲げる

　脚は緩やかなカーブを描いています。3D
ビューを「ライト・平行投影」に戻し「3Dカーソル」
の中心を足元に合わせ、「曲げ」（[Shift] + [W]）
を実行しカーブを作ります。大きさが変化します
が、曲がり具合、全体のバランスを優先して曲げ
ます。何度か試行錯誤を繰り返してみてくださ
い。

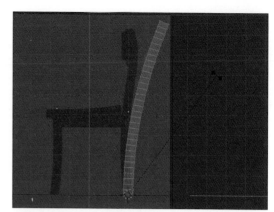

▲「曲げ」を使ってカーブ状に加工

　必要であれば「移動」や「スケール」で位置や大
きさを微調整し、地面のラインに合わせます。
カーブがおおよそ下絵に合えばOKです。

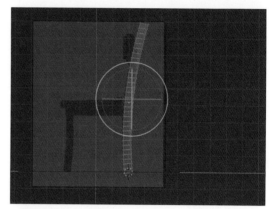

▲位置や大きさを調整

　ツールバーの「スケール」で微調整が難しい場
合はマウスをオブジェクトから十分に離した位置
で、ショートカット [S] ➡ [Z]（Z軸方向のスケー
ル）で拡大縮小するのも良いでしょう。

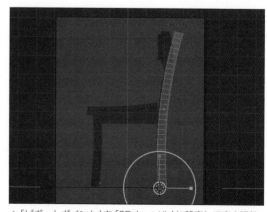

▲「ピボットポイント」を「3Dカーソル」に設定して高さ調整

⬇ **Shortcuts**

軸を固定したスケール：[S] ➡ [X]（スケール➡X軸）

[S] ➡ [Y]（スケール➡Y軸）

[S] ➡ [Z]（スケール➡Z軸）

背もたれの部分の形状を加工するために、再び「曲げ」の登場です。

曲げる部分だけを選択して「3Dカーソル」の位置を曲げる下部に設定し、[Shift] + [W] で曲げてみましょう。「3Dカーソル」の位置設定とマウスの位置関係が大切です。上手く曲がらない場合はこちらも操作を戻して何度か思考錯誤しながらチャレンジしてください。

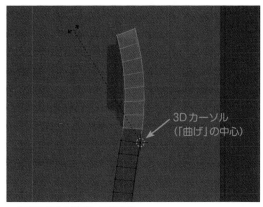

3Dカーソル（「曲げ」の中心）

▲必要な部分を選択して「曲げ」

あと少し加工しましょう。ここでは背もたれの板があたる部分を水平に加工します。「頂点」の「選択モード」に設定し「ボックス選択」や「投げ縄選択」で左側の頂点だけを選択します。

次に選択した頂点を「スケール」でY軸方向のみ縮小を加えて直線にします。

この直線化の方法は一般的な方法なので是非覚えましょう。

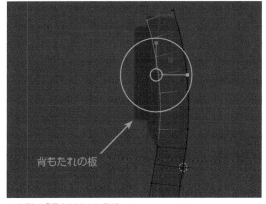

背もたれの板

▲左側の「頂点」だけを選択

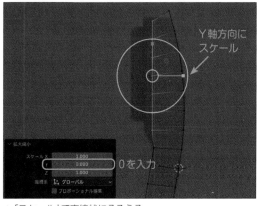

Y軸方向にスケール

0を入力

▲「スケール」で直線状にそろえる

「**移動**」で少し前や上に移動させて位置調整を行ってください。また上端部分も「**スケール**」を使って位置を水平に揃えます。

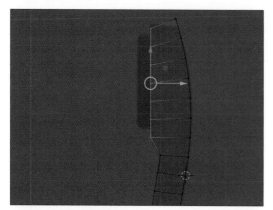

▲「移動」ツールで微調整

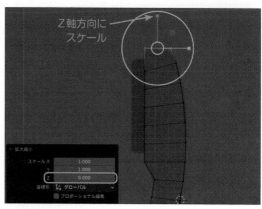

▲先端部分の修正

加工するためにはみ出してしまった足元の「**頂点**」を「**移動**」で水平に調整します。

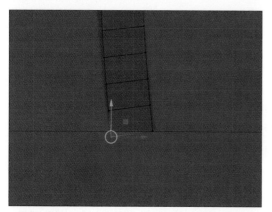

▲頂点を選択

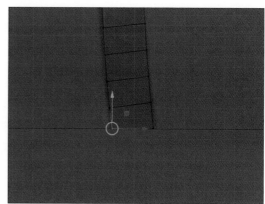

▲上に移動

後脚の基本的な形状が完成しました。

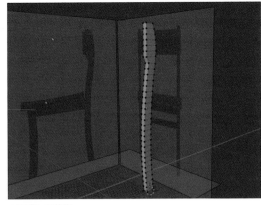

▲完成した後脚

■「辺の鋭さで選択」と「ベベル」

後脚の仕上げに「ベベル」加工を行いますが、その前に「オブジェクトモード」に切り替えてヘッダーメニュー➡オブジェクト➡適用➡「全トランスフォーム」で値を初期化します。

後脚は分割により多くの面が存在していますので、全体を選んだだけで「ベベル」を適用させることはできません。「ベベル」が必要な「辺」だけを選択しましょう。選択の方法はいくつかありますが、ここでは「辺の鋭さで選択」を使ってみます。**「辺の鋭さで選択」は２つの「面」の間で指定角度よりも狭い角度の「辺」を全て選択するツール**です。

オブジェクトを選び「編集モード」に切り替えます。次に「辺選択」のモードでヘッドメニュー➡選択➡「辺の鋭さで選択」を実行してください。

▲「辺の鋭さで選択」

📝**Point　「適用」は大事**

「適用」という言葉はかなり一般的な言葉ですが、Blenderでは大切な意味をもっています。本書では適用と「適用」の記述を使い分けていますが、メニューなどでみられる「適用」は変形や一時的なエフェクト状態を確定して、オブジェクトをシンプルな状態にリセットするといった意味をもっています。

先ずは「ベベル」の前の「適用」を忘れずに！

角の辺が全て同時に選択できたでしょうか。
思った結果が得られない場合は「オペレーターパ
ネル」の「シャープ」角度を変更してみましょう。
どうしても上手く選択できないときは選択ツール
を使って「辺」を加えたり、解除したり（[Shift]
＋クリック）と手作業で調整しましょう。

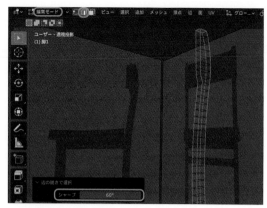

▲角の辺が全て同時に選択

　「ベベル」に必要な「辺」が全て選択できれば、
ツールから「ベベル」を選び適用してください。

　黄色いラベルを引っ張り、大きさを微調整します。
　作例では「オペレーターパネル」の「オフセット」に5mm（0.005m）、「セグメント数」に2を入力しま
した。

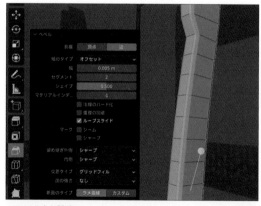

▲「ベベル」を設定

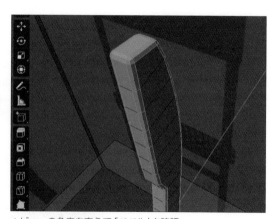

▲ビューの角度を変えて「ベベル」を確認

■脚を複製する

　3Dビューを「**フロント・平行投影**」に切り替えて、**ヘッダーメニュー➡オブジェクト➡「リンク複製」**（または [Alt] + [D]）で作成した脚を同じ場所に複製します。

※同じ場所での複製はメニューから「リンク複製」を選んだ直後に [RMB] クリックです。

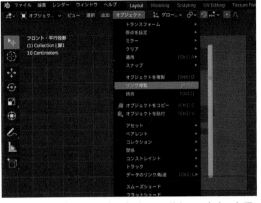

▲「リンク複製」はコンテクストメニューやショートカットでも可能

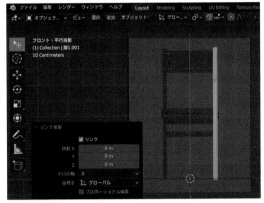

▲同じ場所に「リンク複製」された脚がそのまま選択されている

　次に複製したオブジェクトを**ミラー反転**します。**オブジェクトの原点がワールドの中心にあることを確認してサイドバー➡アイテム➡スケール➡「X」の値に−1を入力して反転します。**この反転方法は良く利用される方法です。覚えておいてください。

※オブジェクトの原点がワールドの中心にない場合は「**3Dカーソル**」を利用して原点をワールドの中心に移動させてください。

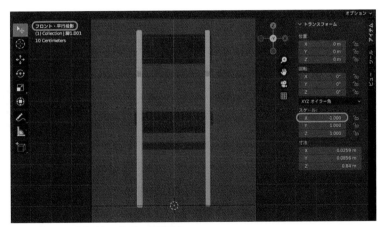

▲Xの値に−1を入力してミラー反転原点

●前脚の作成

次に前脚の作成です。前脚は複製した後脚の再利用です。

3Dビューを「**ライト・平行投影**」に切り替えて、再度、元の足を選択し、**ヘッダーメニュー➡オブジェクト➡「オブジェクトを複製」**で複製します。

同じ場所に作成されたオブジェクトを後脚と同様に、今度は**サイドバー➡アイテム➡スケール➡「Y」**の値に−1を入力して反転します。

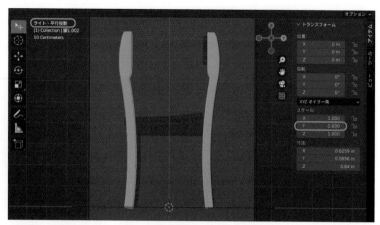

▲複製してYに−1を入力してエンターキー！

脚を下絵の位置に合わせた後、「**編集モード**」に切り替えてください。不要な上部を「**面選択**」モードで選択し、[Delete]で削除しましょう。

削除した部分には面が貼られていませんが、座面で隠れるので面を貼る必要はないでしょう。

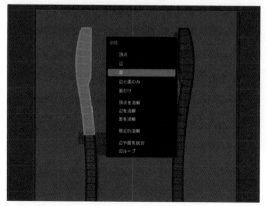

▲[Delete]を押して面を選択して削除

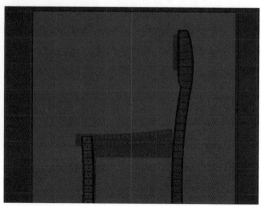

▲前脚の完成

もう1本の前脚は、「**オブジェクトモード**」に切り替えてその場に「**リンク複製**」します。後脚と同様にワールドの中央に原点があることを確認して**サイドバー➡アイテム➡スケール➡「X」**の値に−1を入力し [Enter] を押して反転します。

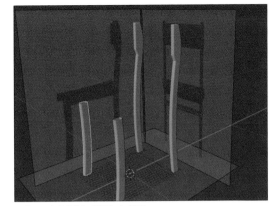

▲「リンク複製」し反転した前脚

脚の複製ができれば、座面を表示して全体のバランスを確認しましょう。

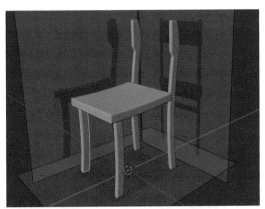

▲座面を表示

脚以外にも何本かの**梁（はり）**があるので、「**立方体**」から作成しましょう。1本が作成できれば、そのオブジェクトを複製して他の部分に再利用してください。

梁の形や場所は下絵だけではわかり難い部分もありますので、想像力を働かせましょう。

作例では梁には「**ベベル**」を適用していませんが適用してもOKです。「**ベベル**」の強さは好みで！

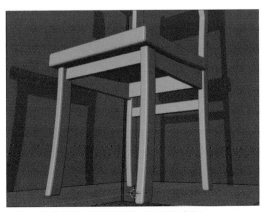

▲サンプルや下絵と同じ完成じゃなくてもOK！

1 環境
2 基礎
3 メッシュ
4 カーブ
5 スカルプト
6 マテリアル
7 アニメーション
8 アーマチュア
9 レンダリング
10 関連情報

対称化や対称編集の色々

特定の境界軸を中心にモデリングを行い、反対側に反映させる制作手法をミラーやシンメトリー（対称）モデリングと言います。

軸を境界にオブジェクトを反転作成する場合は**「メッシュの対称化」**、軸を対象にオブジェクトを編集する場合は**「軸対称編集」**がお勧めです。

●**編集する**

・**メッシュを対称にスナップ**

対称位置にない「頂点」を対称位置にスナップさせる機能です。

「編集モード」でミラー元のメッシュを選択し、**ヘッダーメニュー➡メッシュ➡「対称にスナップ」**を選びます。

「方向」は効果の及ぼす軸方向、**「しきい値」**は効果が及ぶ範囲、**「係数」**は0〜1の設定で効果のミックス度合（0で最大、1で効果なし）、**「中心」**は設定した軸の中心へスナップします。

▲対称化させたいメッシュを選択

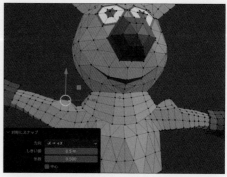

▲「対称にスナップ」を適用

・**軸対称編集**

「編集モード」で、**ヘッダー➡オプション**からミラー軸を選ぶと、編集した対称のメッシュがミラー軸を境界に同時編集されます。

※オブジェクトがワールドの中心にある必要はありません。

「トポロジーによるミラー反転」

頂点位置だけでなく面の構成などをベースに判断して左右対称編集を行います。

▲軸対称の編集に便利な「ミラーオプション」

●移動する

・ミラー

オブジェクトや選択した要素を反転します。

「オブジェクトモード」ではヘッダーメニュー➡オブジェクト➡「ミラー」でオブジェクトを反転します。「編集モード」ではヘッダーメニュー➡メッシュ➡「ミラー」で選択を反転します。

※「インタラクティブミラー」では、選択した後に軸のキー（XやYなど）を押すとその方向に反転します。

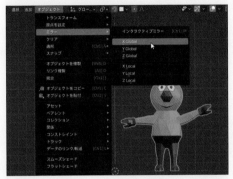

▲「オブジェクトモード」で選択して適用

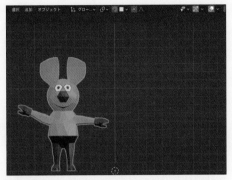

▲反転（移動）した

●複製する

・対称化

「原点」を中心にオブジェクトを複製します。「編集モード」でミラー元のメッシュを選択し、ヘッダーメニュー➡メッシュ➡対称化を選びます。

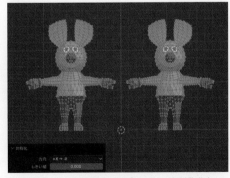

▲オブジェクトが複製される「メッシュの対称化」

●複製＆対称編集する

・ミラーモディファイアー

　「ミラーモディファイアー」は「メッシュの対称
化」と「ミラーオプション」の機能を備えた高度な
ミラー機能です。「原点」を中心にオブジェクトを
複製します。

　「オブジェクトモード」で「モディファイアー」
から「ミラー」を適用することによってミラー編集
モードになりメッシュがミラー軸を境界に同時編
集されます。頂点グループやUV座標の反転も可
能です。

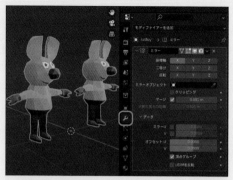

▲高機能で自由度の高い「ミラーモディファイアー」

・リンク複製とスケールによるミラー複製

　「リンク複製」の特性を利用したミラー複製と編
集方法です。「リンク複製」を行った後に「スケー
ル」の軸に－1を入力することによりミラー複製
を作成します。他の3Dソフトでも利用可能な基
本的ミラー複製です。

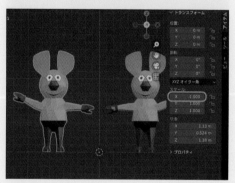

▲「リンク複製」を利用し、「スケール：X」に－1を入
　力した例

●背もたれを作成

最後に背もたれを作成して完成としましょう。後ろの梁が使えそうなので、その場で複製して上方に移動させて背もたれに利用します。再利用できそうなものはどんどん複製して再利用しましょう。

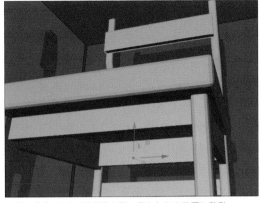

▲「オブジェクトの複製」を行い背もたれの位置に移動

「スケール」で大きさや厚みを調整してください。「原点」が離れて扱いにくい場合は**コンテクストメニュー➡原点を設定➡原点をジオメトリへ移動**などで「原点」の位置をリセットしましょう。

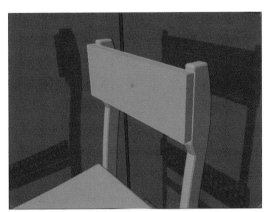

▲背もたれの基本形ができた

基本的な形ができれば、カーブを設定するために「編集モード」で縦方向に「ループカット」を行います。分割数は15程度の値を入力します。

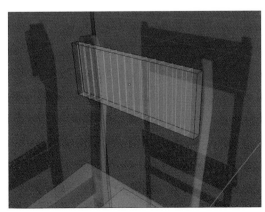

▲曲げるために「辺」を「ループカット」で追加

背もたれのカーブ加工は「トランスフォーム」の「湾曲」を使用します。このツールは「3Dカーソル」を中心に、**選択したオブジェクトを巻きつけるようなツール**です。

「3Dカーソル」を湾曲させる円の中心に置くような位置に設置してください。「3Dカーソル」の位置が決まれば「編集モード」のまま、背もたれを全選択し**ヘッダーメニュー➡メッシュ➡トランスフォーム➡湾曲**を選びます。

初期値ではかなり大きく変形しますので、失敗？と思うかもしれません。「オペレーターパネル」が表示されますので、「**歪曲角度**」の値をマウスでスライドさせるか直接入力して調整してみましょう。試行錯誤が必要です。

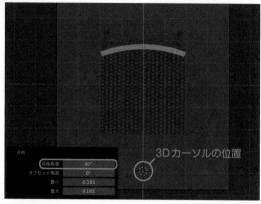

▲「湾曲」でカーブを加工

カーブ形状が完成すれば、最後に「ベベル」を設定します。「ベベル」を行う前に、**ヘッダーメニュー➡オブジェクト➡適用➡全トランスフォーム**を忘れずに行ってください。「ベベル」に必要な「辺」を選択するために「辺選択」モードで**ヘッダーメニュー➡選択➡辺の鋭さで選択**を選びます。「オペレーターパネル」のシャープの値を調整すると選択範囲の増減ができます。

上手く選べない場合は[Shift]を押しながら「辺」をクリックして追加や解除ですね。

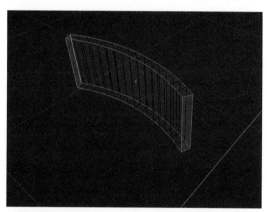

▲「辺の鋭さで選択」を行い「ベベル」のための各辺を選択

必要な辺が選択できれば、「ベベル」を適用します。画面スナップショットの「オフセット」と「セグメント」の値は参考までに。

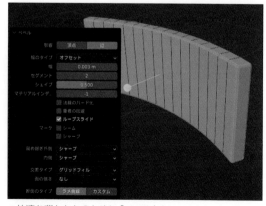

▲快適な背もたれのために「ベベル」！

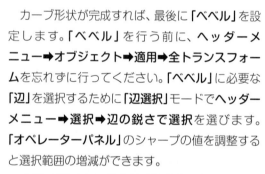

最後に「アウトライナー」の整理を行い、必要なパーツを全て表示して椅子の完成です。

「アウトライナー」でのオブジェクトの管理方法は自由ですが、ここでは「コレクション」名を「chair」とし、ライト、カメラ、下絵など椅子に直接必要のないオブジェクトをドラッグドロップでコレクションから外へ出しました。

▲コレクション名を「chair」に変更してオブジェクトを整理

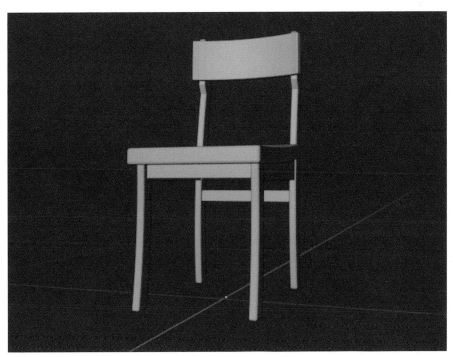

▲完成した椅子

●テーブルと椅子を組み合わせる

それでは「テーブルの作成」で作成した
テーブルのファイルを開いて、椅子を読み
込みましょう。

どちらのファイルにどちらを読み込ん
でもOKです。

「アウトライナー」で**「シーンコレクショ
ン」**を選択し、**メニュー➡ファイル➡アペ
ンド**でファイルブラウザを開き、椅子の完
成ファイルをダブルクリックします。

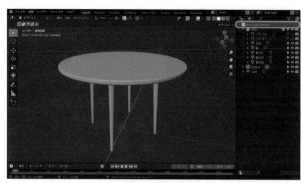

▲「シーンコレクション」を選択して読み込み

「シーンコレクション」を選択しないと
tableとごちゃ混ぜになりますので注意してください。

幾つかのフォルダが表示されますが、その中から**「Collection」**
のフォルダを開いて**「chair」**のコレクションを読み込んでくだ
さい。椅子を読み込むことを前提に、**「コレクション」**の整理を
忘れないようにしてください。

▲「Collection」のフォルダ

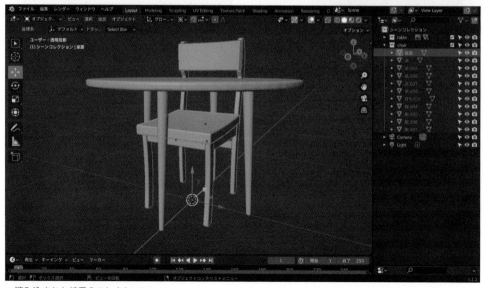

▲読み込まれた椅子のコレクション

　椅子のオブジェクトが読み込まれますので、選択され
ている状態で「**トランスフォームの座標系**」が「**グローバ
ル**」に設定されていることを確認して位置を調整しましょ
う。

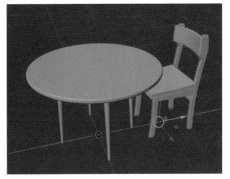

▲位置を調整した椅子

　椅子を複製するため、「**3Dカーソル**」をワールドの中心に配置し「**ピボットポイント**」を「**3Dカーソル**」
に設定します。

テーブルの脚でも行ったように、椅子も「**オブジェクトモード**」で「**リンク複製**」を行い残りの**3脚**を増
やします。今回は「**アウトライナー**」を使って複製してみましょう。

　chairの「**コレクション**」を選択して [**RMB**] ➡**コレクション**➡**リンク複製**を選びます。

　椅子の「**コレクション**」が複製されますので、複製された「**コレクション**」を選択し、[**RMB**] ➡**コレク
ション**➡**オブジェクトを選択**で「**コレクション**」内の全てのオブジェクトを選択します。

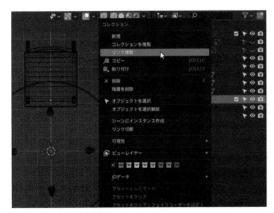

▲「コレクション」を複製

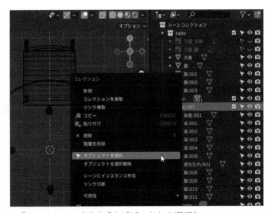

▲「コレクション」内の「オブジェクトを選択」

選択された椅子を「回転」
で少し回転させ、表示され
た「オペレーターパネル」に
正確な回転角度（90度）を
入力します。

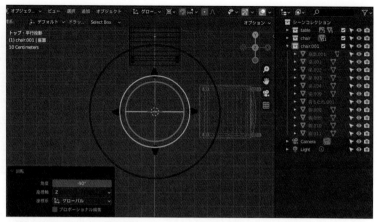
▲テーブルを中心に90度回転

**「コレクション」を複製す
る毎にテーブルを中心に90
度回転させ、複製を繰り返
します。**

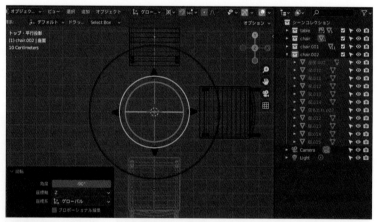
▲同様の動作を繰り返して椅子を複製

　4脚の椅子が揃えばテー
ブルセットの完成です。
　どうでしょうか、上手く
できましたか？
　椅子が大きすぎたり、小
さすぎたり、バランスが悪
いときは「スケール」などで
調整しましょう。作例では
テーブルの脚が邪魔でした
のでテーブル全体を**45度
回転**しました。

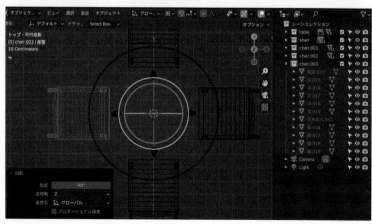
▲テーブル周りに4脚の椅子が完成

画面を見ると複雑に見えますが、落ち着いてゆっくりと複製➡回転を繰り返せば大丈夫です。

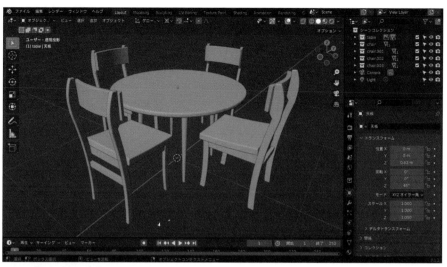

▲テーブルセットの完成

☝TRY　**イメージを膨らませよう！**

基本的な丸テーブルや椅子ができた人は更に形に変化を加えて完成度を高めましょう。

Chapter3 3-2で作成したグラスをテーブルセットに取り込んでみましょう。

🔍 **「自動マージ」で「頂点」を1つに**
InDetail

　基本的には同じ位置にある「頂点」は1つに「マージ」されているのが良いでしょう。

　手動でも「マージ」することは可能ですが、**オプション**➡「**自動マージ**」を有効に設定することによって、同じ位置に移動された「**頂点**」を自動で「**マージ**」して1つにします。

自動マージを有効に設定▶

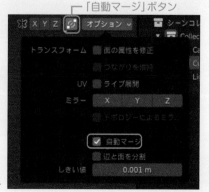

「自動マージ」ボタン

テーブルセットの「コレクション」

前述のテーブルセットの作成では、椅子の**「コレクションを複製」**を行いました。

「コレクション」には色々と便利な利用方法があります。ここではテーブルセットを利用した**「コレクション」**と**「シーンにインスタンス作成」**を紹介します。

「コレクション」のインスタンス作成は、同じオブジェクトが大量に必要な場合は管理も簡単で便利です。**「リンク複製」**との大きな違いは、**「リンク複製」**されたものには親子関係は発生しませんが、インスタンス作成はオリジナルが明確な親となり、座標もオリジナルが起点となります。

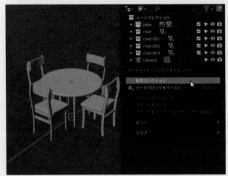

▲新たに「コレクション」を作成してオブジェクトを登録します。

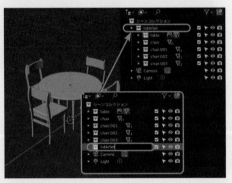

▲「コレクション」に名前を付けてテーブルと椅子をドラッグ＆ドロップで作成した「コレクション」に移動。

▲作成したテーブルセットの「コレクション」選択➡[RMB]➡シーンにインスタンス作成を行います。

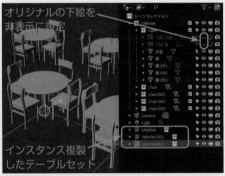

▲同様に「インスタンス」を作成してパーティー会場の完成です。数が多くてもデータ量が少ない「インスタンス」です。

> **⚠️ Point　モデリングディテールへのこだわり**
>
> 　座面や背もたれが部材にめり込んでいるが、実物だとすればどうやって組み立てられているの？　そんな疑問を常に持ってください。この椅子の制作が建築イラストに使用される内観の単なるプロップの1つであればディテールに拘る必要はないでしょう。しかし撮影に代用される商品モデルであれば正しく作成する必要があります。使用されるシーンを充分に考えて制作作業を行ってください。

黑いシミ

　ある日突然目にする黒いシミです。原因はいろいろとありますが、簡単な解消方法は**ヘッダーメニュー➡メッシュ➡ノーマル➡ベクトルをリセット**を実行してみましょう。

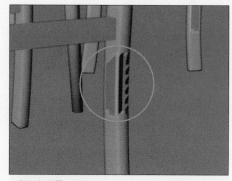

▲気になる黒いシミ

InDetail

ブーリアン（モディファイアー）

「ブーリアン」は2つのオブジェクトや「コレクション」を使用して形状を作成する加工方法です。
基本的な加工方法には**「交差」「合成」「差分」**の3種類が用意されています。非常に便利な半面、「適用」
後はメッシュの構造が複雑になるなどの欠点があります。

　ここでは**「立方体」**と**「円柱」**で実際のブーリアン加工を紹介します。
青色の立方体オブジェクトに対して**「モディファイアー」**を設定しています。

　「ブーリアン」を設定するには、❶まずベースになるオブジェクトを選び、❷次に**「モディファイアー」**
➡**「生成」**➡ブーリアンを適用します。

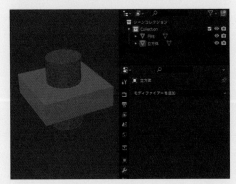

▲ブーリアン前のオブジェクト

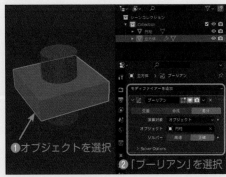

▲「ブーリアン」を適用

　❸**「オブジェクト」**で対象のオブジェクトを選ん
で演算方法を決めてください。
　演算方法はいつでも変更可能です。
　リストからの選択やスポイトツールによる画面
からの直接選択が可能です。
　「ブーリアン」に利用した対象のオブジェクトは
そのまま残っていますので、**「アウトライナー」**か
ら削除か非表示にしましょう。作例の場合は円柱
を非表示にします。

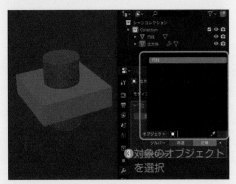

▲対象のオブジェクトを選択

●交差

　「ブーリアン」を設定したオブジェクトと対象のオブジェクトが交差した（重複した）部分の形状が生成されます。

▲交差

●合成

　「ブーリアン」を設定したオブジェクトと対象のオブジェクトが統合された（足された）形状が生成されます。

▲合成

●差分

　「ブーリアン」を設定したオブジェクトから対象のオブジェクトを削除した（引かれた）形状が生成されます。

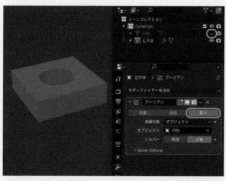

▲差分

●**「モディファイアー」**の確定

　「モディファイアー」を確定する場合は「適用」を選びます。

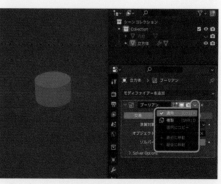

▲「モディファイアー」を「適用」

作品クオリティを上げる簡単な方法に**「整列」**があります。整列には大きく分けて2種類ありますが、これら2種類の整列方法を使い分けることによって効率的で正確なモデリングに一歩も二歩も近付くことができるでしょう。

●頂点の整列

椅子のモデリングでも利用している整列方法です。この**「スケール」**を利用する**「頂点」**整列は古典的な方法ですが、汎用性が高く様々なケースに利用可能な整列方法です。

画面スナップショットのようにランダムに配置された**「頂点」**の実際の操作例を確認してみましょう。

「頂点選択」モードで**「ボックス選択」**や**「投げ縄選択」**で縦列の**「頂点」**を選択します。

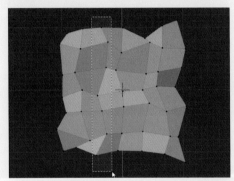

▲整列する「頂点」を選択

「スケール」でX軸方向へ縮小して、表示される**「オペレーターパネル」**の**「スケールX」**に0を入力します。ショートカット**「S」「スケール」➡「X」「軸拘束」➡0**でより素早く整列できます。

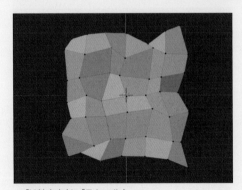

▲「X軸方向」に「スケール」

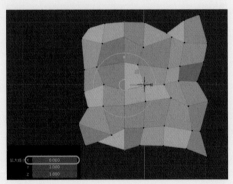

▲Xの値を0に設定

●オブジェクトを整列

「オブジェクトを整列」では、バラバラに配置されたオブジェクトを様々な条件で揃える事が可能です。

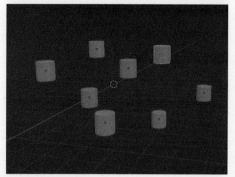

▲バラバラに配置されたオブジェクト

整列するオブジェクトを全て選択し**ヘッダーメニュー➡オブジェクト➡トランスフォーム➡「オブジェクトを整列」**を実行します。

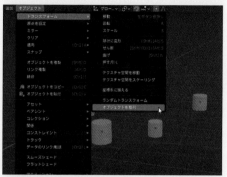

▲「オブジェクトを整列」を実行

画面左下に「**オペレーターパネル**」が表示されますので、各項目の設定を選んで整列を行います。「**オペレーターパネル**」の値が変更されると結果は即座に表示に反映されます。

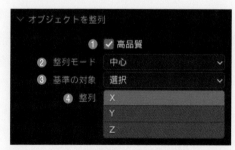

▲「オブジェクトを整列」オペレーターパネル

❶高品質

形状を詳細に判断しますので処理が遅い場合はチェックを外してください。

❷整列モード

揃えるオブジェクトの大きさ、形状が同じ場合は違いが出ません。

- **負側**　オブジェクトのマイナス軸側で揃えます
- **中心**　オブジェクトの中心で揃えます
- **正側**　オブジェクトのプラス軸側で揃えます

❸基準の対象

- **シーンの原点**　シーンの原点を基準に揃えます
- **3Dカーソル**　3Dカーソルを基準に揃えます
- **選択**　　　　　選択された複数のオブジェクトの基準で揃えます
- **アクティブ**　　選択された複数のオブジェクト（アクティブオブジェクト）を基準に揃えます

❹整列

- **X**　X軸方向を揃えます
- **Y**　Y軸方向を揃えます
- **Z**　Z軸方向を揃えます

例：「**整列モード**」中心、「**基準の対象**」選択の場合の各整列状態です。

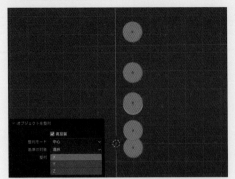

▲「整列：X」の結果をZ軸から見たところ

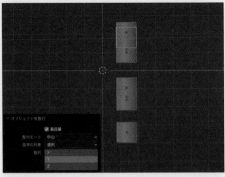

▲「整列：Y」の結果をX軸から見たところ

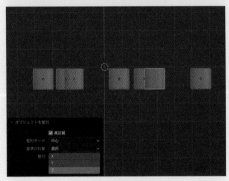

▲「整列：Z」の結果をY軸から見たところ

コレクション（グループ化？）

InDetail

　一般的なグループ化と言えばAdobe Illustratorで行えるように1つの塊にまとめてしまうような機能をイメージします。しかしBlenderにはそのような機能はありません。Blenderの**[Ctrl] + [G]**では、「**コレクション**」の登録（選択の記録）が行われます。オブジェクトを選び[Ctrl] + [G]を押すと「**オペレーターパネル**」に「**新規コレクションの登録**」が表示され、任意の名前を入力して [Enter] を押すと選択状態を記録することが可能です。

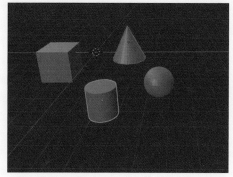

▲オブジェクトを選択

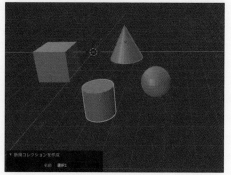

▲ [Ctrl] + [G] ➡ [Enter] でコレクションの登録

　保存した「**コレクション**」の呼び出しは、**ヘッダーメニュー➡選択➡グループで選択➡コレクション**を選ぶと「**コレクション選択**」のパネルが表示されます。呼び出す「**コレクション**」名を選んでください。

▲メニューからの呼びだし

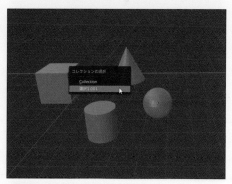

▲登録されたコレクションを選ぶ

［Ctrl］＋［G］で作成される「コレクション」は、アウトライナーには表示されない仮の「コレクション」です。

　シーンに存在する他の「コレクション」と同様に扱うには、「孤立データ」を表示して「コレクション」をシーンにコピー＆ペーストすると良いでしょう。

カーブモデリング

モデリングにはメッシュによるモデリング以外にいくつか
の方法があります。
　このChapterでは滑らかな形状のモデリングを得意とす
るカーブによるモデリングを紹介します。

カーブとサーフェス

「カーブ」（曲線）と「サーフェス」（曲面）は数学的な手法で線や面を構成するモデリング方法です。Blenderで利用されている「カーブ」には「NURBS」と「ベジェ」があります。AdobeのIllustratorで採用されている「ベジェ」曲線には馴染みのある人も多いでしょう。

1 ● カーブの追加

[Shift] ＋ [A] ➡ カーブ ➡ ベジェを選んでベジェカーブを追加しましょう。

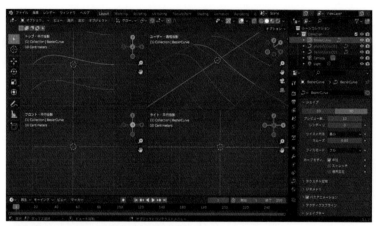

▲「オブジェクトモード」の「ベジェカーブ」

「カーブ」は初期設定ではXY平面上に「3Dカーブ」が追加されます。「カーブ」を追加した際に表示される「オペレーターパネル」では「半径」「位置」「回転」を設定できる他、「整列」で「カーブ」の向きを変更することが可能です。

●整列

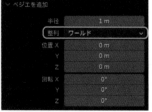

ワールド	XY平面に対してZ軸上方向に向いて作成されます
ビュー	現在のビューを正面に作成されます
3Dカーソル	3Dカーソルの角度に対してZ軸上方向に向いて作成されます

◀「カーブ（ベジェ）」の「オペレーターパネル」

　追加した「カーブ」を「編集モード」で確認するとオレンジ色の直線が見られますが、この線は「カーブ」を制御するためのものです。「カーブ」には「2Dカーブ」と「3Dカーブ」の設定があり、髭（法線方向）ある表示は「3Dカーブ」であることを表しています。

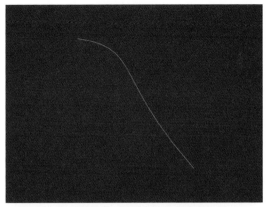

▲「オブジェクトモード」の「3Dカーブ（ベジェ）」

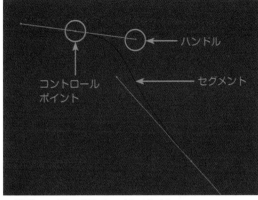

▲「編集モード」の「3Dカーブ（ベジェ）」

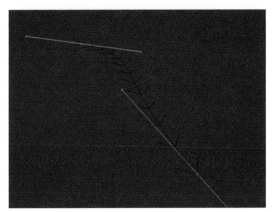

▲「ノーマル」を表示した「3Dカーブ（ベジェ）」

　「ベジェ」と「NURBS」には各々特徴がありますが、どちらの曲線を描画するかは各自の好みで良いでしょう。使い慣れている曲線があればその曲線を利用してください。本書では「ベジェ」を利用した制作工程を紹介します。

●「ベジェ」カーブ

「コントロールポイント」の位置と「ハンドル」操作によって曲線を制御します。

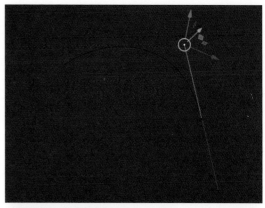

▲「編集モード」の「ベジェ」

●「NURBS」カーブ

ポイントの位置移動によって曲線を制御します。

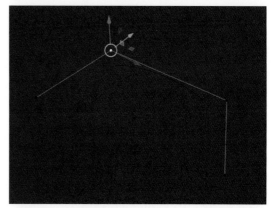

▲「編集モード」の「NURBS」

「カーブ」はそれだけではレンダリングされる実体を持ちません。それでは「カーブ」を利用する目的は何でしょうか。

その目的は大きく分けて2つあります。

---

①モデリングのため
　グラス、文字、パイプなど、滑らかな曲面「サーフェス」のモデリングのため
②アニメーションのための
　飛行機をパスに沿わせて飛ばすなど、「モーションパス」を軌道としたアニメーションのため

「カーブ」や「サーフェス」の利点は、少ないデータ量で滑らかな曲面の表現が可能なことです。欠点としては「メッシュ」のような頂点が存在しないので、表面の形状を細かく編集することを苦手とします。同様にデータ的な特性により「テクスチャマッピング」による画像の配置もできません。そのため、基本

的なモデリングを「カーブ」や「サーフェス」で行い、最終的には「メッシュ」に変換するといった作業の流れも一般的です。

「2Dカーブ」と「3Dカーブ」と「髭（法線方向）」の関係
InDetail

　「2Dカーブ」と「3Dカーブ」の変更は「プロパティエディタ」によって可能です。

　「3Dカーブ」の法線方向を示す髭は、執筆時バージョン（3.1.2）では非表示に設定されています。表示には「ビューポートオーバーレイ」の「ノーマル」を有効にしてください。

●2Dカーブと3Dカーブの使い分け

　「2Dカーブ」と「3Dカーブ」の切り替えはボタンを押すことによって可能です。

　「2Dカーブ」は、その名の通り平面状のカーブ

でZ軸方向に移動させることはできません。

　「3Dカーブ」は、3軸全ての方向に移動可能な曲線です。「3Dカーブ」を「2Dカーブ」に切り替えるとZ軸方向の情報は無くなりますので注意してください。

　最初は使い分けに悩むかもしれませんが、基本として形状をトレースする（なぞる）ときは「トップ・平行投影」で「2Dカーブ」を使い、立体的なパイプやモーションパスに利用する場合は「3Dカーブ」を使用すると考えてよいでしょう。

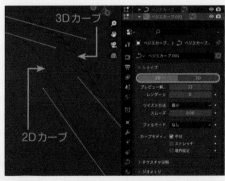

▲「編集モード」の「2Dカーブ」と「3Dカーブ」

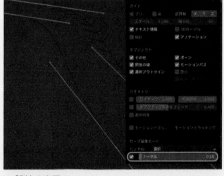

▲「髭」の表示

2 ● ツール

「カーブ」の「編集モード」では以下のツールが利用可能です。

 フリーハンドで「カーブ」を描きます。

 押し出し
選択した「コントロールポイント」から「カーブ」を押し出します。

 押し出し（カーソル方向）
[Ctrl] ＋ [RMB] クリックした位置にカーブを押し出します。

 半径
選択している「コントロールポイント」部分の半径を拡大縮小します。

 傾き
選択している「3Dカーブ」の「コントロールポイント」の角度を変更します。

 せん断
選択している「コントロールポイント」をせん断変形します。

 ランダム化
選択している「コントロールポイント」の相対位置をランダムに変更します。

1 環境

2 基礎

3 メッシュ

4 カーブ

5 スカルプト

6 マテリアル

7 アニメーション

8 アーマチュア

9 レンダリング

10 関連情報

Chapter 4

4-2

カッティングボードの制作

| **SampleFile** | Chapter4-2_cuttingBoard |

　それでは「カーブ」のモデリング練習としてカッティングボード（まな板）を制作してみましょう。「カーブ」モデリングに大切な「カーブ」の描画も体験することができ、Chapter5の「マテリアル」設定でも利用するモデルとなります。カッティングボードを制作する理由としては比較的シンプルな形状で資料が集め易いでしょう。自分で選んだカッティングボードを制作しても良いですよ。

1 ● カッティングボード作成の下準備

　今回制作するカッティングボードを確認し、どのようなオブジェクトやツールの利用が適しているかを判断します。「立方体」から変形させるのも「ポリビルド」を利用するのも良いかもしれませんが、もちろんこのChapterでは「カーブ」を試してみましょう。制作を行うときには絶えず計画性を持ちましょう。計画通りには進まないこともよくありますが、適当に進めて上手く行くことはほとんどありません。カッティングボードの制作の流れは以下になります。

●制作の流れ

1. 下絵を準備して配置します
2. 「カーブ」によって半分の形状をトレースします
3. その「カーブ」をX軸で反転させて、2つの「カーブ」をつなぎ全体の形を作ります
4. 金属のハトメを「カーブ」の「円」によって作成します
5. 作った「カーブ」に面を貼り、厚みを付け、「ベベル」を適用します
　　ここまでが「カーブ」によるオブジェクトの作成です
6. 最後に「テクスチャ」を「マッピング」する準備として、「カーブ」を「メッシュ」に変換します

●下絵の準備

　先ずは下絵の準備です。前もって撮影しておいたカッティングボードを画像編集ソフトで加工しました。この下絵を基にモデリングを進めますが、歪みなどはできるだけ修正しておきましょう。次のChapterでは「テクスチャマッピング」にも利用しますので、ハトメ金具の穴の部分をコピーしながら埋め、鉄のハトメ金具も「マッピング」に使用するため分離しておきました。

　本書の下絵データを使用してもよいですが、身近にカッティングボードがあれば是非試しに撮影し、下絵として加工してください。

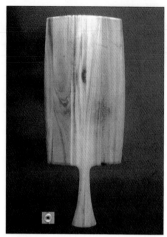

▲用意したカッティングボードの下絵

●ファイルの準備と下絵の配置

　次にBlenderの作業です。**メニュー➡ファイル➡新規➡全般**を選び新しいファイルを作成します。中央の立方体は、いったん削除して「トップ・平行投影」に切り替え、用意していた下絵を読み込みます。

　テーブルと椅子の制作ではメニューの追加から…、なんて方法で下絵を取り込みましたが、実はもっと簡単な方法があります。

　それは、使用する下絵をマウスでBlenderの「3Dビュー」にドラッグ＆ドロップすることです。ドラッグ＆ドロップされた画像はドロップした適当な位置に配置されますので、その後の調整が必要です。**サイドバー➡アイテム➡トランスフォームのXとYの値に0を入力**しましょう。読み込んだ画像はかなり大きなものですが、サイズはそのままにして、「テクスチャマッピング」終了後に全体の大きさ調整を行います。

　下絵の位置が決まれば、**プロパティエディタ➡オブジェクトデータプロパティ➡透過**にチェックを入れ「不透明度」の値を調整してください。本書の制作例では0.2に設定しました。後は「アウトライナー」の「エンプティ」となっている名前を変更し「選択を無効」のチェックをクリックして下絵が不用意に移動しないようにロックをかけてください。

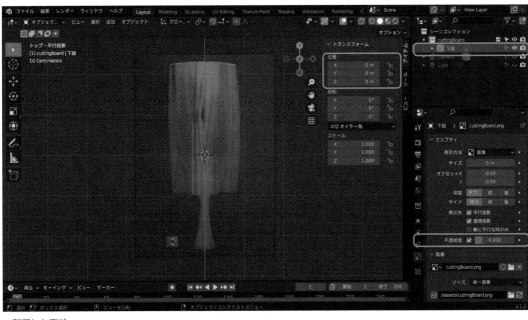

▲配置した下絵

2 ● カッティングボード本体の作成

　それでは下絵の準備ができたので、カッティングボードの本体を作成しましょう。

　Blenderの「カーブ」描画は少し特徴的です。ペンツールのようなもので画面に描画するのでは無く、「カーブ」をいったん「追加」してその後「編集モード」で変形や修正、押し出しによって描画するか、「編集モード」で「ドロー」によってフリーハンドで描くかです。

　この制作では「カーブ」を追加し、カッティングボードのトレースを行った後に面や厚み、作成を「カーブ」の設定で行います。

●「カーブ」の追加

　ビューは「トップ・平行投影」のまま、**ヘッダーメニュー➡追加➡カーブ➡ベジェ**を選び「ベジェ」カーブを配置します。「カーブ」のプロパティで「3Dカーブ」から「2Dカーブ」に切り替えます。「3Dカーブ」のままでも作業に問題ありませんが、「2Dカーブ」の方が単純で編集が容易になります。

※「Bézier Utilities」などのアドオンを利用すると「カーブ」の扱いがより自由に行えます《　「アドオン（拡張機能）」450ページ参照》。

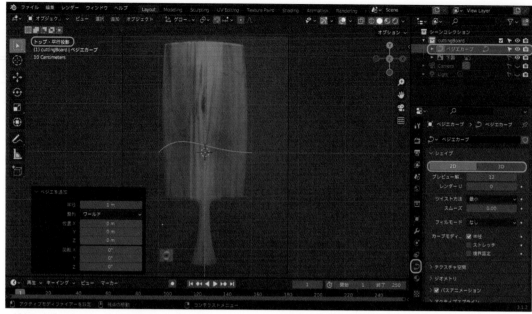

▲追加した「ベジエカーブ」を「2Dカーブ」に設定

●「編集モード」で「コントロールポイント」を移動

　「編集モード」に切り替えて左端の「コントロールポイント」を「移動」で下絵の上部、中心の位置に移動させます。

　右側の「コントロールポイント」も移動させ下絵の右側に配置します。「ハンドル」を動かすと「カーブ」の強さや方向きが変化します。「ベジェ」は後からでも自由に調整可能ですので、一度で正確に配置する必要はありません。

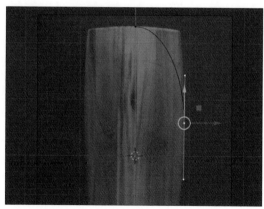

▲「コントロールポイント」を移動

●「細分化」でコントロールポイントを追加する

　「カーブ」を上手く描くには慣れが必要ですが、「カーブ」は「コントロールポイント」の数が少ない程きれいに描けます。あまり多く増やす必要はありませんが、このままでは「コントロールポイント」の不足で形が作れませんので、「細分化」を利用して2つ程「コントロールポイント」を増やしてカッティングボードの角に配置しましょう。

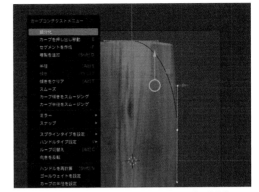

▲両端の「コントロールポイント」を選択し「細分化」

　「細分化」は複数の「コントロールポイント」を[Shift]を押しながら同時に選択し**[RMB]プレス➡カーブコンテクストメニュー➡細分化**を選ぶことによって可能です。最初は「コントロールポイント」が1つだけが追加されますが、「オペレーターパネル」の「分割数」の数値を変えることによって追加する「コントロールポイント」を一度に増やすこともできます。

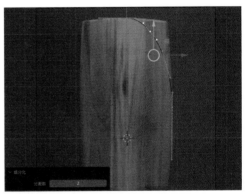

▲「分割数」に2を入力

　次にカーブを修正してカッティングボードの輪郭に合わせます。

　「カーブ」を操作する手順としては、先ず「コントロールポイント」をカッティングボードの輪郭に合わせます。このとき「カーブ」の形状が少々変でも無視しましょう。

下絵に少しかかるように内側に

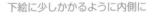
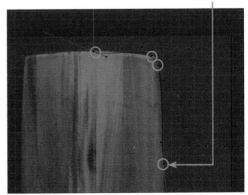

▲「コントロールポイント」の位置を調整

「コントロールポイント」の位置が決まれば、「ハンドル」を移動させ「カーブ」を調整します。「ハンドル」の方向は「カーブ」の引っ張られる方向、長さは「カーブ」の強さを調整します。

「2Dカーブ」を調整しているので「コントロールポイント」や「ハンドル」の調整は「移動」だけで行います。

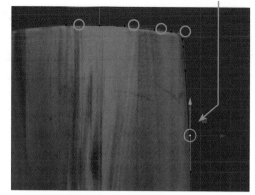
「移動」で「カーブ」に沿わせて調整

▲「ハンドル」を調整してカーブを修正

Tips トレースのコツ

「カーブ」で下絵の輪郭をトレースする（なぞる）ときのコツは、**画面を充分に大きく表示して、そして下絵の少し内側を描きます。**「コントロールポイント」の位置は「カーブ」の入口と出口に配置します。「ハンドル」の方向（向き）は、**下絵と同じ方向に揃えて、長さを慎重に調整しましょう。**初学者は色々な方向に向けようとしますが、基本は単純です。

▲「ハンドル」の方向は下絵に沿って

「ハンドル」の方向は下絵と同じで長さの調整のみ

▲長さを調整

Tips 「カーブ」のハンドルタイプ設定

「ベジェ」のハンドルの動きは「カーブ」の「編集モード」で**コンテクストメニュー➡ハンドルタイプ設定**や、ショートカット [V] で選択可能です。

▲ハンドルタイプ設定

自動	追加された「カーブ」における初期設定のハンドルタイプです。「ハンドル」の両端が直線上に伸び、最も滑らかな曲線を描けます。
ベクトル	「ドロー」などで描かれた鋭角的な「カーブ」における初期設定のハンドルタイプです。鋭角的な曲線の描画が可能です。
整列	「ハンドル」の両端が直線上に伸び、最も滑らかな曲線を描けます。「自動」と同様のハンドルです。
フリー	「ハンドル」の両端が互いに独立した状態です。「ベクトル」と同様のハンドルです。
フリーと整列の切替え	「フリー」から「整列」、「整列」から「フリー」へ切り替えができます。

※滑らかな曲線を描きたい場合、「ハンドル」の扱いに慣れていない人は基本的に「自動」(「整列」)を使用しましょう。

● 「追加」した「カーブ」の初期状態

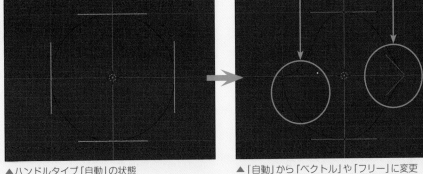

「自動」から「フリー」に変更して「ハンドル」を移動 ┐　　　「自動」から「ベクトル」に変更

▲ハンドルタイプ「自動」の状態　　　▲「自動」から「ベクトル」や「フリー」に変更

● 「ドロー」で描いた「カーブ」の初期状態

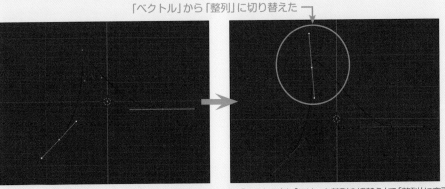

「ベクトル」から「整列」に切り替えた ┐

▲「ドロー」で曲線を描いた「ベクトル」の状態　　　▲「ベクトル」を「フリーと整列の切替え」で「整列」に変更

●「押し出し」で端点に「コントロールポイント」を追加する

カッティングボードの右半分を描くには、まだ「セグメント」が足りません。カーブの端点を移動させながら「細分化」によって曲線を描いて行くのも1つの方法ですが、ここでは、「押し出し」により「カーブ」の描画を行います。

「コントロールポイント」を選択したまま、何度か連続的な「押し出し」(ショートカット [E]) を繰り返して作業を進めます。このときも「コントロールポイント」を増やしすぎないように注意してください。

押し出された「コントロールポイント」は元の「コントロールポイント」の設定のまま押し出されます。「ハンドル」の方向や長さなどを調整しておくと、押し出される「コントロールポイント」も比較的扱い易くなります。

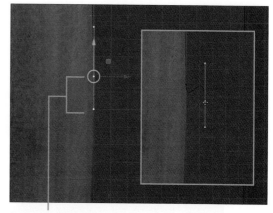

「ハンドル」を短くしておくと「押し出し」時も短い
▲ [E] で「押し出し」ながら描く

カッティングボードの角の手前に「コントロールポイント」を置き、角を越えた場所にも「コントロールポイント」を1つ置きます。

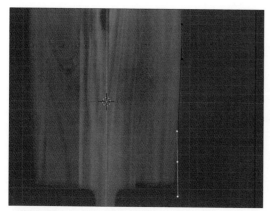

▲手前に「コントロールポイント」

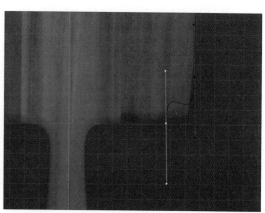

▲越えた場所に「コントロールポイント」

　いったん、「コントロールポイント」の位置と「ハンドル」長さと方向を調整しましょう。

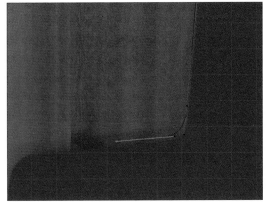

▲長すぎた「ハンドル」を短く

　「ハンドル」が邪魔にならない程度に調整できれば、「押出し」で次々に「コントロールポイント」を増やして「カーブ」を描いてください。「カーブ」の利点は後で修正が可能なことです。その場で上手く制御できなくても先に進めて描きましょう。

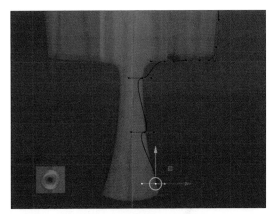

▲「コントロールポイント」を設置

　描いた後に「コントロールポイント」を調整して「カーブ」を下絵に合わせます。「カーブ」の扱いに慣れていない人にとっては特に「ハンドル」の扱いが大変でしょう。
　こちらがカッティングボードのトレースが完了した「カーブ」の状態です。

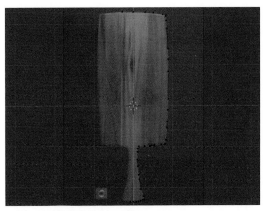

▲トレースが完了した「カーブ」

●カーブの微調整

「カーブ」の反転を行う前にもう一度「編集モード」に入り、確認と微調整を行います。**「カーブ」を反転してつなげるために、「カーブ」の端点（始点と終点）はY軸にピタリと合わせましょう。**

合わせる方法としては「スナップ」（吸着）機能を利用します。「スナップ先」の設定からスナップ先に「増分」、「絶対グリッドスナップ」のチェックを入れ、磁石アイコンをクリックしてスナップ機能をオンにします。

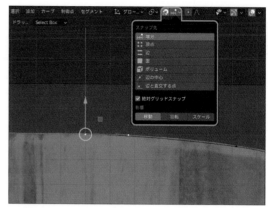

▲Y軸に「コントロールポイント」を「スナップ」

念のため**「オブジェクトモード」で「カーブ」を「3Dカーブ」に変更し、ヘッダーメニュー➡オブジェクト➡適用➡全トランスフォームで初期化**します。初期化と「3Dカーブ」へ変更の理由としては、正しく鏡面反転を行うためです。「カーブ」を「3Dカーブ」に設定していないと「全トランスフォーム」が「適用」できません。「原点」が中心からずれている場合は、「3Dカーソル」を利用して「ワールド」の中心に設定してください。

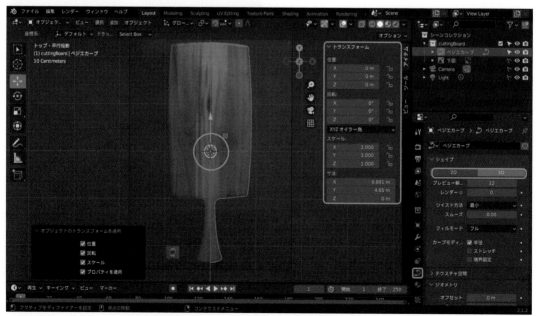

▲サイドバーのアイテムの各値が初期化されていること、「原点」の位置を確認

●カーブの複製と反転

「オブジェクトモード」で「カーブ」を選択し、[Shift] + [D] で複製してそのまま [RMB] をクリックします。同じ場所に「カーブ」が複製されるので、**サイドバー➡トランスフォーム➡アイテム➡スケール➡X**の値に**－1**を入力して [Enter] を押して反転しましょう。上手く反転できない場合は値のリセット状態や反転する原点の場所を確認してください。

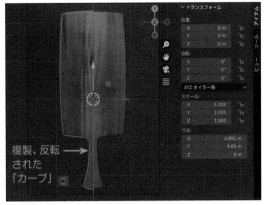

▲－X軸方向に反転された「カーブ」

●カーブの「統合」

作成した2つの「カーブ」をつなげるためには、その前に「カーブ」を「統合」して1つにする必要があります。

複数カーブの選択は「ボックス選択」や [Shift] を押しながら [LMB] クリックで可能です。選ぶのが難しい場合は、「アウトライナー」で [Shift] を押しながら「カーブ」を選んでもよいでしょう。

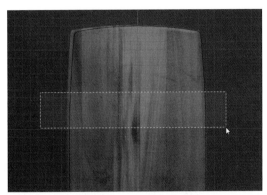

▲2つの「カーブ」を選択

統合と分離

Tips

「統合」は「オブジェクトモード」で選択される複数のオブジェクトを1つにすることです。Blenderでは複数オブジェクトを同時に編集することも可能ですが、「メッシュ」や「カーブ」をつなぐには1つのオブジェクトである必要があります。「統合」したオブジェクトから一部を選択して切り離すことを「分離」と言います。

1 環境
2 基礎
3 メッシュ
4 カーブ
5 スカルプト
6 マテリアル
7 アニメーション
8 アーマチュア
9 レンダリング
10 関連情報

選択した「カーブ」を選び、**[RMB]➡オブジェクトコンテクストメニュー➡統合**を行います。選択されている「カーブ」が同じ黄色で表示されていれば「統合」が完了です。

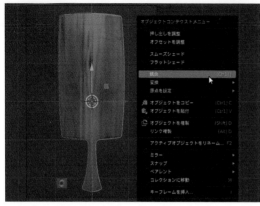
▲「統合」を実行

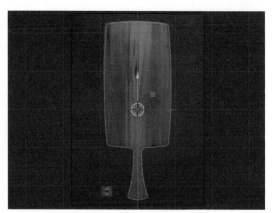
▲2つの「カーブ」が1つに「統合」されました

●カーブの端点をつなぐ

「統合」した「カーブ」の端点をつなぎます。「編集モード」に切り替えて「ボックス選択」で2つの「コントロールポイント」を同時に選択し、**[RMB]➡カーブコンテクストメニュー➡セグメントを作成**で接続します。

作例では扱い易いように「2Dカーブ」に変更しています。「3Dカーブ」で行っても問題ありません。

▲「ボックス選択」で選択

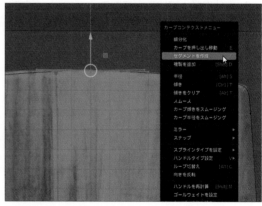
▲セグメントを作成

「セグメントを作成」では「コントロールポイント」が同じ場所に2つ残っていますので、マウスでクリックして [Delete] を押して「頂点」を削除します。マウスで一度クリックすることによって2つの「頂

点」のうちの1つが選択されます。

　他の削除方法としては「頂点を溶解」でも可能です。

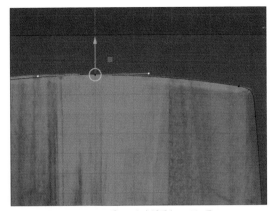

▲2つの「コントロールポイント」が重なっている

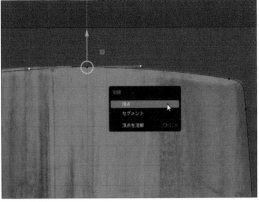

▲1つを削除

　上部の端点がつながれば、同様に下部の「コントロールポイント」もつなげましょう。

　上下の「コントロールポイント」をつないで、カッティングボードの「カーブ」によるアウトラインが完成しました。複製した左側の「カーブ」が下絵から少々ずれていても問題ありません。「カーブ」の修正はいつでも可能ですので、必要な場合は「編集モード」に切り替えて調整を行ってください。

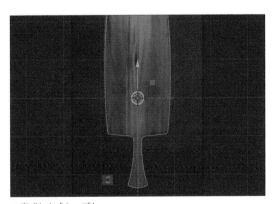

▲完成した「カーブ」

●ハトメ金具の作成とハトメのための穴を開ける

ここからは、ハトメ金具とハトメを通す穴を作成します。

ハトメとは金属でできた穴を補強するための金具のことです。

ビューを「トップ・平行投影」に切り替えて、**ヘッダーメニュー➡追加➡カーブ➡円**でベジェカーブの「円」を追加しましょう。追加した「円」の大きさは下絵を基に穴の大きさに合わせます。

「円」の大きさは内側の穴の大きさを確認しながら適当に合わせています。あまり悩まないでください。

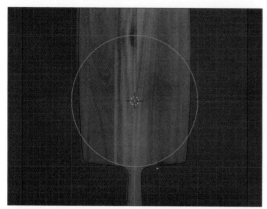

▲「円」を追加

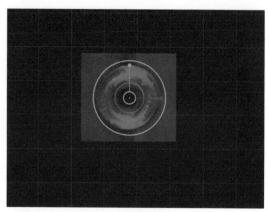

▲追加した「円」の大きさと位置を調整

●円とカッティングボードのカーブを「統合」

調整した「円」を「複製」します。

1つはボードに穴を開けるために利用しますので、そのまま横に移動させてカッティングボードの中心へ配置します。

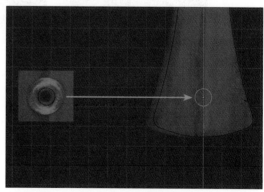

▲円を複製して1つはボードの穴の位置に

　配置した円とカッティングボードの「カーブ」を同時に選択して、**ヘッダーメニュー➡オブジェクト➡統合**を行います。

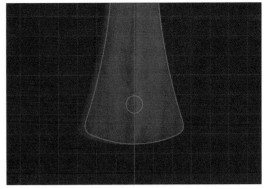

▲カーブを「統合」

●面を張り厚みと「ベベル」を付ける

　いよいよ「カーブ」から立体モデルの作成です。作成といっても数値設定だけですので非常に簡単です。「統合」したカッティングボードの「カーブ」を選択します。「カーブのプロパティ（オブジェクトデータプロパティ）」でタイプが「2Dカーブ」になっていることを確認して表にある各値を入力します。

　「押し出し」や「ベベル」の値は制作例と同じでなくてもOKです。

　各値が形状をどのように変化させるかを確認して、好みの形状に変えてみましょう。

▲カーブの各設定値

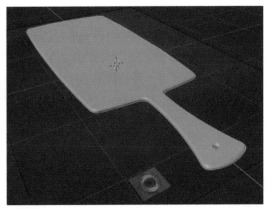

▲立体化したカッティングボードの「カーブ」

シェイプ>2D>フィルモード	両方
ジオメトリ>押し出し	1cm
ジオメトリ>ベベル>断面	深度　　　2cm 解像度　　4

※下絵の読み込みスケールなどが本書と違っている場合は適宜設定を調整してください。

Tips 2Dカーブと3Dカーブのフィルモード

「カーブ」で厚みのある面を作成するためには、「2Dカーブ」に設定する必要があります。
閉じた「カーブ」が重なった場合、ドーナツ状の穴あけが可能です。

▲「統合」されたカーブ

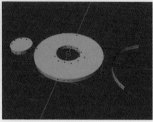

▲「2Dカーブ」の「フィルモード：両方」で押し出し

▲「3Dカーブ」の「フィルモード：両方」で押し出し

3 ● ハトメ金具の加工

　カッティングボードの本体が立体化できれば、次はハトメ金具の作成です。ハトメ金具の作成には複製して残しておいたもう1つの「円」を利用します。

●ハトメ金具用のカーブを「押し出し」

　「円」を選択して**ジオメトリ➡押し出し**のフィールドに押し出す値を入力します。高さは後ほど調整可能ですが、カッティングボードの厚みよりも若干高く設定しましょう。「押し出し」によって作成した筒の「原点」が移動してしまっている場合は、後の移動や変形に備えて「原点」のリセットを行います。

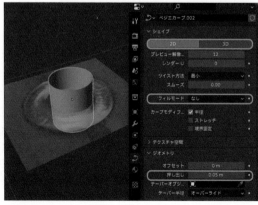

▲立体化したハトメの「カーブ」

▲「原点をジオメトリへ移動」して中心に設定

192

「ベベル」を適用させた関係でカッティングボードの穴が少し小さくなっています。

「カーブ」を選択し、「編集モード」の「ボックス選択」で穴を作る「円」のカーブだけを選び、径（穴の大きさ）を広げます。

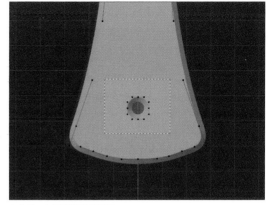

▲「ボックス選択」で選択

ここではショートカットの [S]（スケール）で調整しました。

[S]（スケール）利用コツは、[S] を押す前にマウスの位置を「円」からじゅうぶんに離しておくことです。

マウスポインタの位置が近すぎると、変化の度合いが大きく調整が難しくなります。

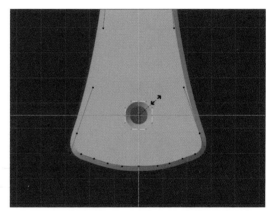

▲「スケール」で調整

ハトメ金具の筒をカッティングボードの穴の位置に移動させて、大きさを確認し調整しましょう。ハトメ金具の大きさは内側の穴の大きさより少し小さいくらいが良いでしょう。

▲穴や筒の直径を合わせる

●カーブをメッシュに変換

ここまでが「カーブ」の作業です。「カーブ」で設定できることは全て済みましたか。問題がなければ、「カーブ」を選択して [RMB] ➡️オブジェクトコンテクストメニュー➡️変換➡️メッシュを選び、「メッシュ」に変換しましょう。

▲「カーブ」を「メッシュ」に変換する

「メッシュ」に変換を適用すると「オペレーターパネル」が表示されます。

パネルを開いて「オリジナルを保持」にチェックを入れてください。これで「カーブ」から「メッシュ」が作成されますが、元の「カーブ」はそのまま保存されます。再度修正が必要になった場合など、もしもの時の備えです！

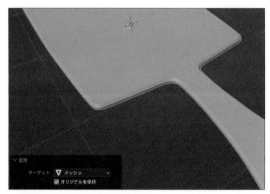

▲「オリジナルの保存」を忘れずに

カッティングボードが「メッシュ」に変換できれば、ハトメ金具も同様に変換しましょう。

「メッシュ」作成に使った「カーブ」は「アウトライナー」で選択し、「非表示」に設定しておきます。作成された「メッシュ」の名前は、分かりやすい名前に変更します。

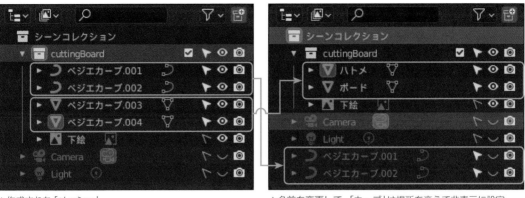

▲作成された「メッシュ」　　　　　　　　　　▲名前を変更して、「カーブ」は場所を変えて非表示に設定

●ループカット

　カッティングボードはこれ以上の加工を行いませんが、ハトメ金具はあと少しモデリングが必要です。

　「ループカット」で「辺」を作成し、「スケール」で上下に均等に移動します。

　画面スナップショットのような位置にあれば概ね問題ありません。3Dビューは「透過表示」です。

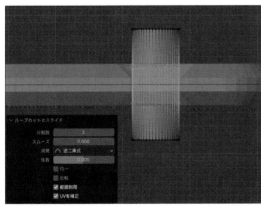

▲分割数を2に設定して「ループカット」

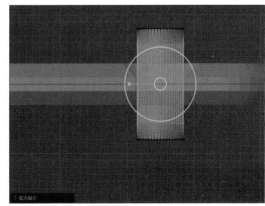

▲「スケール」でZ軸方向だけ引っ張り、辺を少し上下に移動

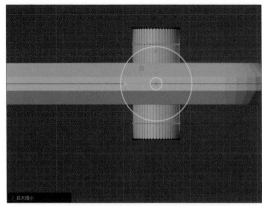

▲カッティングボードを表示にして「辺」の位置を確認

●スケール

円筒をハトメ金具の下絵へもどした後、[Shift] を押しながら上下の「頂点」を選択します。

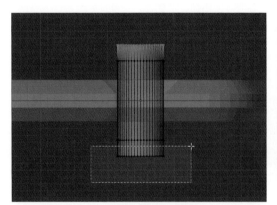

▲ [Shift] を押しながら上下の「頂点」を選択

▲選択した状態

「トップ・平行投影」に切り替えて、下絵を確認しながら拡大してハトメの形状に近付けます。下絵よりも少しだけ小さめがコツです。上下の「頂点」を同時に選択しているのは、同じ形状を1回の操作で作成するためのコツです。

このハンドルを持ってスケール

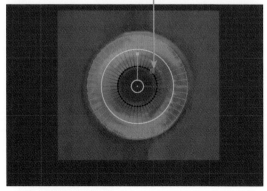

▲下絵に合わせて径を拡大

次に選択はそのままに、3Dビューを「レフト・平行投影」に切り替えて、Z軸方向にボードの面に沿うように縮小を行います。

このハンドルを持ってスケール

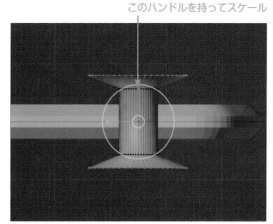

▲カッティングボードを確認しながら

少しカッティングボードまで重なるような位置まで移動させましょう。

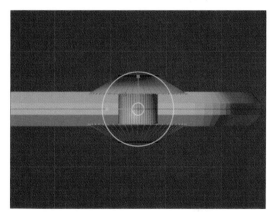

▲Z軸方向のみ縮小

ハトメ金具が完成すれば、ビューを「トップ・平行投影」に戻してカッティングボードの位置に合わせましょう。ガイドラインに対してのスナップ機能を使えば簡単に中心に合わせることができるでしょう。

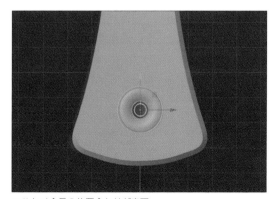

▲ハトメ金具の位置合わせが完了

1 環境
2 基礎
3 メッシュ
4 カーブ
5 スカルプト
6 マテリアル
7 アニメーション
8 アーマチュア
9 レンダリング
10 関連情報

●ベベルによる仕上げ

ハトメの仕上げはやっぱり、「ベベル」加工です。上下の「辺」を「ループ選択」しながら同時に選びます。「ループ選択」は [Alt] ＋「辺」をクリックですね。片側を選択できれば、[Shift] を押しながら再度反対側の「辺」を「ループ選択」です。つまり、[Alt] と [Shift] を押しながら「辺」をクリックすれば「ループ選択」を加えることができます。

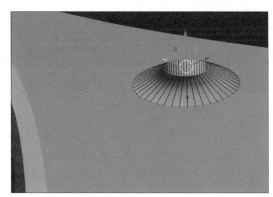

▲「ベベル」を加えるための「辺」選択

「辺」が選択できれば、ツールバーから「ベベル」を選び [Shift] を押しながら黄色いハンドルを引きます。「ベベル」の形状は好みの設定でOKですが、迷う人は画面スナップショットの「オペレーターパネル」の値を参考にしてください。

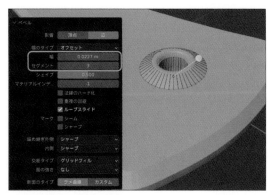

▲滑らかな「ベベル」のための設定

4 ● カッティングボードの完成

　「カーブ」を利用したカッティングボードのモデルが完成しました。Chapter 7では作成したこのカッティングボードに「マテリアル」設定を行います。灰色のテーブルやカッティングボードばかり作っていても面白くないですからね。

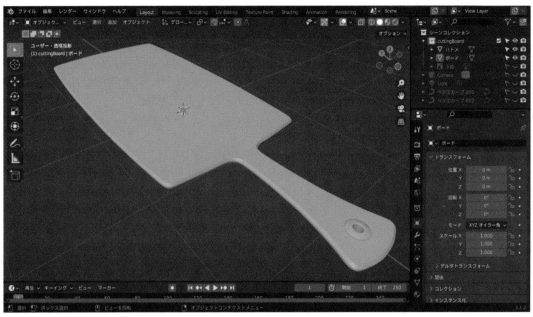

▲完成したカッティングボード

 Tips ベクトルソフトの利用

　本書のカッティングボードのトレース作業は、Blenderの「カーブ」を利用しましたが、IllustratorやInkscapeなどのベクトル描画ソフトに慣れた人は、それらのソフトを使った方がストレスもなく短時間で制作できるでしょう。

　SVG形式で保存できるソフトであれば利用可能です。SVGファイルの読み込みは**メニュー➡ファイル➡インポート➡ScalableVector Graphics (.svg)** で行います。

※InkscapeのプレーンSVGファイルでは色情報なども保持されてインポート可能です。

スカルプトモデリング

　「スカルプト」はその名のとおり粘土を扱うように造形する
モデリング手法です。
　「シェイプ」や「カーブ」によるモデリングよりもより感覚的
な造形に向いていますが、「ブラシ」を扱ったUIには慣れも必
要です。

Chapter 5

5-1

Blenderの「スカルプトモデリング」

「スカルプトモデリング」専用のソフトとしては、Pixologic社のZBrush (ズィーブラシ) が古くよりスタンダードなソフトとして利用されてきました。最近では様々な新興ソフトの出現が見られますが、Blenderの「スカルプト」機能は2.83バージョンからその機能は充実し、実用的なスカルプトツールとして仕上がっています。

1 ● 「Sculpting」ワークスペース

「Sculpting」ワークスペースを確認しましょう。比較的シンプルなワークスペースですが、左側に位置するツールには多くの「ブラシ」が並んでいます。

本書では「スカルプト」作業のために「Sculpting」ワークスペースを利用しますが、編集対象のオブジェクトを選択して「モードメニュー」から「スカルプトモード」に切り替えて作業を行っても問題ありません。

●各部の名称

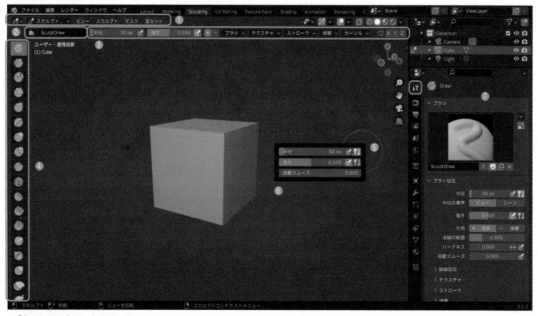

▲ 「Sculpting」ワークスペース

❶ヘッダーメニュー

「ビュー」や「スカルプト」の他、特定の部分を保護する「マスク」、や逆に高度な選択機能である「面セット」（ダイナミックトポロジー非有効時、各ツールで要有効）など、「スカルプト」に関する固有な機能がメニューに表示されます。

❷モードセレクター

モードの切り替えを行います。

「オブジェクトモード」で選択しているオブジェクトを「スカルプトモード」に切り替えると「スカルプト」での編集対象となります。

❸ツールの設定

現在、アクティブになっているツールに関する情報が表示、設定可能です。

「ヘッダー」の一部が隠れて見えない時は、「ヘッダー」上でマウスホイールを回転させることによってスクロール表示されます。

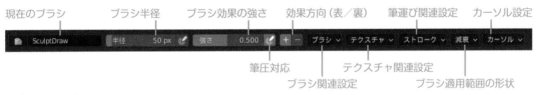

▲ブラシ設定関係

▲メッシュ操作関係

造形しやすくても動かしにくい

「スカルプトモデリング」のオブジェクトは、メッシュで構成されていますがモデリングの特性によりハイメッシュで構造が複雑になります。そのため可動の必要なキャラクターモデルにはその

まま利用できません。「スカルプトモデリング」により造形を行った後に、リトポロジー作業により可動可能なキャラクターモデルなどへの変換（面の貼り直し）も一般的です。

❹ツールバー

「ツールバー」には多様な「スカルプトモデリング」のための「ブラシ」が並びます。

※枠アイコンは今回の制作に使用するツールです。

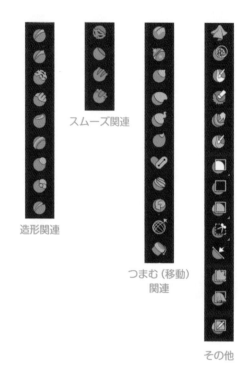

スムーズ関連

造形関連

つまむ (移動)
関連

その他

❺ブラシチップ

「ブラシ」の径がプレビュー表示されます。効果の範囲や強さなど「ブラシ」の種類によって表示が変化します。

❻「ブラシ」選択時のコンテクストメニュー

[RMB] プレスによる「ブラシ」の設定表示です。

同様の設定は「ヘッダー」や、**サイドバー➡ツール、プロパティエディタ➡アクティブツール**などでも可能です。

❼「アクティブツールとワークスペースの設定」

現在のアクティブ (選択されている)「ブラシ」を**プロパティエディタ➡アクティブツール**で設定可能です。

「ツールの設定」と同様の設定項目ですので、どちらでも使いやすい方で操作してください。

「マスク」と「面セット」

「マスク」と「面セット」は共に「ブラシ」の効果を限定する機能です。

 ## マスク

「マスク」はその名のとおり「マスク」された部分を「ブラシ」の効果から保護します。
画面スナップショットでは「マスク」を作成したメッシュに対して、「ドロー」でペイントしています。

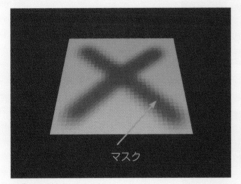

▲「マスク」をペイント

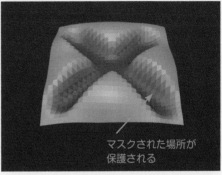

マスクされた場所が
保護される

▲「ドロー」でペイント

面セット（面セットをドロー）

　設定されたフェースが編集の対象となる選択範囲のような機能です。

　画面スナップショットでは「面セットをドロー」で作成した2箇所の「面セット」に対して、「ドロー」でペイントしています。

　「ドロー」を「面セット」に対応させるために、**メニュー➡ブラシ➡面セット／面セット境界**を有効にしています。
※「面セット」では「ダイナミックトポロジー」は使用できません。

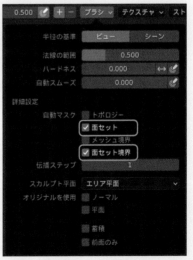

▲「面セット」「面セット境界」を有効

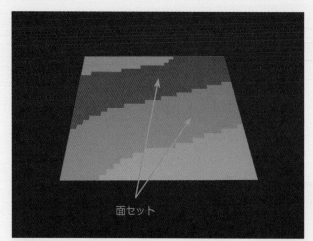

面セット

▲「面セット」をペイント

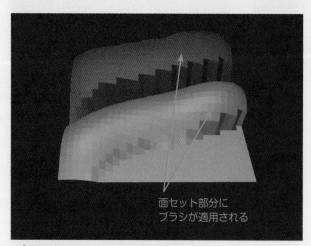

面セット部分に
ブラシが適用される

▲「ドロー」でペイント

Chapter 5
5-2
「スカルプトモデリング」の実例

　「スカルプトモード」による編集の対象となるオブジェクトは「メッシュ」です。

　「スカルプトモデリング」とは粘土細工のようなモデリングといえますが、より正確には、通常の「メッシュ」モデリングで行う「頂点」「辺」「面」の編集を「ブラシ」を使用した「ジオメトリ」（領域）の編集手法となります。

　別の言い方をすれば「スカルプトモード」は「メッシュ」の「編集モード」の一種だと考えればよいでしょう。

1 ●「イルカ」制作

　このChapterでは「スカルプトモデリング」の制作例として「イルカ」制作します。「スカルプトモデリング」は実際の彫刻と同様に、道具の種類を増やし過ぎないことが重要です。特に初学者は自分が必要とするツールを的確に判断できないために多くのツールで試行錯誤してしまいます。

　今回、制作に利用する「ブラシ」は4種類に限定し、「ダイナミックトポロジー」を利用して粗い状態の「メッシュ」オブジェクトから「スカルプトモデリング」を行います。

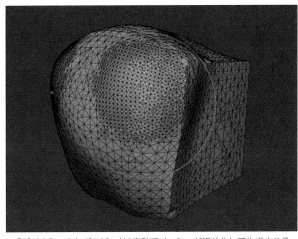

▲「ダイナミックトポロジー」は自動でメッシュが細分化して生成される

他の方法としては、「リメッシュ」機能により事前にポリゴン数を増やしておいて行う方法もあります。

先ずは少ないツールに慣れて、慣れたツールで極端に時間のかかる作業や根本的にできない作業に出会ったときに新たなツールを模索してみましょう。

「スカルプトモデリング」に興味を持ち、よりスキルを高めたいときはコンピュータの環境や自分にあった手法を検討してください。

●下絵の用意

YouTubeなどでは自由自在に「スカルプトモデリング」で造形する映像などもよく目にしますが、先ずは他のモデリングと同様に参考となる下絵の設定をお勧めします。

なぜなら「スカルプトモデリング」で初学者にとって最も大きな関門は、モデリング対象の全体の形をとらえることです。下絵を用意することによって試行錯誤の時間が大幅に軽減されますので即興による「スカルプトモデリング」は、よりスキルアップした時の楽しみに取っておきましょう。

今回の「イルカ」を作成するにあたって、正面と側面の簡単な下絵を描きました。

▲下絵「dolphin_side.png」

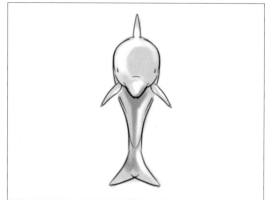

▲下絵「dolphin_front.png」

●下絵の配置

　初期画面で用意されている「立方体」はそのままに、「オブジェクトモード」で読み込んでください。

　下絵の「dolphin_side.png」を「ライト・平行投影」に、「dolphin_front.png」を「フロント・平行投影」に [Shift] ＋ [A] ➡追加➡画像➡参照で、読み込みます。

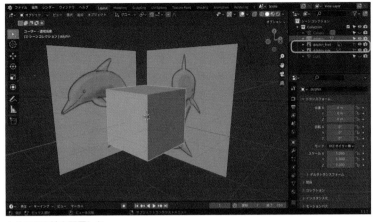

▲2つの下絵を配置した

●「ベースシェイプ」の設定

　「下絵の用意」でも記したように「スカルプト」で最も大変な作業は全体の凡その形を作ることです。「立方体」や「UV球」から「スカルプト」を始めるのもよいのですが、より効率良く練習できるように簡単な「ベースシェイプ」（基本形となるシェイプ）を作成し、その「ベースシェイプ」より「スカルプトモデリング」を行います。

　用意されている「立方体」を選択し、「編集モード（頂点）」で全てを選択します。

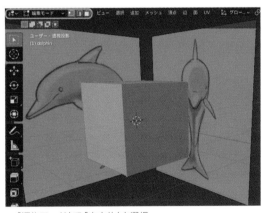

▲「編集モード」で「立方体」を選択

次に全ての「頂点」を [Delete] で削除します。
こうすればメッシュは無くなりますが、新たな
「頂点」を打ちながら「辺」そして「面」の作成が可
能となります。

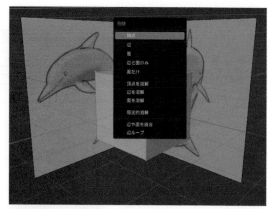

▲削除➡頂点を選択

3Dビューを「ライト・平行投影」に切り替えて
**[Ctrl] ＋ [RMB] クリックで「頂点」を打ちなが
ら「辺」を作成しましょう。**

このとき作成する「頂点」は下絵よりもかなり
大き目の場所（外側）に打ちます。

背びれや胸びれは後ほど作成するので含めなく
ても大丈夫です。

▲ [Ctrl] ＋ [RMB] クリックで「頂点」を打つ！

大きく離しながら「頂点」をクリックして描く
と、最後に「面」を作成する必要があります。

▲「イルカ」を「頂点」で囲った

210

　開始した「頂点」と繋ぐ必要はありません。「ボックス選択」や [A] で「頂点」の全てを選択し、[F] を押して「面」を作成してください。

▲「頂点」を全て選択する

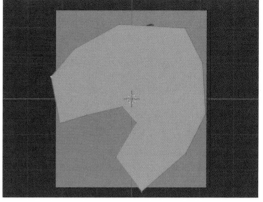

▲ [F] を押して「面」を作成

📥 Shortcuts

「頂点 (辺)」の作成：　[Ctrl] + [RMB] クリック (編集モードで何も選択していない状態)

「頂点」を繋ぎ「辺」又は「面」を作成する：[F]

　「面」が作成されたので次に「押し出し」で立体に加工します。ここで少し「面」の向き (表裏) を確認しましょう。

　[F] で作成される「面」の向きは3Dカーソルの位置で決まります。「法線」という呼び名で「ポリゴン面」の裏表の話はでていたのですが、今までのモデリングでは運よく「面」の向きが問題になることは無かったのです。

　しかし、今回は「頂点」から「面」を作成している関係上「面」が反転 (裏面) している可能性もあります。「面」が反転しているとその後の「スカルプトモデリング」の「ブラシ」では効果が逆転するといったことになります。

　簡単な「面」の向きの確認方法は、**編集モード➡ビューポートオーバーレイ➡ノーマル**で「法線」の表示を有効にすることによって可能です。

▲「ノーマル (法線)」表示の設定

「法線」が垂直に伸びている方が「面」の「表」になります。

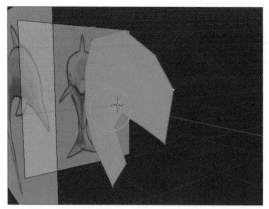

▲「法線」が伸びている「表」

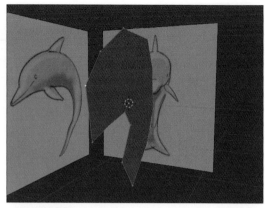

▲こちらは「裏」

ビューを「フロント・平行投影」に切り替えて「面」を左側に移動させます。

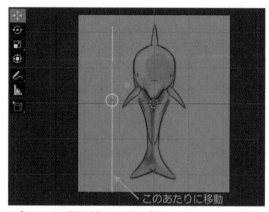

このあたりに移動

▲「フロント・平行投影」から見た「押出し」

Tips 「面」向きを変えよう

「面」の表裏は重要にな設定です。「押出し」の時に間違ったりして表裏が逆転することも良くありますが、「面」の表裏反転は、**ヘッダーメニュー：メッシュ➡ノーマル➡反転**で可能です。

「ノーマル」のメニューでは、表裏が混在した「メッシュ」の向きを全て同じ方向に揃える項目なども用意されています。

次に「**編集モード**」で「**押し出し**」に切り替えて、「**イルカ**」全体が入るように面を「**＋**」方向へ押し出します。

「ワイヤーフレーム」「透過表示」で下絵を確認しながら「押し出し」しましょう。

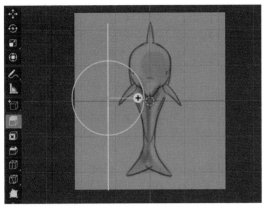

▲「押出し」

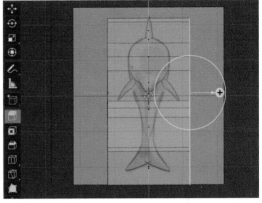

▲「透過表示」で確認

「スカルプト」のブラシ効果は「法線」の方向によって決まります。つまり「面」の表方向にブラシ効果が現れるので、「押し出し」の際は「面」の向きが逆転しないように注意してください。

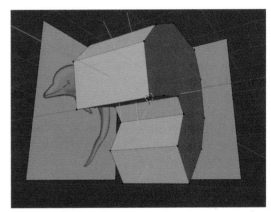

▲「法線」を表示して「面」の向きを確認

このChapterでは、「ベースシェイプ」を作成するために「頂点」から「面」の作成「押し出し」と進めましたが、「立方体」を「マルチカット」で分割してモデリングすることも問題ありません。本書では「頂点」からＺ「面」の作成方法を紹介するためにこの手順をとりました。

1 環境

2 基礎

3 メッシュ

4 カーブ

5 スカルプト

6 マテリアル

7 アニメーション

8 アーマチュア

9 レンダリング

10 関連情報

●オブジェクトの設定と確認

「スカルプト」モードでは左右同時編集を行うために「オブジェクト」は「ワールド」の中心に設定しましょう。

中心に設定する方法は「3Dカーソル」が「ワールド」の中心にあることを確認し、「原点」を「3Dカーソル」に移動して、「ジオメトリ」を「原点」に移動でしたね。「オブジェクト」を中心に移動させると下絵がずれているかもしれません。ズレが大きい場合は再度**下絵の位置を「ベースシェイプ」に合わせて**ください。

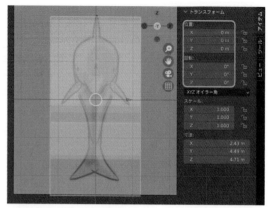

▲「中心」にあることを確認

●MatCapの設定

「スカルプトモデリング」でオブジェクトの表面が確認しやすいように表示の設定を行いましょう。

「3Dビューのシェーディング」を「レンダープレビュー」に設定し、**レンダープロパティ➡レンダーエンジン**を「Workbench」に切り替えます。

次に**照明➡MatCap**を選んで、プレビューされている「マテリアル」のサンプルをプレスして好みのマテリアルを選んでください。

尚、この設定は表示のための調整ですので「スカルプトモデリング」の操作には一切影響を与えません。

※モデリングを行っているとMatCapのプレビューがたまにモデリング状態とずれることがあります。オブジェクトに編集が反映されていないように見える場合は一度他のモードに切り替えてみてください。

▲「レンダープレビュー」に設定

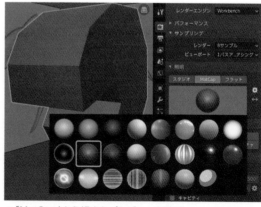

▲「MatCap」から好きなプレビューを選ぶ

●今回使用する「ブラシ」の確認と設定

・ダイナミックポロジー

「イルカ」の制作では「対称編集」「ダイナミックポロジー」を利用します。

「対称編集」により**X軸を対象に「ブラシ」を鏡面使用します**。「ダイナミックポロジー」は「ブラシ」の使用に合わせて「メッシュ」を細分化する機能です。チェックを入れて使用を有効にしましょう。「リメッシュ」は「オブジェクト」の「メッシュ」を指定した値を基準に再構成します。便利な機能ですが、この制作では使用しません。

※本サンプル制作ではその他のツール設定は初期値のまま使用しています。

▲「ヘッダー右」

・ブラシの設定

　今回の「イルカ」制作に使用する4種類の「ブラシ」を確認しましょう。「スカルプト」モデリングではペンタブレットや液晶タブレットを使用するユーザーも多いのですが、本書では入門との位置付けもあり、マウスによる「スカルプト」作業を行います。「ブラシ」の設定は「半径」と「強さ」だけを操作し、筆圧モードも使用していません。

　「ブラシ」の「半径」と「強さ」の設定は「ヘッダー」設定、または [RMB] プレスによって変更可能です。強さは初期値で0.5に設定されています。

▲「ヘッダー左」の「ブラシ」設定

・ビューポート上でのブラシ表示

　[Ctrl] を押しながら「ブラシ」を扱うと効果が反転します。[F] を押すとその場でブラシサイズ (半径) の調整ができ、[LMB] クリックで変更したブラシサイズの確定となります。

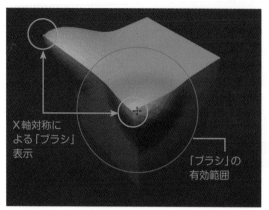

▲一般的な「ブラシ」の対称同時編集表示

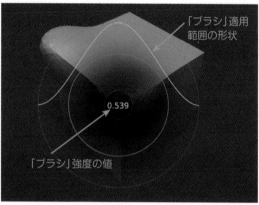

▲ [Shift] + [F] で強さを変更

▲ [RMB] プレスによる「ブラシ (ドロー)」設定表示

各ブラシ間で共通の半径使用を有効化

筆圧感知の有効化

⬇ **Shortcuts**

ブラシの効果が反転	: [Ctrl] +「ブラシ」操作
ブラシサイズ (半径) の変更	: [F]
ブラシ強さの変更	: [Shift] + [F]
リメッシュ	: [Ctrl] + [R]

・**使用する4種類のブラシ**

「イルカ」の制作で使用する「ブラシ」は以下の4種類です。

「ドロー」

「スカルプト」の基本的なブラシとなります。隆起または陥没させます。

「クレイ」

「ドロー」ブラシの範囲を広げ、よりフラットに滑らかにしたブラシです。

「スムーズ」に似ていますが、「スムーズ」と違って「ダイナミックトポロジー」で「メッシュ」を増減させます。

「スムーズ」

「頂点」をスムーズにし、「メッシュ」の不規則性を軽減します。「クレイ」に似ていますが、頂点の位置は一方向に隆起や陥没をせず平均化されます。「ダイナミックトポロジー」による「メッシュ」の増減が発生しません。

「グラブ」

「メッシュ」の領域をマウスによるプレス＆ドラッグで、動かしたい方向に引っ張ります。

「メッシュ」の増減は発生しません。

Tips　「リメッシュ」で「メッシュ」の再構築

「Sculpting」の「リメッシュ」は「メッシュ」を増やしたり減らしたりすることのできる再構築ツールです。「メッシュ」を増やし「面」を滑らかにするために利用することが多いでしょう。

簡単な利用方法としては「リメッシュ」の際に「ボクセルサイズ」にサンプルした現在のサイズを入れ「法線をスムーズに」にチェックを入れるのが良いでしょう。

「ボクセルサイズ」に任意の値を入力する必要がありますが、不用意に小さな数値を入力すると「リメッシュ」に膨大な時間が掛かる場合があります。

そこで「ボクセルサイズ」のスポイトで、適当なメッシュを画面のモデルから直接サンプルすることによって簡易に入力することが可能です。

「法線をスムーズに」のチェックを入れると「面」がスムーズになりますが、これは「スムーズシェーディング」と同じ処理を「リメッシュ」時に適用させることになり、「ディテール（造形の細かさ）」は無くなってしまいます。

「メッシュの数」「スムーズ」「ディテール」は相関関係にあります。「リメッシュ」を使用する場合はどのタイミングで使用するのか、「マスク」や「面セット」の併用も合わせて十分な検討が必要となります。

1 環境
2 基礎
3 メッシュ
4 カーブ
5 スカルプト
6 マテリアル
7 アニメーション
8 アーマチュア
9 レンダリング
10 関連情報

●Let's Start Sculpting!

さあ、「スカルプト」を始めましょう。元になる「シェイプ」を大きめに作ったのは、通常の粘土細工と同じように、加えるよりも削りだすほうが楽で簡単だからです。小さく削り過ぎないようにしましょう。間違ったと思ったときは直ぐに [Ctrl] + [Z] (取り消し) です。

全ての「ブラシ」に共通したコツは、「ブラシ」を使用する「距離」が非常に重要です。上手く使えないと感じたときは**充分に表示を拡大**し、「ブラシ」の強さを小さくして試してみましょう。

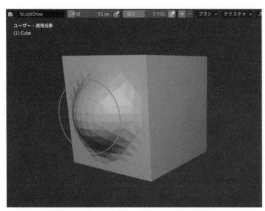

▲期待した効果がこれでも

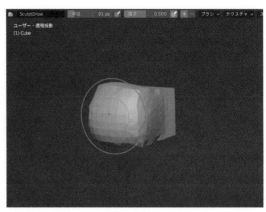

▲距離を間違えると結果が大きく違う！

① 基本の形を整形する

モードが「オブジェクトモード」になっている場合は、「スカルプトモード」に切り替えましょう。

「スカルプトモード」では「対称編集」と「ダイナミックトポロジー」の有効化を確認します。

※再度「オブジェクトモード」へ切り替えた際には「ダイナミックトポロジー」のチェックが外れるので注意してください。

マウスポインターを「ベースシェイプ」の端に持って行くと小さな編集点の表示が反対側にも現われることを確認してください。

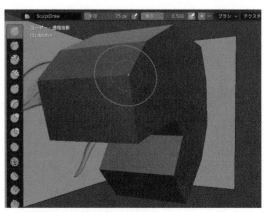

▲X軸対称編集のため編集点が2か所見られる

先ず「ブラシ」は「ドロー」を使います。「オブジェクト」を [MMB] プレスでぐるぐると回しながら中央の平面の部分に丸みを与えます。きれいに仕上げる必要はありません。

下絵も「ブラシ」操作の障害にはなりませんが、邪魔に感じれば「アウトライナー」で非表示にしましょう。

▲回しながら中央を膨らませます

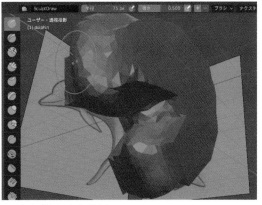

▲こんな感じで十分OK！

「ドロー」の「強さ」は**0.5**に設定していますが、思ったようにできないときは距離を近付けて「強さ」を小さくしてみてください。

次に「クレイ」を選択し角を丸めます。

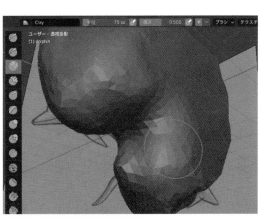

▲「クレイ」で角を丸めていきます

1 環境

2 基礎

3 メッシュ

4 カーブ

5 スカルプト

6 マテリアル

7 アニメーション

8 アーマチュア

9 レンダリング

10 関連情報

表示を少しズームして拡大気味で「ブラシ」を
あてます。

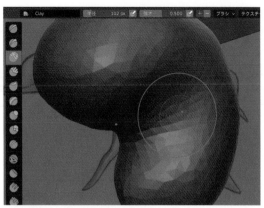

▲全体的に丸くなった

② 全体の形を少し整える

全体が丸くなり角が無くなれば、「イルカ」としての形に近付けていきましょう。

好きな場所からでよいのですが、先ずは背中で試してみます。ブラシは「クレイ」のままです。「ライト・平行投影」に切り替えて「クレイ」の強さを反転し、全体のボリュームを下げながら下絵の形に近付けていきます。

ブラシ中心の点は、作用するメッシュ面の位置を示しています。輪郭を整えているつもりが内側だけ大きく削れていたなんてこともよくあります。他の角度からのビューも頻繁に確認しましょう。

絶えず作業に適したビューに切り替えましょう。

下絵を確認するための「透過表示を切り替え」は「ソリッドモード」に切り替えて適用します。「ブラシ」効果の反転は [Ctrl] を押しながらの「ブラシ」操作で可能です。

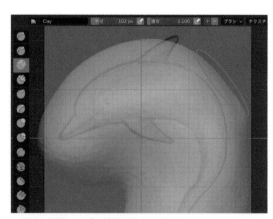

▲下絵を確認しながら輪郭を徐々に整える

> **✏️Point ダイナミックトポロジーは便利＆コツが必要**
>
> 「ダイナミックトポロジー」使用時、「クレイ」は使用する距離と強さ、「メッシュ」の大きさと増減の関係で「太る」「やせる」のイメージが逆転しますので色々と試して感覚をつかみましょう。

"やり過ぎ"ないように注意してください。リズムに乗った時こそ落ち着いて、注意が必要です。様々な角度から形を確認してください。

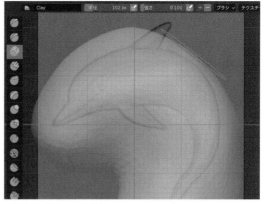

▲背中をボリュームダウン

③ 引っ張ってカーブの形を調整

「イルカ」の腹部は入り組んでいて「クレイ」では少し調整が難しそうですので、「グラブ」を試してみます。「グラブ」は「頂点」を引っ張るツールです。

青色のアイコンの「ブラシ」と違って「ダイナミックトポロジー」使用時でも「メッシュ」の増減は起こりません。

何度か試しに引っ張って、元に戻して、「ブラシ」の大きさを調整しながら形を整えます。

ここでは、「ブラシ」の大きさの調整がポイントです。「スカルプトモデリング」ではショートカットの[F]による利用は必須です。先ずは[F]で「ブラシ」サイズ調整に馴染みましょう。

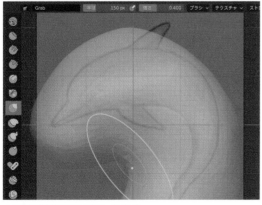

▲お腹の部分を押して引っ込める

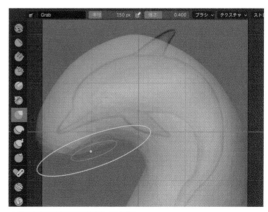

▲作用する場所を確認しながら

頭部も形を整えます。「ブラシ」の大きさを変え、画面のズームを思考錯誤しながら微調整してください。画面スナップショットでは「グラブ」を使用していますが、「クレイ」も併用しましょう。

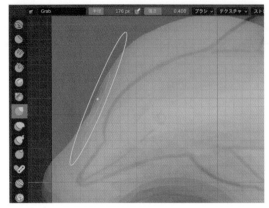

▲「ブラシ」の大きさを変えながら

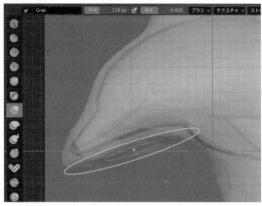

▲少しずつ慎重に

前から確認すると、まだ先が長そうですね。「フロント・平行投影」からも調整を行います。引き続き「グラブ」と「クレイ」の併用で調整します。

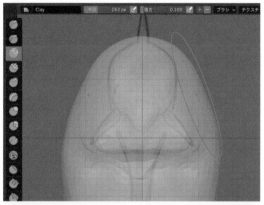

▲頭部とボディのシルエットに近付けて

前や横、あらゆる角度から確認してスカルプト作業を進めましょう。

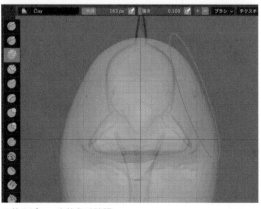

▲他のビューを絶えず確認

胸びれは後から引っ張り出すので、残さなくても問題ありません。

「イルカ」のボディラインに集中して造形します。

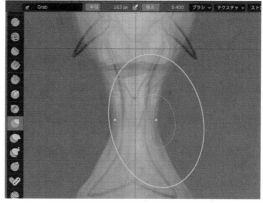

▲引き寄せてボリュームダウン

尾びれはそのまま作り込みますが、いきなり下絵と同じシルエットを求めないで、形を少しずつ調整して近付けます。

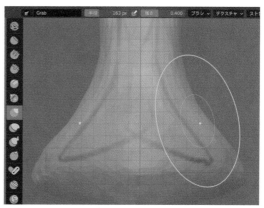

▲細かい「グラブ」操作で形を整形

「グラブ」は便利なブラシですが完全に一致させずに少し手前で止めて、後は「クレイ」や「スムーズ」で微調整です。

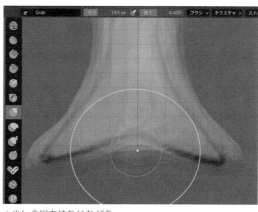

▲少し余裕を持たせながら

④ 粗いメッシュを調整する

このあたりから表面のディテールを確認するためにも「透過表示」をオフにするか、MatCapに設定した「レンダープレビュー」で全体の「メッシュ」状態を確認してください。

なんと、、調子に乗りすぎたか、「グラブ」は「頂点」を移動するだけなので、「メッシュ」が引っ張られて粗い作りになっています！

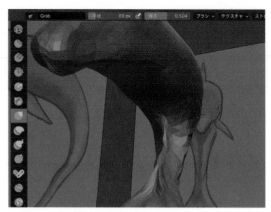

▲ (´；ω；`)「グラブ」でガタガタの「メッシュ」

大丈夫です。「クレイ」に持ち換えて、粗くなった「メッシュ」部分の形を調整しながら滑らかにならしましょう。

「クレイ」の「ダイナミックトポロジー」の力でひと安心です。「メッシュ」が生成され滑らかになりました。造形が続けられそうですね。

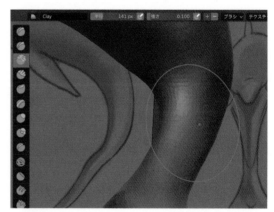

▲有難う「クレイ」！

全体的にボディを滑らかにして、少しだけ「イルカ」に見え始めましたか。

いや、やっぱりまだイルカには見えませんね。

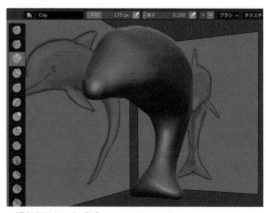

▲滑らかになったボディ

⑤ 口と目の位置に溝を掘る

「イルカ」の口は特徴的です。「グラブ」で頭部と口のあたりの形をさらに整えましょう。

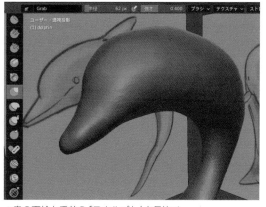

▲奥の下絵と手前の「スカルプト」を見比べ

形を作りたいと思っても「メッシュ」が足りないときは、「クレイ」で「メッシュ」を隆起させながら口と頭部の面を滑らかにします。

「ブラシ」操作はマウスドラッグするばかりではありません。一度だけのクリックや、連続的な短いクリックなど色々な調整方法を試してください。

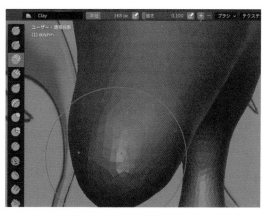

▲「クレイ」によるマウスクリック調整

面がへこんでしまった部分の修正は、非常に弱く調整した「ドロー」で隆起させても、「グラブ」で引っ張ってもOKです。

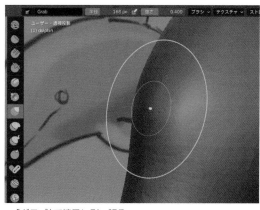

▲「グラブ」で慎重に引っ張る

全体の輪郭が下絵や頭の中のイメージと一致し
てきたら、口の付け根や目の位置などの主要な部
分に印を付けます。画面スクリーンショットでは
[Ctrl] を押しながら「ドロー」の効果を反転させ
て印のための溝を作りました。

全体のバランスを確認するために絶えず確認し
て何度も描き直しましょう。

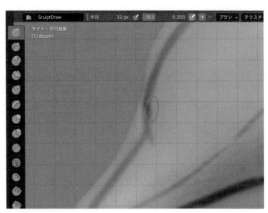

▲口と頭部の境に目印

目の位置にも印を付けました。

今はまだ「ドロー」で隆起させただけの印です。

編集しながら目的の場所や曲面を確認するため
にはBlenderで特徴的な「エリア」の分割が便利
です。「エリア」の分割はマウスによる「エリア」
コーナーのドラッグや**ヘッダーメニュー➡ビュー
➡エリア➡縦に分割**を選んで分割しましょう。

左の画面は「ソリッドモード」、右の画面は「レ
ンダープレビュー」に設定しました。

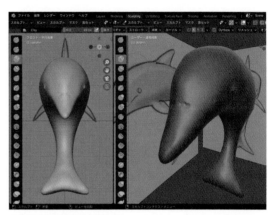

▲「エリア」を縦に分割した

⑥ **背びれ、胸びれ、尾びれを作る**

背びれ、胸びれは「グラブ」で引っ張って作成し
ます。

先ずは、「ライト・平行投影」の「透過表示」に切
り替え、背びれの位置を「グラブ」で少しだけ引っ
張って目印を付けます。

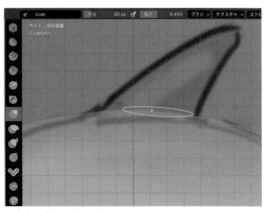

▲「グラブ」で目印を付ける

目印を付けた部分を「グラブ」でさらに引っ張り出した後に、いったん「クレイ」に持ち換えて「メッシュ」を増やし滑らかにします。

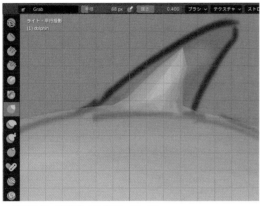

▲目印の出っ張りをさらに引っ張って

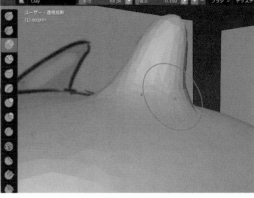

▲伸びた「メッシュ」を「クレイ」で細分化

「クレイ」で細分化した背びれをさらに「グラブ」で引っ張り出して形を整えます。この作業を繰り返して背びれを作ります。

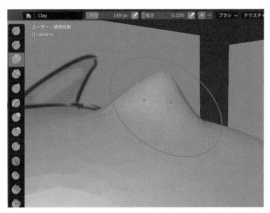

▲「クレイ」で細分化

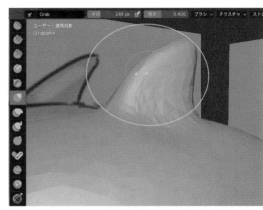

▲さらに「グラブ」で引っ張り出す

⑦ ディテール（細部）を作り込む

「②全体の形を少し整える」から「⑥背びれ、胸びれ、尾びれを作る」までの作業を繰り返しながら次第に形を整えます。

この繰り返しが大変ですが、頑張ってイメージとする形に近付けましょう。

下絵はイメージを具体化する一つの材料ですので、いつまでも下絵を気にする必要はありません。「イルカ」に関する情報をインターネットなどで確認しながら楽しんでモデリングを進めてください。

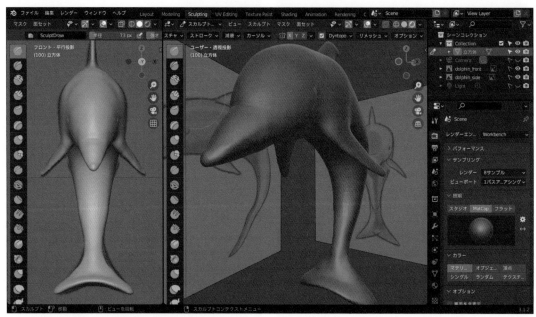

▲何とか「イルカ」のような形に…

口や目の位置、背びれ、胸びれ、尾びれなどの主要な位置が決まり全体のバランスが決定すれば、あとは「ブラシ」をさらに微調整しながら細部を作り込みます。

あまりリアルな「イルカ」は目指す必要がありませんので、口は「ドロー」の効果を反転させて溝を作りました。

※今回の「スカルプト」練習では「ブラシ」を4種類に限定しましたが、細い溝は「ドローシャープ」や「クリース」の利用が良いかもしれません。

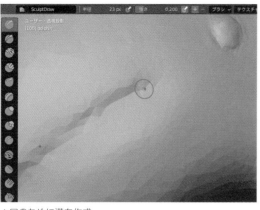

▲口のために溝を作成

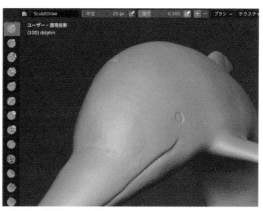

▲頭部の呼吸孔と目を修正

「面」を滑らかに加工するために「スムーズ」を利用します。使っていて気持ちのよいツールは、ついつい使い過ぎてしまいます。滑らかにし過ぎてディテールが無くならないように注意しましょう。

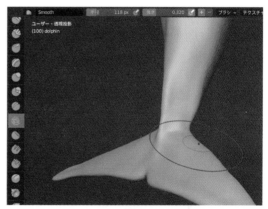

▲「スムーズ」は様々な部分を滑らかにできます

完成が近付くにつれて、次第に「ブラシ」の調整が難しくなります。**最も大切なことは全体のバランス**です。バランスを見失わないように色々な角度から確認しましょう。

▲背中やお腹の丸みをもう少し調整して

口のラインや目の造形は一度で描かずに、何度も手を加え修正します。

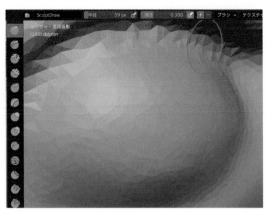

▲大きく拡大して目の作りこみ

スカルプト作業はエンドレスです。

中々終わりは見えませんが、一先ずここで完了としましょう。

「マテリアル」設定は行っていませんので「MatCap」から「ceramic_lightbulb.exr」を選び簡単にルック（見た目）を設定しました。

躍動感のある「イルカ」が完成できましたか？！

▲完成

マテリアルとテクスチャ

オブジェクト表面の素材と質感を決めるマテリアル設定は、3DCG作品のクオリティを左右する重要な要素の1つです。

マテリアルの設定では知識が必要とされ、マテリアルに含まれるテクスチャの制作では、根気と技術が必要とされます。

特にテクスチャを思い通りに貼るためのUV設定はとても骨の折れる作業です。

6-1 マテリアル

　作成した3Dオブジェクトに対してプラスチック、金属、ゴムであるなど表面の素材を決めるのが「マテリアル」です。「テクスチャマッピング」は「マテリアル」設定の項目の1つで、3Dオブジェクトの**柄（グラフィック、紋様など）、モデリングには不向きな複雑な凹凸表現、部分的な反射、影などを画像を利用することによって表現する**手法です。

　「マテリアル」と「レンダーエンジン」には密接な関係にあります。
　Blenderの高品位な「レンダーエンジン」である「Eevee」と「Cycles」では「マテリアル」設定で多くの部分が共通です。「Eevee」用に設定した「マテリアル」設定がほとんどそのまま「Cycles」でも利用可能ですが、「Eevee」ではレンダリング速度をアップさせるために「Cycles」とは設定が違っていたり、標準ではオフになっている設定があったりと注意が必要です。

1 ●「マテリアルプロパティ」

　「マテリアルプロパティ」の構造や項目を簡潔に説明します。
　カッティングボードに色を設定したり「テクスチャマッピング」を行うときは再度読み返してください。

▲「マテリアルプロパティ」

「アクティブマテリアル」のリスト
「マテリアルスロット」追加ボタン
選択「マテリアルスロット」削除ボタン
「マテリアルスロット」メニュー
「マテリアルスロット」上下移動ボタン
リンクボタン
リンク削除ボタン
「フェイクユーザー」ボタン
新規「マテリアル」ボタン
「マテリアル」使用ユーザー数
「マテリアル」リストボタン
「シェーダーを使用」通常は有効
使用されている「シェーダー」

●リンクしている「マテリアル」のリスト表示

　Blenderはデータ量の軽減のためにもファイル保存時に未使用のデータを自動削除します。適用しているユーザー（オブジェクト）が無いと削除されるので、たとえ適用していなくても保存しておきたい設定（マテリアル）などは「フェイクユーザー（偽ユーザー）」として設定し、削除されないようにします。

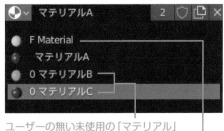

ユーザーの無い未使用の「マテリアル」
「フェイクユーザー」を適用させた「マテリアル」

▲「マテリアル」リストボタンを押したとき

●「マテリアルスロット」とは

　「マテリアルスロット」とはオブジェクトに「マテリアル」を適用させるための差し込み口のようなもので、個別の名前などが設定できるものではありません。「マテリアルスロット」のリストに複数の「マテリアル」が並んでいる場合は、そのオブジェクトに複数の「マテリアル」が接続されていることとなります。

　オブジェクトやメッシュに「マテリアル」を適用させるためには先ずは「マテリアルスロット」によって「マテリアル」と結びつける必要があると覚えてください。

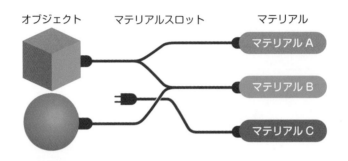

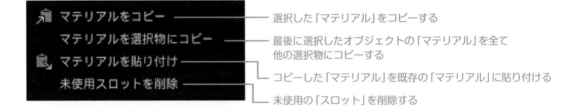

●「マテリアルプロパティ」の基本知識

- ●「マテリアル」の設定は「マテリアルプロパティ」で行う。
- ●「マテリアル」の設定は各ファイルに保存される。
- ● Blenderでは新規に「マテリアル」の割り当てを行うと初期設定で「プリンシプルBSDF」が適用される。
- ● Blender起動時に表示されている最初の立方体には既に「プリンシプルBSDF」が設定されている。
- ●「マテリアル」は「マテリアルスロット」によって個々のオブジェクトやメッシュと接続される。
- ● Blenderに「マテリアル」を削除する機能は無く、未使用の「マテリアル」は終了時に勝手に削除される。
- ● 未使用「マテリアル」を保存するためには［フェイクユーザー］ボタンを押して「フェイクユーザー」を割り当てなければならない。

2 ●「マテリアル」適用のケーススタディ

●ケース1：新たなオブジェクトに、新規で「マテリアル」を適用

1. オブジェクトを選択
2. 「マテリアルプロパティ」選択
3. 「マテリアル」の「新規」をクリックして「マテリアル」を作成、設定する

▲「新規」

●ケース2：設定されている「マテリアル」を複製して他の「マテリアル」に変更

1. オブジェクトを選択
2. 「マテリアルプロパティ」選択
3. 「マテリアル」の「新規マテリアル」ボタンをクリックして「マテリアル」を複製して設定する

▲「新規マテリアル」ボタン

●ケース3：既に作成されている「マテリアル」を「マテリアル」未設定のオブジェクトに適用

1. オブジェクトを選択
2. 「マテリアルプロパティ」選択
3. リンクしている「マテリアル」から使用する「マテリアル」を選択

▲リストから選択

●ケース４：１つのオブジェクトに複数（面）の「マテリアル」を適用

1. 「編集モード」で「マテリアル」を設定したい「面（メッシュ）」を選択
2. 「マテリアルプロパティ」選択
3. 「マテリアルスロット」の❶ [+] をクリックして「マテリアルスロット」を追加
4. 「マテリアル」の「新規」をクリックして❷「マテリアル」を作成、設定する
5. ❸「割り当て」ボタンを押して適用

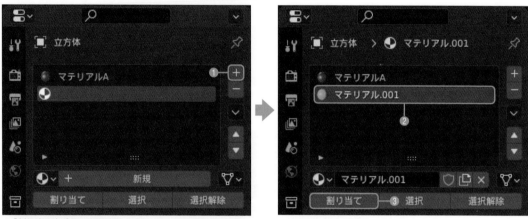

▲「割り当て」ボタンをで適用

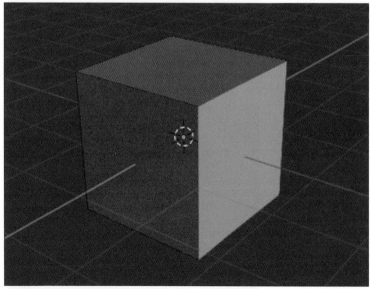

▲複数「マテリアル」の適用

6-2 「プリンシプルBSDF」

SampleFile Chapter6-2_materials

「マテリアル」を設定し、レンダリングするためのプログラムは「シェーダー」と呼ばれています。
「プリンシプルBSDF」はBlenderの最も代表的な「シェーダー」です。

万能シェーダーとも呼ばれ、多くの質感設定はこれ1つで設定可能です。Blenderの使用に慣れない
うちは他の「シェーダー」設定を試行錯誤せず、先ずは「プリンシプルBSDF」を基本とした設定に慣れ
ましょう。

1 ● 「プリンシプルBSDF」の基本項目

「プリンシプルBSDF」の設定項目を目にして、どこから手を付けて良いのか…と恐れていませんか？
項目が多すぎますよね。

全て大切と言ってしまえばそうなのですが、先ずは必須と思える項目をピックアップしました。他の
項目や細かい設定は、"もしかすればこの項目も…"なんて余裕が出てきたときに調べなおしてください。
**基本の確認項目は「ベースカラー」「サブサーフェス」「メタリック」「粗さ（Roughness）」「IOR（屈
折率）」「伝播（Transmission）」の6種類です。**これらの項目の組み合わせで多くの「マテリアル」設定
が可能です。

※「マテリアル」の状態は「マテリアルプレビューモード」で確認してください。

●ベースカラー

オブジェクトの基本の色です。「テクスチャ」画像を「マッピング」することができます。

●サブサーフェス

ベースカラーの下層に設定する色です。皮膚の質感や大理石などの表現が可能です。
サンプルでは色を設定していますが、もちろんテクスチャのマッピングも可能です。

●メタリック

金属か非金属かの設定です。通常は**金属で1、非金属で0**を設定し、中間の値は設定しません。

●粗さ（Roughness）

オブジェクト表面の粗さを設定します。

●IOR（屈折率）

空気：1.0、水：1.33、ガラス：1.45など透過する光がどの程度屈折するかを設定します。

●伝播（Transmission）

透過の設定です。1で透明、0で不透明設定になります。

2 ●「プリンシプルBSDF」設定例

「Eevee」と「Cycles」の「レンダリング」結果を同じ「プリンシプルBSDF」の設定で確認しています。可能な限りシンプルな設定例を紹介していますので、使用の際はよりイメージにあった「マテリアル」を工夫してください。

※「Eevee」の「レンダープロパティ」では屈折や反射に関係の深い「スクリーンスペース反射」のチェックを有効に設定しています。

※「レンダリング」に関する詳細は《☞「レンダリング」414ページ参照》。

●ガラス、水など

「IOR」と「伝播」の設定が重要です。「IOR」1.45はガラスの屈折率です。

「Eevee」と「Cycles」では屈折のディテールや影に明らかな違いが見られます。

▲「Eevee」

▲「Cycles」

●肌など

「サブサーフェス」を設定した例です。

「ベースカラー」に白、「サブサーフェスカラー」に赤、「サブサーフェス」の値を0.5としています。「ベースカラー」が透けた状態で肌色として表現されています。

リアルな肌の表現では「ベースカラー」に皮膚のマッピング、「サブサーフェスカラー」に赤味がかった毛細血管のテクスチャなどのマッピングも考えられます。

▲「Eevee」

▲「Cycles」

240

●鋳物、ゴムなど

鋳物など黒体で鈍い反射のあるものです。

「粗さ」を少し上げ、「バンプマッピング」を行えばゴムのような表現も可能でしょう。「粗さ」は多くの「マテリアル」設定で重要な要素です。

▲「Eevee」

▲「Cycles」

●金属

「メタリック」を1に設定した完全な鏡面の設定です。

設定例では「粗さ」を0に設定していますが、「粗さ」の設定により様々な金属の質感設定が可能です。

▲「Eevee」

▲「Cycles」

●木目テクスチャのマッピング

「ベースカラー」に木目調の「テクスチャマッピング」を施した例です。

「粗さ」を少し上げていますが、リアルな木目を表現するには「バンプマップ」や「ノーマルマップ」と言った凹凸表現の「マッピング」も必要です。

▲「Eevee」

▲「Cycles」

カッティングボードに色を付ける

1 ● ボードに「マテリアル」を適用して質感と色を設定する

ここではChapter 4で作成したカッティングボードに「色」や「テクスチャ」を設定します。

先ずはカッティングボード本体に色を付けてみましょう。カッティングボードは「カーブ」から作成したので「マテリアル」はまだ適用されていません。

「3Dシェーディング」は色の確認のため、「マテリアルプレビュー」モードにします。「オブジェクトモード」でカッティングボードを選択し、**「プロパティエディタ」のマテリアルプロパティ➡マテリアル➡新規**をクリックして「マテリアル」を適用します。

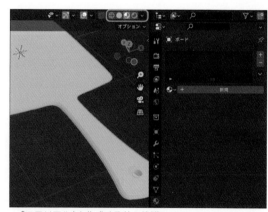

▲「マテリアル」を作成する前の状態

「プリンシプルBSDF」が適用されますので、「ベースカラー」をカッティングボードに似せた色に設定しましょう。他の値は初期値のままです。

これでカッティングボードの色設定は完了です。

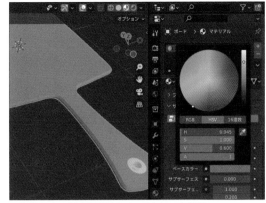

▲「プリンシプルBSDF」のベースカラーを設定

2 ● ハトメ金具に「マテリアル」を適用して質感と色を設定

次にハトメ金具の設定です。こちらもカッティングボードと同様に**マテリアルプロパティ➡マテリアル➡新規**ボタンで新しく「マテリアル」を適用してください。

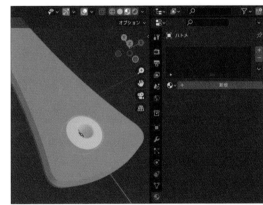

▲「マテリアル」を作成する前の状態

「プリンシプルBSDF」が適用されますので、「ベースカラー」には少し青みがかった色を設定しましょう。他の値は、**メタリック：1、粗さ：0.2、スペキュラーの値は初期値の0.5のまま変更しません。**

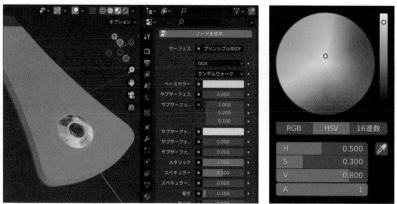

▲「ベースカラー」と他の値を設定

　カッティングボード全体の色設定が完了しました。

　デフォルトで用意されているライトによってオブジェクトが照らされるように、「3Dビューのシェーディング」によるライト設定は「シーンのライト」「シーンのワールド」とも無効にしています。

《☞「基本操作」91ページ参照》

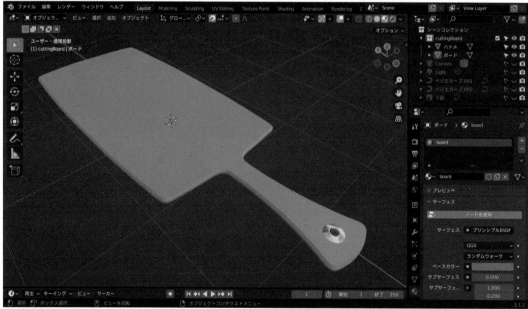

▲カッティングボードの「マテリアル」が設定された

1 環境
2 基礎
3 メッシュ
4 カーブ
5 スカルプト
6 マテリアル
7 アニメーション
8 アーマチュア
9 レンダリング
10 関連情報

Chapter 6

6-4

カッティングボードにテクスチャを貼る

| SampleFile | Chapter6-4_cuttingBoardTex |

カッティングボードとハトメ金具に「マテリアル」を設定し、試しに色を付けました。

色を付けただけではフォトリアルな3DCGは完成しません。

そこで次は「テクスチャマッピング」(3Dモデルに画像を貼ること)を試してみましょう。

「テクスチャマッピング」に利用する画像は見た目の柄だけではありません。3DCGでは表面の起伏や反射など、さまざまな質感を画像を利用して表現します。今回は手始めとして3種類の代表的なテクスチャ画像を用意しました。

1 ● 画像の確認

●カラー画像

最も基本的な画像がファイル「board_diff.png」になります。モデリングの下絵としても使用したファイルですが、「ディフューズ」「カラー」「アルベド」などとも呼ばれる見た目の画像です。

配布されている「テクスチャ」ではこれらの名称が使用されていることが多く見られますので、ファイル名よりどの項目のためのテクスチャであるかを判断する必要があります。

例: board_diff.png

　　board_color.png

　　board_albedo.png

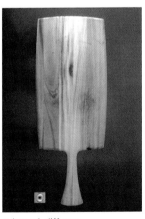

▲board_diff.png

●バンプマップ

ファイル「board_bump.png」は「バンプマップ」と呼ばれるグレースケール画像です。表面の起伏を疑似的に作り出す画像です。

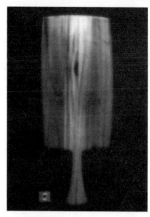

▲ board_bump.png

●ノーマルマップ

ファイル「board_nor.png」は「ノーマル (法線) マップ」と呼ばれ、こちらも表面の起伏を疑似的に作る画像です。

「ノーマルマップ」画像は、画像内の色要素に空間情報を含んでいるため「バンプマップ」に比べるとより高品位な凹凸の表現が可能です。

「ノーマルマップ」も「バンプマップ」の一種ですが、グレースケール画像のバンプマップを単に「バンプマップ」と呼び、法線情報を持つブルーのバンプマップを「ノーマルマップ」と呼ぶことが多いでしょう。

「バンプマップ」と「ノーマルマップ」は似た目的を持つファイルですが、疑似的な凹凸表現にはどちらもよく利用される画像です。

▲ board_nor.png

Tips バンプマップやノーマルマップの作成

「バンプマップ」や「ノーマルマップ」画像の作成には技術が必要です。

PhotoshopCC2015以降からは、通常のカラー画像からバンプマップ、ノーマル (法線) マップの作成機能があります。またノーマルマップ作成サイトやフリーのソフトウェアなどもリリースされています。

本書で配布しているバンプマップやノーマル (法線) マップはPhotoshopや作成サイトを利用しています。

・**NORMALMAP ONLINE**
  https://cpetry.github.io/NormalMap-Online/
・**SMART NORMAL**
  http://www.smart-page.net/smartnormal/

テクスチャに利用できる画像形式

「テクスチャマッピング」に利用される画像形式にはどのようなものがあるのでしょうか。利用する3Dソフトが対応していれば、どのようなファイル形式の画像を使用してもOKですが、ここではBlender (2.8以降)で利用できる画像形式を紹介します。

画像形式	色深度	透過情報	拡張子
BMP	8bit	×	.bmp
Iris	8, 16bit	○	.sgi .rgb .bw
PNG	8, 16bit	○	.png
JPEG	8bit	×	.jpg .jpeg
JPEG2000	8, 12, 16bit	○	.jp2 .jp2 .j2c
Targa	8bit	○	.tga
Cineon&DPX	8, 10, 12, 16bit	○	.cin .dpx
OpenEXR	float 16, 32bit	○	.exr
HDR	float	○	.hdr
TIFF	8, 16bit	○	.tif .tiff

PNG 　：透過情報も含まれる比較的使いやすい形式です。

Targa ：古くからある形式でファイルサイズも大きいのですが、現在でも良く利用されています。

JPEG ：古くから広く利用されているために、インターネットなどで配布されているテクスチャ画像では多く見られます。透過情報を保存できません。

EXR 　：比較的新しくCG業界で良く使われている形式です。画像にライトの輝度情報を含んだ形式です。環境画像として使用すると同時に、ライティングにも利用できる便利な画像です。HDRI画像の保存にも適しており、HDR形式よりも高精細で多くのデータを保存できます。

HDR 　：EXR画像同様にライトの輝度情報を含んだ形式です。環境画像として広く利用されています。

TIFF 　：CGの世界では古くから広く利用されている形式のため、扱えるソフトが多いのが特徴です。

1 環境
2 基礎
3 メッシュ
4 カーブ
5 スカルプト
6 マテリアル
7 アニメーション
8 アーマチュア
9 レンダリング
10 関連情報

2 ● テクスチャマッピングとUV編集の順序

　画像を思った位置に表示するためにはマッピングするだけでなく、「UV編集」を行う必要があります。「テクスチャマッピング」と「UV編集」は、大きく分けて「画像優先」と「UV編集優先」の2種類の手順が考えられます。

※「画像優先」と「UV編集優先」だけでなく複合タイプなどの存在にも留意しましょう。

●画像優先

　「テクスチャマッピング」用の画像、例えば写真などが既に存在している場合です。

　今回の「カッティングボードのUV編集」《 「カッティングボードのUV編集」262ページ参照》はこちらの手順になります。

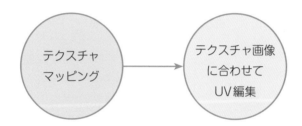

●UV編集優先

　テクスチャ画像をそのまま利用するには複雑なとき、作成する必要がある場合などです。

　例えばオリジナルのキャラクターやゲーム用のプロップ（小物）などを制作し、作成したメッシュの「UV編集」を行い「テクスチャマッピング」します。

　「ミルクパックのUV作成と編集」《 「ミルクパックのUV作成と編集」271ページ参照》はこちらの手順となります。

3 ● カッティングボードへのテクスチャマッピング

　実際にカッティングボードへ画像を「マッピング」してみましょう。

　「Shading」タブを押してシェーディングのワークスペースに切り替えてください。少しゴチャゴチャとしたワークスペースですが、「ファイルブラウザー」「画像エディター」「3Dビューポート」「シェーダーエディター」が表示されています。「3Dビューポート」は「トップ・平行投影」に設定してください。右下にある球体は環境の映り込みとライトの方向を示しています。

　カッティングボードが選択されていると「シェーダーエディター」には設定したマテリアルの「ノード」「プリンシプルBSDF」が表示されています。「シェーダーエディター」は「ノード」を表示し、接続やパラメーターの設定を行う画面です。

　「ノード」は耳新しい言葉ですが、Blenderでは1つひとつの機能が「ノード」と呼ばれる単位で独立して存在していると考えて下さい。

　「ノード」の表示は、選ばれたオブジェクトによって自動で切り替わります。例えばハトメ金具を選択すればハトメのマテリアルノードに表示が切り換わります。

ファイルブラウザー　　　　　　　　3Dビュー

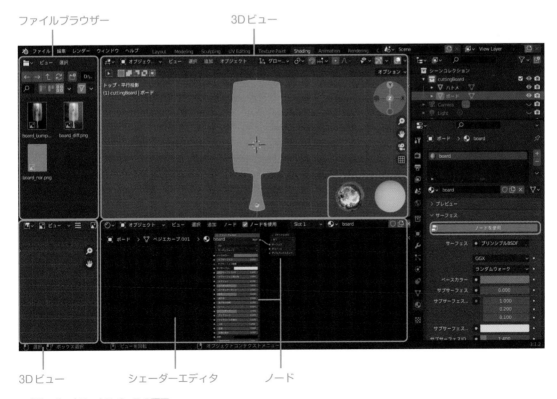

3Dビュー　　　　シェーダーエディタ　　　　ノード

▲「Shading」ワークスペースの画面

カッティングボードへの「テクスチャマッピング」では「マテリアルプロパティ」と「ノード」を使用した設定方法を紹介します。

「ノード」の使用は初学者には少し難解に思えるでしょうが、将来必ず必要となる作業ですので少しずつその使用に慣れてください。

①「ベースカラー」への「画像テクスチャ」設定

それでは、「プロパティエディタ」の「マテリアル」で「テクスチャマッピング」を行いましょう。

各入力フォームの左にある小さな丸は「ノード」の入力ボタンです。「テクスチャマッピング」は「ベースカラー」の左にある丸をクリックして表示されたリストから「画像テクスチャ」を選んでください。

▲「ベースカラー」のボタンをクリック

▲「画像テクスチャ」を選択

②「プリンシプルBSDF」の確認

「画像テクスチャ」を選ぶと「シェーダーエディター」には「プリンシプルBSDF」の左に「ベースカラー」にリンクした状態で「画像テクスチャ」ノードが表示されました。

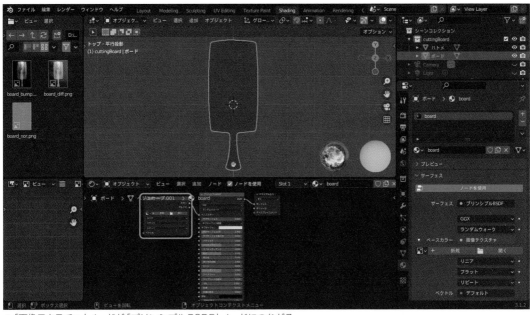

▲「画像テクスチャ」ノードが「プリンシプルBSDF」ノードにつながる

③「テクスチャ」画像の選択

この状態では、まだ画像ファイルは設定されていませんので、「プロパティエディタ」または「ノード」の [開く] ボタンをクリックして「ファイルブラウザー」で目的の画像を選んでください。

▲ [開く] ボタンで画像を選択

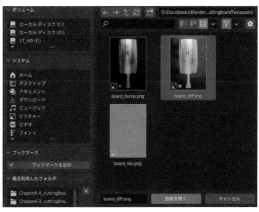

▲テクスチャに使用する画像を選択して「画像を開く」をクリック

④「テクスチャマッピング」の完了

　ファイルが読み込まれると、「ベースカラー」の入力フィールドに画像ファイル名が表示されていることを確認してください。「ノード」にも同様にファイル名が表示されています。カッティングボードの色が変わっただけで少し変ですね。「UV編集」を行っていないので、画像が上手く表示されていない状態です。

　「UV編集」はハトメ金具への「テクスチャマッピング」が終わった後にまとめて行いましょう。

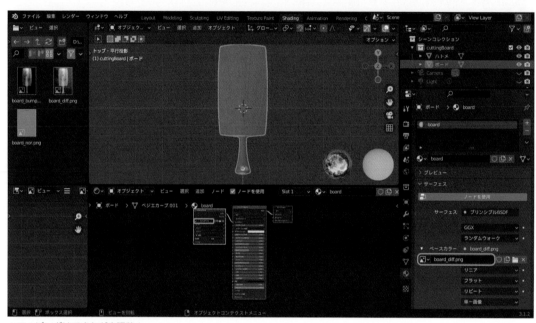

▲マッピングはできたが未調整！

4 ● ハトメ金具へのテクスチャマッピング

カッティングボードと同様にハトメ金具にも「テクスチャ」を設定しましょう。

先ずはハトメ金具を選択して「マテリアル」をアクティブにします。「シェーダーエディター」に「プリンシプルBSDF」が表示されます。

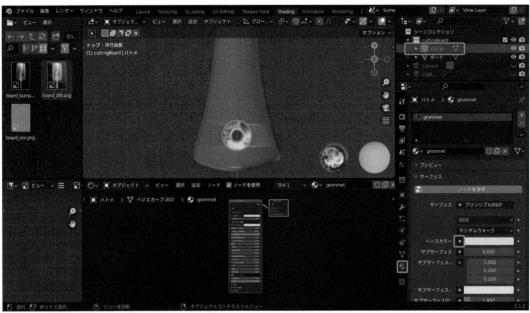

▲ハトメ金具を選択

カッティングボードと同様に**プロパティエディタ➡マテリアル➡ベースカラー➡画像読み込み➡画像テクスチャ**から「board_diff」ファイルを読み込んでください。

使用するファイルはカッティングボードと同じ「board_diff」であることに注意してください。ハトメ金具の画像もボードの左下にありましたね。ハトメの色が変わりましたが、こちらも「UV」を調整していないので画像が上手く表示されていない状態です。

これでカッティングボードとハトメ金具への「テクスチャマッピング」が不完全ながら一先ず完了しました。

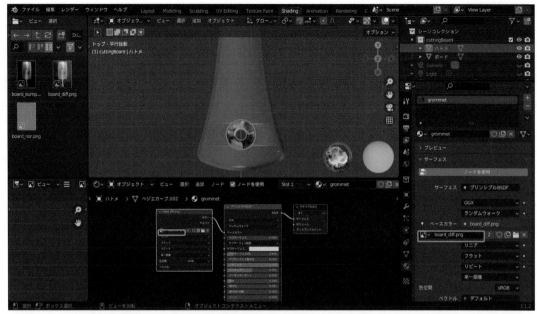

▲読み込んだファイル名を確認

より完全なベースカラー「ノードコネクション」

InDetail

　本書カッティングボード
のテクスチャマッピングは
画像の大きさや角度の変更
が必要ないシンプルな「ノー
ド」の構成です。

　より汎用性の高い一般的
な「ノード」構成としては「画
像テクスチャ」への入力とし
て、「マッピング」と「テテク
スチャ座標」をつなげたもの
となります。

▲「マッピング」と「テテクスチャ座標」

1　環境

2　基礎

3　メッシュ

4　カーブ

5　スカルプト

6　マテリアル

7　アニメーション

8　アーマチュア

9　レンダリング

10　関連情報

Chapter 6

6-5　ノード

ここでは少し詳しく「ノード」について確認します。Blenderではマテリアルや光源、フォントのウェイトの確認、レンダリングなどの設定を「ノード」と呼ばれる単位で管理しています。

「ノード」には3D制作に必要な機能のみが用意されているのでは無く、色を反転させたり調整させたりといった機能も含まれています。

また「コンポジションノード」では画像や動画に対してのさまざまな処理も可能です。この映像処理はAdobe社のAfter Effectsのエフェクト処理をイメージすると理解しやすいでしょう。実際、海外ではBlenderはフリーの映像編集ソフトとしても広く認められているのです。

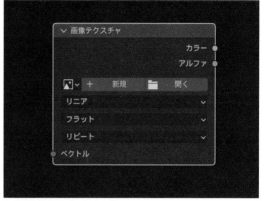

▲「画像テクスチャ」ノード

1 ● 「ノード」の構造

「ノード」は、左側に入力（入力ソケット）、右側に出力（出力ソケット）を持ち、これらの入力と出力をつないで設定を行います。複数のノードをつないだ「ノードコネクション」は入力と出力の位置関係から左から右へと処理が流れる「ノードレイアウト」になります。

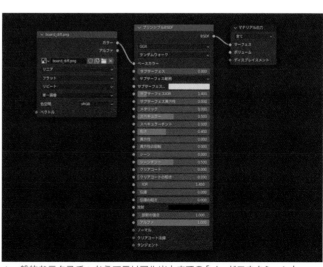

▲一般的なテクスチャからマテリアル出力までの「ノードコネクション」

2 ● 「ノード」の操作

● 「シェーダーエディター」画面の基本

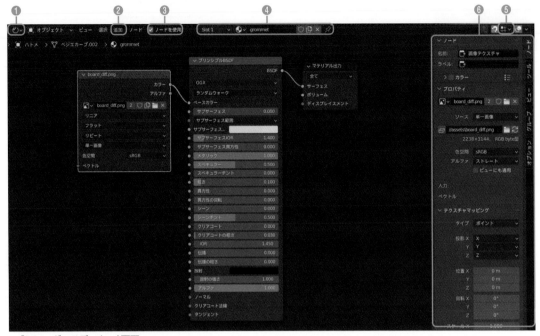

▲ 「シェーダーエディター」画面

※ 「シェーダーエディター」では「3Dビューポート」などで行う一般的な操作、例えば [MMB] によるズーム操作など
　共通して行えます。

❶ 「エディタータイプ」の設定です。

❷ 「追加」

　「ノード」を追加します。

　ヘッダーメニュー➡追加または [Shift] + [A] で追加可能です。

❸ 「ノードを使用」チェック

　対象のオブジェクトに対して「ノード」の使用／未使用を設定します。

❹ 「マテリアルスロット」と「マテリアル」

　対象のオブジェクトに対して「マテリアルスロット」と「マテリアル」の選択を行います。

❺ **スナップ**

　「シェーダーエディター」上で「ノード」をレイアウトするためのスナップ（吸着）設定です。

❻ 「ノード」

　「サイドバー」タブの「ノード」では、選ばれている「ノード」のプロパティを表示／設定が可能です。

●「ノード」を折りたたんで表示

「ノード」を選び [RMB] クリック➡ノードコンテクストメニュー➡未使用ソケットの折りたたみと非
表示を選ぶことによって「ノード」の開閉が可能です。

▲折りたたんだ状態の「ノード」

●「フレーム」で「ノード」をまとめる

追加➡レイアウト➡フレームで「フレーム」を作成し、まとめたい「ノード」をドラッグ＆ドロップす
ることによって複数の「ノード」を一塊にすることができます。

※これはグループ化のようなイメージですがノードのグループ作成には違った意味が含まれますので注意してください。

●「リルート」で「接続線」を自在に

同じソケットに入る複数の「接続線」を1本にまとめたいときは「リルート」が便利です。**追加➡レイ
アウト➡リルート**を選ぶとエディター上の任意の場所にドットを配置することができます。ドットは自
由に「接続線」の中継点として使用可能です

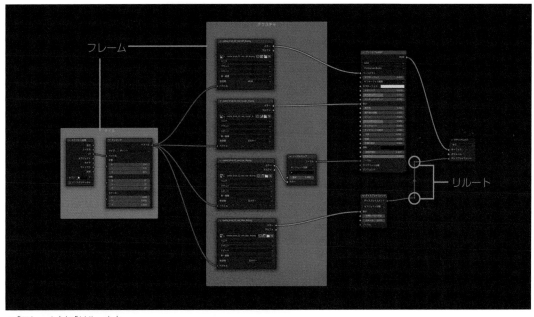

▲「フレーム」と「リルート」

3 ● カッティングボードにおける実際の「ノード」操作

「ノード」接続を使った「テクスチャ」の設定は接続場所さえ覚えれば「マテリアル」のプロパティで画像ファイルを探すよりもスピーディーです。

「Shading」ワークスペースで実際の操作を試してみましょう。

画面が狭い場合は「シェーダーエディター」の隅を [Shift] を押しながら [LMB] ドラッグすると画面を分離することができます。

●「画像テクスチャ」を「ノード」で接続

それでは「シェーダーエディター」を使ってカッティングボードに「テクスチャマッピング」を行います。テクスチャの貼られていないカッティングボードのファイルを複製して「ノード」での「テクスチャマッピング」の扱いを試してみてください。

ボードのオブジェクトを選択すると「シェーダーエディター」に「プリンシプルBSDF」が表示されます。「アウトライナー」で選択してもOKです。

「Shading」ワークスペースに切り替えて、Windowsの「エクスプローラー」から使用する「テクスチャ」ファイルを直接「シェーダーエディター」にドラッグ＆ドロップします。

表示された「画像テクスチャノード」（board_diff.png）の出力ソケット「カラー」と「プリンシプルBSDF」の「ベースカラー」をマウスでドラッグしてつなぎます。

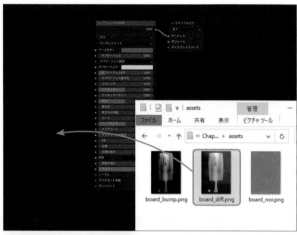

▲「エクスプローラー」から直接、ファイルをドラッグ＆ドロップ

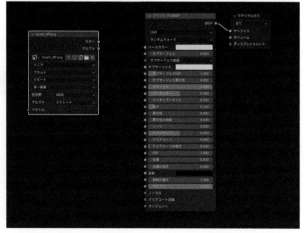

▲「board_diff.png」の「画像テクスチャノード」が表示される

260

　これで「ベースカラー」の「マッピング」が完了しました。感覚的にも非常に分かりやすく手間もかかりません！

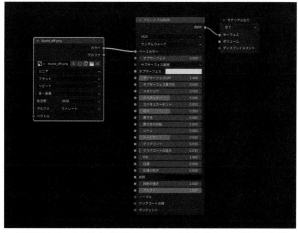

▲「接続線」でつながれた「画像テクスチャ」と「プリンシプル BSDF」

 Tips　ソケット間の接続線の形状切り替え

　初期状態でソケット間をつなぐ「接続線」は曲線の設定となっています。この「接続線」は直線に設定することも可能です。方法は**メニュー➡編集➡プリファレンス➡テーマ➡ノードエディター➡リンク曲線**の設定を0に設定してください。

　0から10の値で直線から曲線の強さを設定可能です。

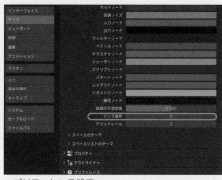

▲プリファレンス設定

▲曲線に設定した「接続線」

カッティングボードの
UV編集

マッピングされたテクスチャがオブジェクト上にどのように配置されるかを決めるのがUVの作成と編集です。

　カッティングボードとハトメ金具には「マテリアル」を設定しテクスチャ画像を読み込みました。後は「UV」を調整して「テクスチャ」と「メッシュ」の位置関係を調整するだけです。

1 ● 「UV Editing」ワークスペース画面

　UV作成と編集作業の中心は「UV Editing」のワークスペースです。

　左の「UVエディター」にはカッティングボードの画像、右の「3Dビューポート」にはカッティングボードのシェイプを「トップ・平行投影」で表示し、「編集モード」に設定しています。

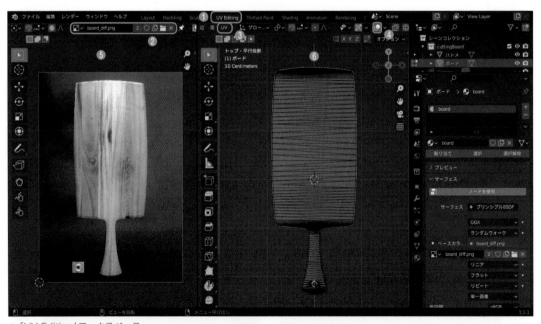

▲「UV Editing」ワークスペース

❶「UV Editing」ワークスペース

　左に「UVエディター」、右に「3Dビューポート」が表示されます。

❷「リンクする画像の閲覧」

　リンクする画像を選択します。

❸「UVメニュー」

　「UV展開」や「シーム」に関するメニュー項目です。

❹「マテリアルプレビュー」モード

　「UV編集」している画像を確認するために「マテリアルプレビュー」モードを選びます。

❺「UVエディター」

　「UV編集」を行う画面です。

❻「3Dビューポート」

　「メッシュ」の操作を行うための画面です。

※「UVメニュー」やシェーディングのボタンが隠れている場合は、メニューやツール上で [MMB] を回転させてスクロール表示してください。

　「3Dビューポート」内で [A] を入力し、カットボート全体を選択します。「シェイプ」を全て選択すると「UVエディター」画面に既存の「UV」が表示されます。

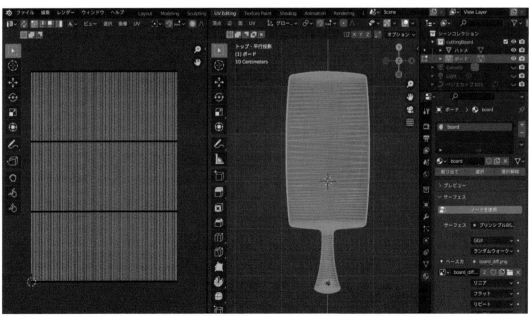

▲「シェイプ」を全て選択すると既存の「UV」が確認できる

既存の「UV」は使いづら
いので新たにを作成しま
しょう。**ヘッダーメニュー
➡UV➡ビューから投影**を
選び「UV」を作成します。

「ビューから投影」は「UV
展開」方法の1つです。

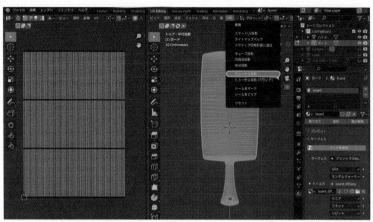

▲「ビューから投影」を選択

「UVエディター」にカッ
ティングボードの「UV」が
表示され、「3Dビューポー
ト」のメッシュにはカッ
ティングボードのテクス
チャが表示されます。

この「UV」は平面的に見
えますが実際にはカッティ
ングボードの表裏、上下左
右全ての「UV」が含まれて
います。

本来であれば「テクス

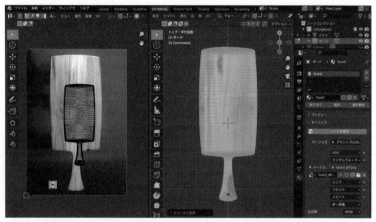

▲「ビューから投影」で作成された「UV」

チャ」画像も全ての方向を用意して、しっかりと分割して位置合わせをする必要もありますが、このよう
に単純な木目であれば裏表同じ「テクスチャ」でも問題ないでしょう。また、横の面は「テクスチャ」が多
少伸びるでしょうが今回はこちらもそのままにしましょう。

※作業後に「テクスチャ」の伸びとはどのようなものか確認してくださいね。

「UV編集」画面で「UV」の大きさや位置をテクスチャに合わせます。

「UV編集」画面では「移動」「回転」「スケール」が利用できます。

全て選んで、クスチャより少し小さいくらいに調整し、柄の付け根あたりを位置合わせしましょう。

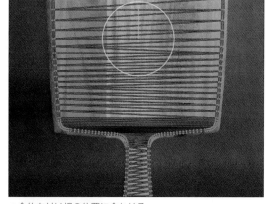

▲全体を付け根の位置に合わせる

全体の「スケール」調整だけでは無理がありそうです。

選択ツールでボード部分を選択して大きさと位置を調整します。

▲ボード部分の位置、大きさを調整

次に**ヘッダーメニュー➡選択➡反転**を選び柄の部分を選択し、「テクスチャ」に合わせて変形します。

UVがカッティングボードの画像から少しでも出ていると背景が入り込んでしまうので、小さめにサイズ調整してください。

ここでは「トランスフォーム」で大きさを調整しましたが、「3Dカーソル」を利用してスケールの中心位置を変えるなど、方法は自由です。

※実際のテクスチャでは、はみ出しに備えて背景にも類似した色を設定しておくのが安全です。

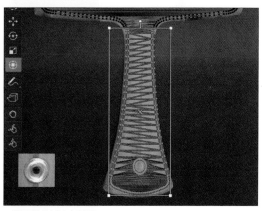

▲柄の部分だけを調整

「UV」の調整と同時に「テクスチャ」も確認しましょう。「テクスチャ」が何も見えない場合は「3Dビューポート」の「シェーディングモード」を確認してください。「テクスチャ」が表示されるには「マテリアルプレビュー」モードか「レンダープレビュー」モードが選択されている必要があります。

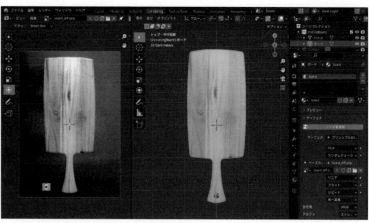

▲「UV」が調整され「テクスチャ」が表示されました

カッティングボードの調整が終われば、次はハトメ金具にも同様に「UV」の調整を行いましょう。

ハトメ金具を「選択モード」で全選択すると、「UVエディター」画面に既存の「UV」が表示されますが、こちらも無視して新たに作成しましょう。**ヘッダーメニュー➡UV➡ビューから投影**を選びます。

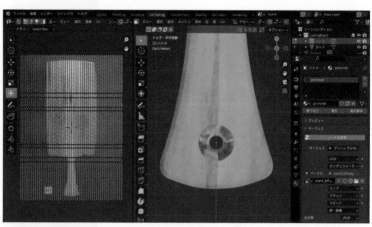

▲「UV」の展開

「ビューから投影」によって作成されたハトメ金具の「UV」が中央に表示されます。

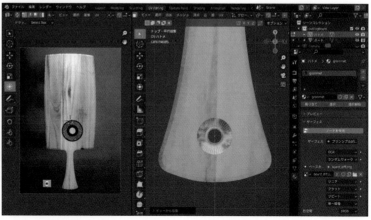

▲中央に表示されたUV

　ハトメ金具の「UV」を金具の画像まで移動させて大きさを調整します。もし楕円形に変形している場合は「スケール」ツールで正円に近づけましょう。

▲大きさと位置を調整

　「UV」の大きさと位置を上手く調整できれば、金属質のハトメ「テクスチャ」が表示されるでしょう。こちらも「UV」は画像よりも少し小さめに調整しましょう。

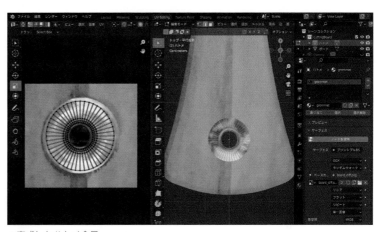

▲完成したハトメ金具

ついに「テクスチャ」の「UV編集」を行ったカッティングボードが完成しました！

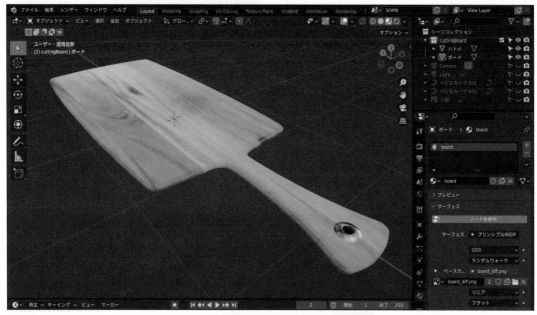

▲完成したカッティングボード

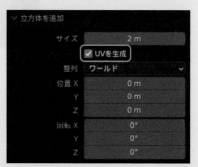

2 ● 「バンプマップ」と「ノーマルマップ」の接続

　最後にボード本体に設定した「ベースカラー」以外の「バンプマップ」と「ノーマルマップ」の「ノード」について簡単に紹介します。「バンプマップ」と「ノーマルマップ」はどちらも凹凸を疑似的にレンダリングするための「マッピング」です。

　「バンプマップ」はグレースケール画像、「ノーマルマップ」は通常、ブルーの画像です。細かい凹凸は「バンプマップ」、ライティング効果の反映する起伏は「ノーマルマップ」の利用が考えられます。もちろん併用することも一般的です。

　テクスチャ画像は「ファイルブラウザ」から「シェーダーエディター」へも、直接ドラッグ＆ドロップ可能です。board_bump.pngとboard_nor.pngを読み込みましょう。

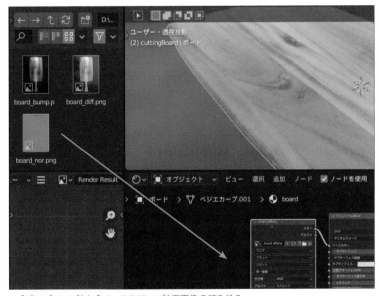

▲「バンプマップ」と「ノーマルマップ」用画像の読み込み

画像以外に必要な、「バンプノード」は**ヘッダーメニュー➡追加➡ベクトル➡バンプ**で追加し、「ノーマルマップノード」は**ヘッダーメニュー➡追加➡ベクトル➡ノーマルマップ**で「シェーダーエディター」に追加してください。

各「ノード」の接続、設定値は画面スナップショットを参考にしてください。

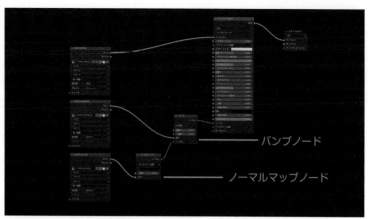

▲ノードコネクション（全体）

カッティングボードを作例とした「テクスチャマッピング」と「UV」作業は如何でしたか。

どちらも最も単純な手順と設定例を紹介しましたが、それでも多くの知識が必要です。「ノード」と言った見た目にも難しそうな設定も行いましたが、「テクスチャ」や「UV」の編集作業は作品のクォリティを左右する重要な要素です。

習得には時間を必要としますので、焦らずじっくりと取り組んでください。

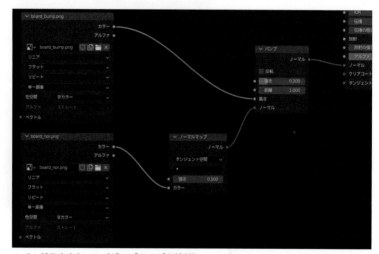

▲ノードコネクション（バンプマップの接続）

Chapter 6
6-7

ミルクパックの
UV作成と編集

SampleFile　Chapter6-6_milkPack

　カッティングボードのマテリアル設定では「UV編集」は行わず、大きさだけを調整しました。ここではさらに「UV編集」らしい作業を試し、「テクスチャマッピング」を行います。カッティングボードのUVに比べれば随分と複雑ですが、基本的な作業方法が紹介していますので次のステップアップへの足がかりにしてください。

1 ● モデルの確認とマテリアル設定

　今回「テクスチャマッピング」と「UV展開」を試すミルクパックのモデルはこちらで用意しました。
　モデリング時に心がけたことは、できるだけシンプルなUV構成になるように、そして少しでもリアルに作成することです。

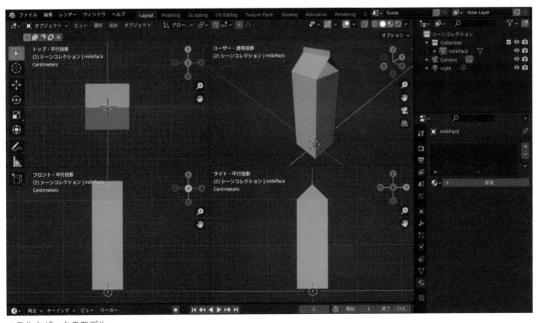

▲ミルクパックのモデル

作成したミルクパックの特徴を少し確
認しましょう。

UV構造はメッシュ構造が直接反映され
ますので、できればメッシュ構造も単純に
したいところです。

ミルクパックのモデルでも可能な限り
単純化しましたが、紙の厚みや角の表現な
どのためにメッシュに少し複雑な部分が
発生しています。

「UV編集」の際には注意深く作業を進め
てください。

※スクリーンショット画像ではメッシュのワイ
　ヤーフレーム表示を有効にしています。

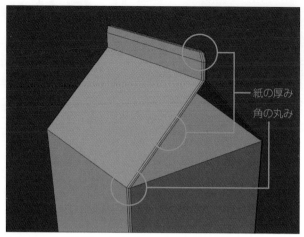

▲ディテールにこだわったメッシュ

 ## メッシュのワイヤーフレームを表示

モデリングのポリゴンの状態を確認するために
シェーディングにワイヤーフレームを表示してみ
ましょう。

　表示設定は**オブジェクトモード➡ビューポート
オーバーレイ➡ジオメトリのワイヤーの項目の**

▲ジオメトリのワイヤーを有効に設定

　テクスチャ画像は、市販されているミルクパックをハサミで展開し、スキャニングしました。メーカさんには本書使用のために使用許可を頂きました。

　実物をベースに行う「UV展開」はイメージし易く練習材料には最適です。家にあるパッケージで試すのも楽しいでしょう。

▲展開してスキャニングしたパッケージ画像

　先ずミルクパックに新規の「マテリアル」を割り当てて、用意した画像で「マッピング」を行います。UVが設定されていないモデルなのでまだ何も表示されません。

※カッティングボードの「テクスチャマッピング」と「マテリアル」設定を思い出しましょう。

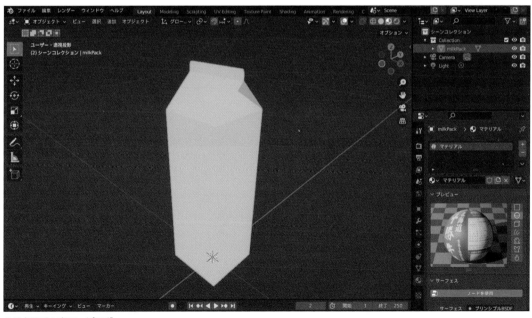

▲テクスチャをマッピング

2 ● UV展開の種類

次に「UV展開」を行いますが、ここではミルクパックの展開方法を決める前に、Blenderに用意され
ている展開の種類を確認してみます。

全て初期値で「展開」を行っていますので、設定値等の紹介は割愛します。

「UV展開」とは立体の「メッシュ」を平面状に展開する場合、どのように平面に変換するかの方法です。

簡単に言えば、立体物を平面にするために何処を切れば良いかの設定です。

「UV展開」は各ワークスペースの「編集モード」のUVメニューから可能です。

ここでは展開した結果をすぐに確認するために、「UV Editing」ワークスペースを利用します。

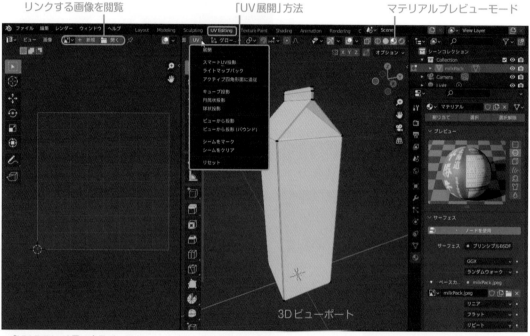

▲「UV Editing」ワークスペース

●「展開」

　基本的な「展開」を行います。「シーム（つなぎ目、切り目）」《👉 InDetail「シーム」280ページ参照》を設定している場合はこちらを利用するとよいでしょう。「シーム」を設定せずに「展開」を行うと少し残念な結果を目にするかもしれません。

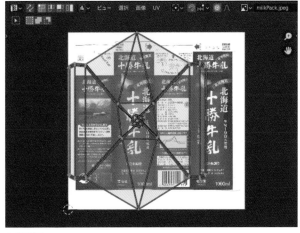

▲「展開」

●「スマートUV投影」

　メッシュを構成する角度から自動的にシームを入れる場所を判断してUVを展開します。

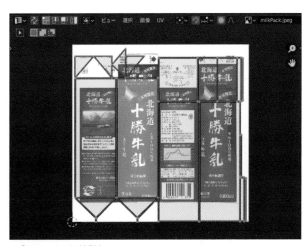

▲「スマートUV投影」

●「ライトマップパック」

　可能な限りUV境界内にUVをレイアウトして詰め込みます。

　ライティングによる陰影情報を含んだ「ライトマップ」用のUVです。

▲「ライトマップパック」

●「アクティブ四角形面に追従」

　選択されたアクティブな面をもとに直線状にUVを展開します。

　湾曲した面を直線状に展開するのに便利です。

●「キューブ投影」

　「シーム」の設定を無効にして、6方向からの投影を重ねて表示します。

　ミルクパックの「UV展開」として使えそうですが、重なるUVを整理する必要があります。

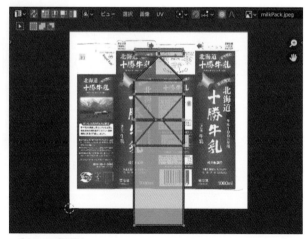

▲「キューブ投影」

●「円筒状投影」

　筒状に巻くように「UV展開」を行います。設定によりビューの影響を受けます。

●「球状投影」

球体で囲むようにUV展開を行います。設定によりビューの影響を受けます。

●「ビューから投影」

3Dビューから見た視点でUVを展開します。

角度の変わらない静止画や単純な形状の「UV展開」には比較的便利です。

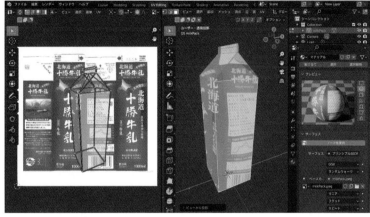

▲「透視投影」で「ビューから投影」

カッティングボードで使用した「フロント・平行投影」で「ビューから投影」です。

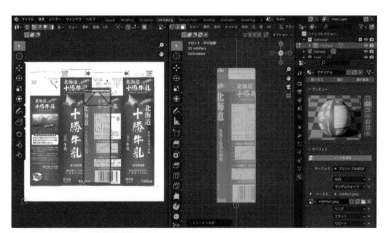

▲「フロント・平行投影」で「ビューから投影」

1 環境
2 基礎
3 メッシュ
4 カーブ
5 スカルプト
6 マテリアル
7 アニメーション
8 アーマチュア
9 レンダリング
10 関連情報

「ビューから投影」で展開したUVをUV
領域にフィットさせます。

▲「ビューから投影（バウンド）」

筆者が比較的よく利用するのは「展開」、「スマートUV投影」、「ビューから投影」ですが、今回のミル
クパックは、「スマートUV投影」で「UV展開」を行います。

3 ● スマートUV投影でミルクパックを展開

「3Dビューポート」は、テクスチャを確認するために「マテリアルプレビューモード」に設定してくだ
さい。それでは「編集モード」で展開するオブジェクトを [A] で全選択し、**ヘッダーメニュー➡UV➡ス
マートUV投影**を選びます。「スマートUV投影」の設定が表示されますが、初期設定のままで [OK] ボ
タンを押してください。

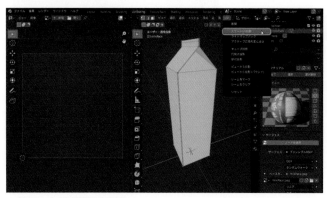

▲「スマートUV投影」を選択

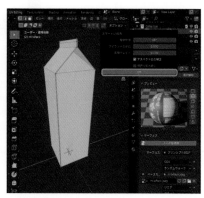

▲OKを選択

「スマートUV投影」を適用すると、左の「UVエディター」に展開されたUVと画像が表示されます。

　右の「3Dビューポート」のオブジェクトには、テクスチャがプレビュー表示されます。

　「スマートUV投影」で展開した直後は「UVエディター」にテクスチャが大きく表示されているかもしれません。その場合は、[MMB] でズームアウトして全体が見えるように調整してください。

※「UVエディター」にテクスチャが表示されない場合は「リンクする画像を閲覧」《👆「UV展開の種類」2/4ページ参照》から「milkPack.jpeg」を選んでください。

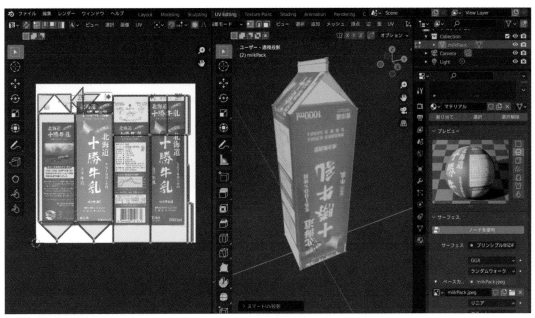

▲「展開」されたUV

「シーム」

InDetail

「シーム」とは、つなぎ目のことですが、何処でUVを切るかと言った意味で捉えたほうが分かり易いでしょう。

ハサミを入れる部分を制作者が決めておき「展開」することによって、より扱い易い「UV」を作成できるのです。

ここでは簡単な「シーム」の設定と「展開」を紹介します。

スクリーンショット画像は「シーム」を一切設定せずに**ヘッダーメニュー➡UV➡展開**したUVの状態です。

この先どう扱えばよいのか途方に暮れてしまいますね。

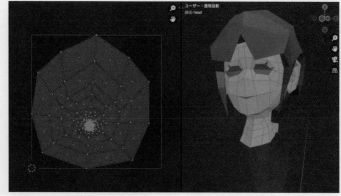

▲「シーム」を設定しないで「展開」

●シームをマーク

次にUVの切りたい部分を「シーム」として設定し展開します。「シーム」の設定は「辺」を選択し、**ヘッダーメニュー➡UV➡シームをマーク**を選ぶことによって可能です。「シーム」は赤い線で表示されます。

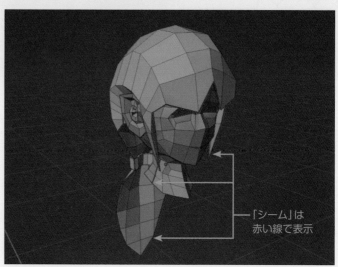

「シーム」は
赤い線で表示

▲「シーム」をマーク

このとき、「UVエディ
ター画面」で**ヘッダーメ
ニュー➡UV➡ライブ展
開**にチェックを入れてお
くと「シーム」が適用され
たと同時にUVが展開さ
れ、メニューから「展開」
を選ぶ必要がありませ
ん。

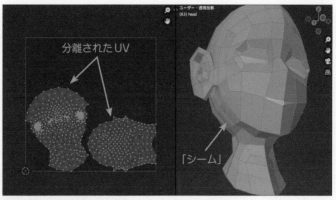

▲「シーム」でUVが分割された

● **UVを整理する**

顔以外に髪や髪飾りも
「シーム」を設定し「UV」
を展開しました。

展開した後に大きさや
角度、場所などを調整し
ています。

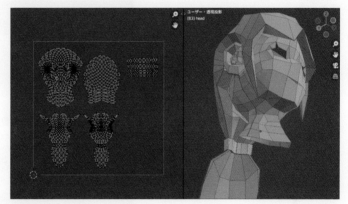

▲整理された「UV」

● **UVの書き出し**

最後に編集した「UV」を、テクスチャ作成のためのガ
イドライン用の画像を書き出しましょう。画像の書き出
しは「UV」を全て選び、「UVエディター画面」で**ヘッダー
メニュー➡UV➡UV配置をエクスポート**で行います。

書き出しファイルの形式はデフォルト設定のPNG形
式以外にSVGやEPSでも可能です。

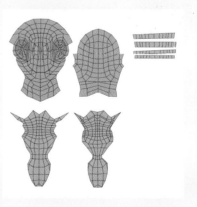

書き出された「UV配置」▶

「伸縮」と「大きさ（縦横比）」の確認

InDetail

　単純な平面で構成されているミルクパックでは「伸縮」、「大きさ（縦横比）」の調整はほぼ不要となりますが、UVを正しく展開、編集するためにはこれらの知識が必須です。

　「伸縮」はテクスチャの伸びや縮みとして現れ、「大きさ（縦横比）」の不揃いはテクスチャの大きさの不揃いとして現れます。

●「伸縮」の確認方法

　「伸縮」は**UV編集➡オーバーレイを表示➡ストレッチを表示**のチェックを有効にしてください。

　青から赤に至る色で表され、赤に近付くほどそのUVに大きな「伸縮」が存在することを示しています。

　理想は青色一色ですね。

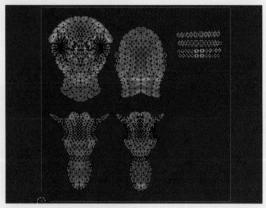

▲UVに表示された「伸縮」の状態

●「大きさ（縦横比）」の確認方法

　「大きさ（縦横比）」の確認は「カラーグリッド」画像を作成してマッピングします。

　リンクする画像の**新規➡生成タイプ**のプルダウンで「カラーグリッド」を選択して作成しましょう。

　グリッドの形ができるだけ正方形に近く、大きさにバラツキの無いことが理想です。

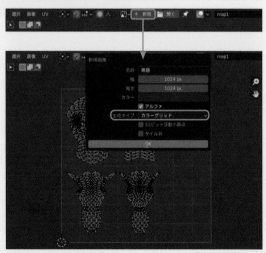

▲「カラーグリッド」の作成

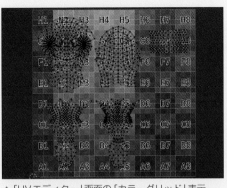

▲「UVエディター」画面の「カラーグリッド」表示

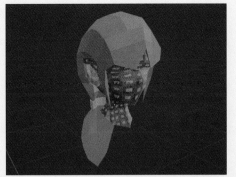

▲「3Dビューポート」画面の「カラーグリッド」表示

　Blender標準のカラーグリッドは便利ですが、少し派手すぎて確認し辛い場合は、「カラーグリッド」や「チェッカー」のキーワードでインターネットで探してみてください。

4 ● UVエディタの基本操作

　「UV展開」を行った後は、手作業による「UV編集」を行います。

　「UV編集」では「選択」／「移動」／「反転」／「回転」／「スケール」などの操作が主となります。作業に慣れると自分のお気に入りの効率的な操作方法も生まれますが、最初は繰り返しシンプルな手順で編集しましょう。

●「選択」

　まずUVの選択に関して重要な「同期選択有効」と「同期選択無効」のモードに関して理解しましょう。

・同期選択有効

　「同期選択」のボタンアイコンをクリックすることで「同期選択」が有効となります。

　「UV編集」画面の選択と「3Dビューポート」の「編集モード」画面の選択が同期して表示されます。

　「同期選択」では❶「頂点」、❷「辺」、❸「面」の選択モードが選べます。

同期選択有効

「同期選択」を無効にすると、「UV編集」画面には「3Dビューポート」で選択されている頂点、線、面のみが表示されます。選択には各要素の他「アイランド」選択が可能です。

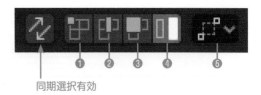

同期選択有効

❶**頂点選択**

❷**辺選択**

❸**面選択**　UVを個別に動かすためには面選択を選んでください。

❹**アイランド**（一群のつながったUV面）

❺**吸着選択モード**

「吸着選択モード」では選択時に他の頂点をどのように吸着させるかを決めることが可能です。

・無効：吸着しない。

・同じ位置：同じ位置の頂点を共有しているUVを吸着します。

・共有：同じ頂点を共有するUVを選択します。

●「移動」／「回転」／「スケール」

選択されたUVは、通常のオブジェクトと同様のツールによって、「移動」、「回転」、「スケール」が可能です。

5 ●「UV編集」作業の実例

それでは実際にミルクパックのUVの編集を進めましょう。

●邪魔なUVを移動しよう

展開したUVはテクスチャ画像の上に重なり少し邪魔なので、いったん全てを選択して「移動」ツールで画像の外へ出します。

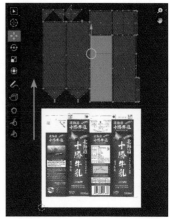

画像の外に出したUV ▶

●正面を決める

次に「3Dビューポート」画面でミルクパックの正面を決めます。

同期選択が有効にされているので、「UV編集」画面でも対応している「面」が選択されます。面を選択したときにどのUVが選択されるか確認しましょう。

本書の例では、－Y方向を正面として、反時計回りにテクスチャ画像と対応させます。

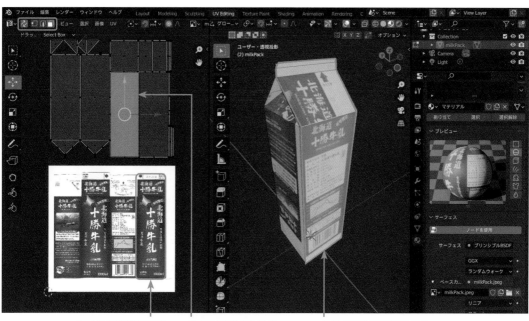

❹これが正面なので、
　UVをここに移動

❸対応する「UV」が
　選択される

❶この面を正面に決めた
❷「面」をクリック

▲ミルクパックの正面を決める

●選択、ツール、オペレーターパネルの利用

移動するUVを選択する場合、同時に動かす必要のある「面」もしっかりと確認して選択してください。「UV編集」、「3Dビューポート」画面のどちらでも選択可能ですが「3Dビューポート」画面で [Shift] を押しながらクリックすると容易に選択できます。

※「アイランド」選択を利用する場合は「吸着選択モード」の設定に注意してください。

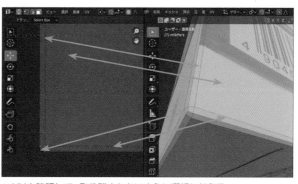

▲UVを確認して、取り残されないように選択に加える

必要なUVが全て選択できれば、正面となる画像の場所に「移動」させます。

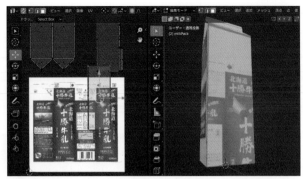

▲UVを移動

必要な場合は「スケール」や「回転」を利用してUVをテクスチャ画像に合わせてください。

「UV編集」画面は平面ですので[G]（移動）／[R]（回転）／[S]（スケール）などのホットキーを使用すると効率良く編集可能です。絶えず「3Dビューポート」のプレビューを確認しながら調整しましょう。

もし画像や文字が反転表示されている場合は、**[RMB]➡UVコンテキストメニュー**から「ミラーX」や「ミラーY」でUVの反転を行ってください。

▲位置合わせやスケールで微調整

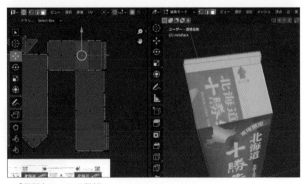

▲「回転」ツールで回転

正確な回転角度は少し回転させた後に、「オペレーターパネル」で数値設定を行います。

▲「オペレーターパネル」で数値設定

特に写真やイラスト、文字などがUVの境界にある場合はズレが目立ちます。つなぎ目をしっかりと合わせるように配置しましょう。

▲つなげる部分を確認 　　　　　　　イラストがつながった

最も上部の部分も「3Dビューポート」でクリックして選択しましょう。こちらも「回転」、「移動」、「スケール」で調整できます。

側面は紙の色を設定する予定ですので白い場所に配置できればどこでもよいので、選択はしていません。

▲「オペレーターパネル」で数値設定

方向を制限した「スケール」([S] ➡ [X]
などでX軸方向のスケール)の使用などを
利用すると変形がより簡単に行えます。

▲文字の変形に気を付けて

注ぎ口の部分は少し複雑です。
対応するUVを探します。

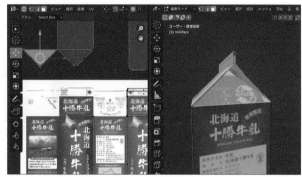

▲「回転」ツールで回転

テクスチャ画像の上へUVを移動させ
て、場所と回転角度を確認します。
　画像の上で組み立てるには場所が狭い
ので、UVを一旦広い場所へ移動させて基
本の形を組み立てましょう。

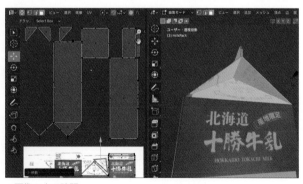

▲画像の上で確認

●「UV」をさらに細かく編集

対応するUVを近くに配置し「辺」選択に切り替えてピタリと一致させたい「辺」を選択します。

1つの「辺」を選択するともう片方も自動で選択されます。

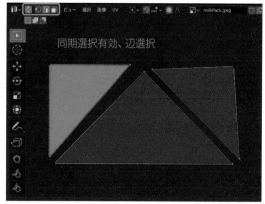

▲「辺」を選択

[RMB] ➡ UVコンテキストメニュー ➡ スティッチを適用して「辺」を同じ位置にまとめます。

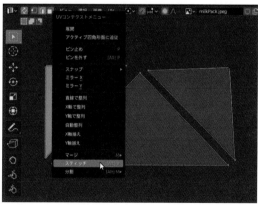

▲「スティッチ」を適用

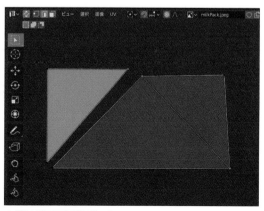

▲「辺」が同じ位置に揃った

残りの三角も同様に組みました。

少し形がいびつなので「頂点」を移動させて形
を整えましょう。

「UV同期選択」を無効にし、揃えたい「頂点」を
選択します。

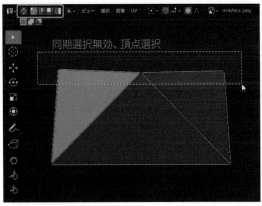
▲「頂点」を選択

**[RMB]➡UVコンテキストメニュー➡X軸揃
えやY軸揃え**で効率良く「頂点」を揃えることが
可能です。

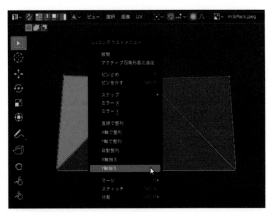
▲「X軸揃え」や「Y軸揃え」で位置揃え

注ぎ口の部分のUVの組み合わせが完了しまし
た。

あとはこのUVをまとめて、対応するテクス
チャ画像の上に配置すれば完了です。

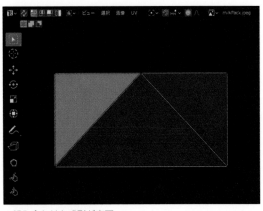
▲組み合わせと成形が完了

●割り切りも大切

　例えばテクスチャ柄を必要としない紙の側面や底のUVなどは、まとめてテクスチャの白い紙の部分に配置してもOKです。

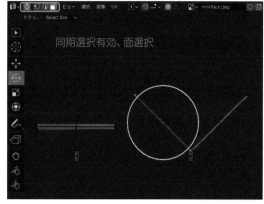

▲側面の「UV」

パッケージの印刷のない部分に配置しました。

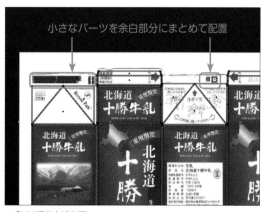

▲「UV編集」が完了

　UVを整理して配置の完了したミルクパックです。

▲正しく配置されたテクスチャ

1　環境
2　基礎
3　メッシュ
4　カーブ
5　スカルプト
6　マテリアル
7　アニメーション
8　アーマチュア
9　レンダリング
10　関連情報

6 ● 調整と完成

最後に「スムーズシェード」と「ベベル」を適用して完成させましょう。

● 「スムーズシェード」

全体的に少し硬い感じがするので、紙製のミルクパックに近付けるために **[RMB]➡コンテキストメニュー➡スムーズシェード**を適用させました。

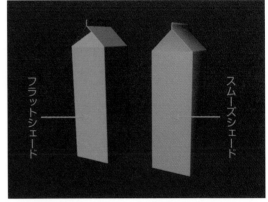

▲柔らかさを「スムーズシェード」で表現

● 「ベベル」

「メッシュ」も少し修正しましょう。「辺」で紙の折を表現するために「ベベル」を適用しました。

モデリングの際に作成することも可能ですが、「UV編集」の際に構造が複雑になるので今回は最後に処理を加えました。もちろんケースバイケースですがこのような手順もありです。

▲折を表現するために「ベベル」を適用

●完成

ミルクパックの「UV編集」が完了しました。

作成したテーブルとグラスを「アペンド」で取り込み、レイアウトしました。

グラス内部のミルクは、モデリングを行いマテリアルを設定しています。

※興味のある人はサンプルファイルを確認してくださいね。

▲完成した「ミルクパック」

レンダリング：Cycles、ビューポートレンダーによるスクリーンショット

サンプル数：1024

環境とライト：「シーンのワールド」

☞TRY　テーブルにもマテリアルを！

3-3で作成したテーブルセットにもマテリアルとテクスチャを設定してみましょう。

どのようにUVを展開するかは何度も試行錯誤してください。カラーのテクスチャとノーマルマップテクスチャは用意していますが、自分の気に入ったテクスチャをマッピングしてもOKです。

1 環境
2 基礎
3 メッシュ
4 カーブ
5 スカルプト
6 マテリアル
7 アニメーション
8 アーマチュア
9 レンダリング
10 関連情報

Tips ミルクパックのくぼみ

ミルクパックの上部のくぼみですが、このくぼみは「切欠き」（きりかき）と言って、500ml以上のパックに付けられた、目の不自由な方向けデザインの牛乳の印です。

低脂肪牛乳や加工乳等にはありません。パッケージのサンプルは牛乳ですので、本来「切欠き」をモデリングすべきですが、今回は簡易なモデル作成ということで省略させて頂きました。

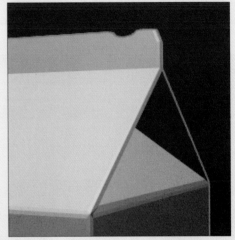

▲500ml以上の牛乳（ミルクパック）に必要な切欠き

 InDetail UV座標のUとVって何？

筆者にとってはUVの意味が大変気になり理解の妨げになったと記憶しています。平面座標を表す軸としてはXとYが一般的で既に使われています。そこで、3Dのテクスチャ座標を表すために「U」＝横座標と「V」＝縦座標の文字が選ばれたと考えれば良いでしょう。尚、XYにZ軸が存在するようにUVにもW軸が存在します。

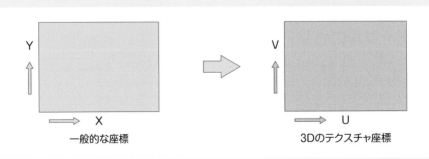

アニメーション

　アニメーションで最も大切なことは、対象の動きを良く観察することです。Blenderのアニメーション機能は強力です。少し前までは不可能だった1人アニメプロダクションも夢ではありません。

7-1 アニメーションの ワークスペース

　アニメーションは異なった状態を連続的に再生することによって表現されます。現在では3Dアニメーションに限らず、一見平面に見えるような従来の2Dアニメーションの多くも3Dソフトによって制作されています。このChapterでは、基本的なアニメーションの設定を実例を上げて説明します。
3Dソフトによるアニメーション制作では、どうしても細かい扱いや数値設定が必要となります。苦手意識が生まれそうになったときは、一先ず操作をまねて理解は後回しにしましょう。

1 ● 「Animation」ワークスペース

　「Animation」ワークスペースを確認しましょう。ワークスペースは分割が多く少しゴチャゴチャとしていますが、必要なものは「3Dビューポート」、「ドープシート」、「タイムライン」です。
　アニメーションに関係するエディタは他に「グラフエディタ」、「ドライバーエディター」、「NLAエディター（ノンリニアアニメーション　エディタ）」がありますが、先ずは「ドープシート」がアニメーション作業の基本になります。

カメラビュー　　　　　　3Dビューポート　　　　　　　　▼「Animation」ワークスペース

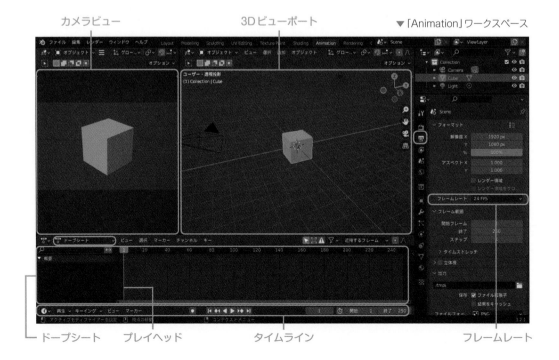

ドープシート　　プレイヘッド　　　　タイムライン　　　　　　フレームレート

2 ● ドープシートとタイムライン

「Animation」**ワークスペース**では初期設定として「ドープシート」と「タイムライン」が表示されています。「ドープシート」にはいくつかのモードが用意されていますが、本書では初期設定で表示されている「ドープシートモード」を利用します。

「ドープシート」は「キーフレーム」を編集するツールとして最も一般的なエディターです。「ドープシート」には選択されたオブジェクトの「キーフレーム」が表示されます。

▲ドープシート

「タイムライン」は簡易な「ドープシート」と言えるでしょう。表示を縦に広げると「ドープシート」が確認できます。

[自動キー挿入] ボタンやアニメーション操作のためのボタン類、開始と終了フレームの設定などが可能です。

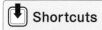

▲「タイムライン」のヘッダ

📥 Shortcuts

全体の移動	：[MMB] プレス＋ドラッグ
時間軸の拡大縮小	：[MMB] 回転
時間軸の上下移動	：[Shift] ＋ [MMB] 回転

ボールの移動
アニメーション

SampleFile | Chapter7-2_ball

　ここでは簡単なボールの動きを例にアニメーションの実例を説明します。ボールが移動する、転がる、ジャンプするといった一連の動作を設定してみましょう。

1 ● ボールの準備

　まず、ワークスペースを「Animation」に切り替えましょう。次にアニメーションの制作に使用するモデルとして簡単なボールを1つ作成します。

　画面の「立方体」を削除した後、**[Shift]＋[A]➡メッシュ➡UV球**で球体を追加します。「フレームレート」は30fpsに設定しましょう。

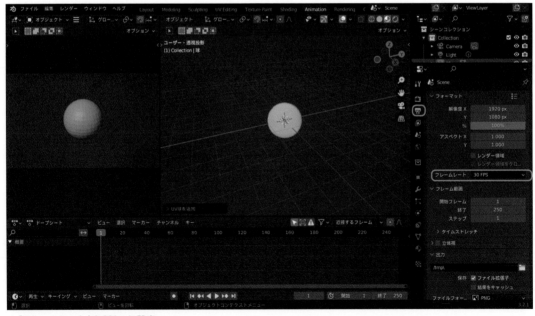

▲「フレームレート」を30fpsに設定

「フレームレート」(fps) とは1秒あたりの動画を何フレーム (コマ) の静止画で構成するかを表す単位です。少し古いアニメや映画では8fpsや24fpsも一般的でした。現在のビデオ動画では30fpsが一般的です。Blenderでは「出力プロパティ」の「フレームレート」で設定が可能です。

「UV球」を選択し、新規のマテリアルを適用させて「ベースカラー」に「ボロノイテクスチャ」を選びます。

「テクスチャ」の表示を確認するために「シェーディング」は「マテリアルプレビュー」に設定してください。

▲テクスチャに「ボロノイテクスチャ」を選択

「ボロノイテクスチャ」はBlenderにデフォルトで用意されている「プロシージャルテクスチャ」の1つです。ボールの動きを分かりやすく表示するために配置しました。「スケール」の値を2に変更して柄を大きくしましょう。

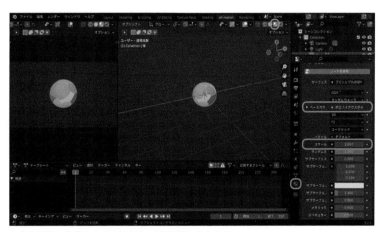

▲「UV球」に「ボロノイテクスチャ」を配置したところ

2 ● 移動アニメーションを設定

先ずは「キーフレーム」を2個所設定してボールが移動するアニメーションを設定してみましょう。

●キーフレーム

静止画の場合は1つの画面（状態）があるだけですが、アニメーション（動画）では複数の「**フレーム**」（画像）の変化によって時間の流れが発生し、動きを表現します。このとき、アニメーションの基本となる設定が「キーフレーム」です。「キーフレーム」とは動きの基点や転換点となる「フレーム」のことです。

例えば、丸いボールがA地点からB地点へ移動するアニメーションでは、最低2つの「キーフレーム」、A地点とB地点のボールの状態が存在します。別の言い方をすれば、違った時間に2つの「キーフレーム」を設定することによって、丸いボールがAの状態からBの状態へ変化するアニメーションが実現するのです。

作成したボールは「追加」した場所のまま、「プレイヘッド」が1フレーム目にあることを確認してください。ボールを「オブジェクトモード」で選び、ショートカット [I] を押して、表示される「キーフレーム挿入メニュー」から「位置」を選びます。

ヘッダーメニュー➡オブジェクト➡アニメーション➡キーフレームを挿入から「位置」を選んでも可能です。

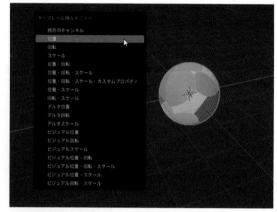

▲「位置」の「キーフレーム」を選択

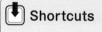 **Shortcuts**

キーフレーム挿入：[I]

シーン、カット、フレーム

「シーン」や「カット」は映像用語です。「カット」とは最も短い動画の単位で、通常はカメラの録画ボタンが押されてから放されるまでです。

「シーン」はカットから構成される意味のある場面の区切りで、脚本や演出によってもその区切りは変わります。

「フレーム」はビデオ用語で、静止した1画面を言い、1コマのフィルムや1枚のセルにあたります。

「ドープシート」に黄色いドットが打たれて、最初のフレームに「キーフレーム」が挿入されたことが確認できます。

黄色は「ドープシート」上で「キーフレーム」が選択されている意味を持ちます。

▲「プレイヘッド」位置に「キーフレーム」が打たれる

次の「キーフレーム」を挿入するために、「プレイヘッド」を指定の秒数まで移動させましょう。このアニメーションでは2秒で移動をするアニメーションを作成しますので、「プレイヘッド」を60の位置まで移動させます。「プレイヘッド」をドラッグして移動しても、「現在のフレーム」に60を入力して[Enter]を押してもどちらでもOKです。

※1秒30フレーム（30fps）なので2秒のアニメーションは60フレーム。

▲「プレイヘッド」を60に移動

「プレイヘッド」を移動させた後に、ボールの位置を移動します。X方向に「移動」ツールで適当に移動させてみてください。

本書例では、6.8m移動させました。

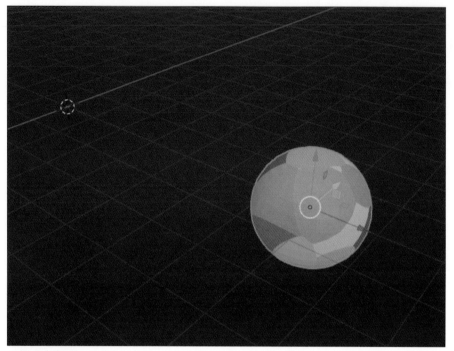

▲ボールを動かす

ボールの位置が決まれば最初に行った「キーフレーム」の設定と同様に [I] で60フレームの位置に「キーフレーム」を設定します。

これで簡単な「キーフレームアニメーション」の完成です。

▲60フレーム目に「キーフレーム」を打つ

　アニメーションの終了が初期設定のまま250フレームに設定されています。「終了フレーム」を100フレームに設定して少し短くしましょう。

　「終了フレーム」が設定できれば [再生] ボタンを押してアニメーションを再生してみましょう。

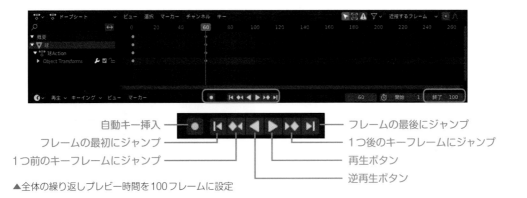

自動キー挿入 ————————→　　　　　　　　　　　　←———————— フレームの最後にジャンプ
フレームの最初にジャンプ ————→　　　　　　　　　　←———————— 1つ後のキーフレームにジャンプ
1つ前のキーフレームにジャンプ ——→　　　　　　　　←———————— 再生ボタン
　　　　　　　　　　　　　　　　　　　　　　　　　　←———————— 逆再生ボタン

▲全体の繰り返しプレビュー時間を100フレームに設定

どうでしょう？　ボールは上手く動いたでしょうか

　一般的な用語として規定されているわけではありませんが、「キーフレームアニメーション」とは、手作業により「キーフレーム」に必要な状態を作成し作成されたアニメーションを指します。

　その他の作成方法として数値演算やシミュレーション（モディファイアー）によるアニメーションなどがあります。

自動キー挿入

　「自動キー挿入」はオブジェクトを動かすたびに「キーフレーム」を自動的に作成する機能です。ボタンを押すことによって有効となりますが、対象のオブジェクトに「キーフレーム」が設定されている必要があります。また、「自動キー挿入」は

便利な半面、「キーイング」**どの変更要素を記録するか**などの設定にも注意を払う必要があります。本書ではどの要素をいつ登録するかを明確に意識するためにも手動による「キーフレーム」挿入を行っています。

3 ● 転がるアニメーションの設定

初めてのボールアニメーションですが、転がることもなく移動しているので少し変ですね。

よりリアルにするためにボールを転がしてみましょう。

ボールを転がすためには「回転」を設定します。「プレイヘッド」を1フレームに戻して、再度 [I] を押して表示される「キーフレーム挿入メニュー」から「回転」を選びます。見た目には何も変化はありません。

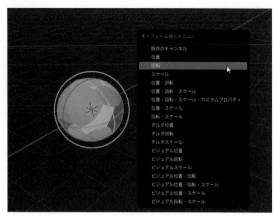

▲「回転」の「キーフレーム」を選

次の「キーフレーム」を挿入するために、「プレイヘッド」を60の位置まで移動させます。移動した場所でツールの「回転」を選び、1回転ほど回転させて再度 [I] を押して「キーフレーム挿入メニュー」から「回転」を選び「キーフレーム」を挿入します。

注意するのは、このボールは画面左から右に移動しているので、回転は時計回りに動かしてください。なお、数値設定する場合は少し回転させた後に**サイドバー➡アイテム➡回転➡Yの値に360**を入力してください。

※動きの結果が少し違ってきますので「オペレーターパネル」の角度には入力しないでください。

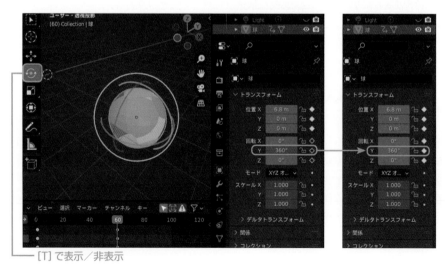

── [T] で表示／非表示

▲「サイドバー」の「回転」Yに360を入力

　設定ができれば「タイムライン」の [再生] ボタンを押してアニメーションを確認してみましょう。ボールは転がりながら移動しましたか？

　実際はボールの円周、移動距離、移動時間などによって回転角度が決まるなんてことになるのですが、ここでは少々滑った感じのアニメーションでもよいでしょう。回転しながら移動するアニメーションの完成です。

👆TRY　移動距離を少し正しく？

　Blender の初期設定はメートルなので、このボールは直径 **2m のボール** なんですね。つまり **円周は約 6.28m** です。1回転で 6.28m 進めばよいので 60 フレームに移動して「位置」の **X の値に 6.28 を入力** して再度 [I] ➡位置で「キーフレーム」挿入を行ってください。これで少し正しいアニメーションに近付きました。

---

4 ● 跳ねるアニメーションの設定

　次はこのボールに跳ねさせましょう！

　中間の 30 フレーム (1 秒) で Z 方向に移動して放物線を描くように設定します。先ず、「プレイヘッド」を **30 フレーム** に移動させましょう。

▲「プレイヘッド」を 30 フレームに移動

　次にボールを Z 方向に持ち上げます。

　数値設定を行う場合は **オブジェクトプロパティ➡位置➡Z の値に 4m** 程度の数値を入力しても OK です。

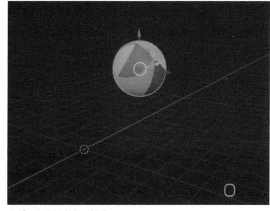

▲ボールを Z 方向に移動

位置が決まればショートカット [I] を押して表示される「キーフレーム挿入メニュー」から「位置」を選びます。

▲ボールが一番上の位置で「キーフレーム」作成

設定ができれば [再生] ボタンを押してアニメーションを確認しましょう。

ボールが回転しながら放物線を描いて、宙に上がり落ちてきました。しかし60フレームで地面に落ちるとピタリと止まってしまうなど、色々と残念なアニメーションです。

もう少し改善してみましょう。いきなり止まるのでなく、ボールを跳ねさせます。

ボールを選択し、「ドープシート」の「Object Tranceforms」の左側三角のアイコンをクリックして展開してください。

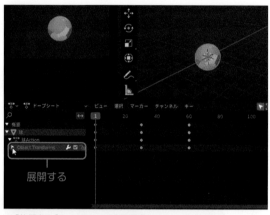

▲「位置」の「キーフレーム」を選択

❶「Z位置」の30フレームにある「キーフレーム」を選択し（選択された「キーフレーム」は黄色く表示されています）、[RMB] クリックで表示される❷コンテクストメニュー➡補完モード➡ダイナミックエフェクト➡バウンスを選んでください。

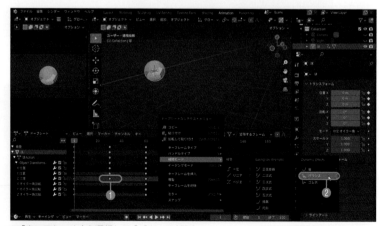

▲「キーフレーム」を選択して「バウンス」設定

▲「バウンス」を示す線が引かれる

　設定ができれば再生ボタンを押してアニメーションを確認しましょう。「バウンス」はボールのバウンドを模倣した、Blenderに用意されている「F－カーブ」のエフェクト設定です。2つ目の跳ねをもう少し高くなどと編集はできませんが動きの確認にはよいでしょう。

※「F－カーブ」は「グラフエディタ」で動きを制御するために利用されるカーブです。

「ドープシート」を少し詳しく

InDetail

　「タイムライン」と「ドープシート」は一見すると良く似ていますが、「ドープシート」は「ハンドルタイプ」の詳細表示や操作性の自由度など「タイムライン」にはない、幾つかの特徴的な機能を持っています。

　以下は「ボール」アニメーションの「ドープシート」です。

非選択キーフレーム　　　　　選択キーフレーム　　　サイドバー（[N]で開閉）

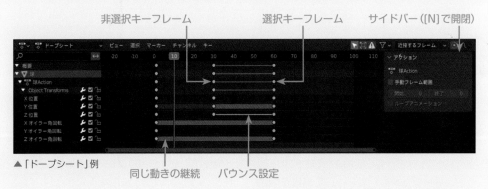

▲「ドープシート」例

同じ動きの継続　バウンス設定

　「ドープシート」では「キーフレームタイプ」と「ハンドルタイプ」を色と形によって設定の概要を簡単に知ることができます。

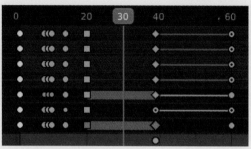

▲「キーフレーム」の表示例

　「キーフレームタイプ」による色分けは、「ムービングホールド」や「エクストリーム」などの「キーフレーム」に目印として適用します。

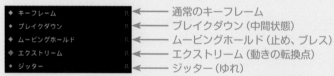

◆ キーフレーム	R	← 通常のキーフレーム
◆ ブレイクダウン	R	← ブレイクダウン (中間状態)
◆ ムービングホールド	R	← ムービングホールド (止め、ブレス)
◆ エクストリーム	R	← エクストリーム (動きの転換点)
◆ ジッター	R	← ジッター (ゆれ)

▲設定可能な「キーフレームタイプ」(「ベジェハンドル」フリーの状態例)

　「ハンドルタイプ」は「グラフエディター」で「キーフレーム」のカーブ制御を設定します。

フリー	V	← ダイヤモンド
整列	V	← 小さいダイヤモンド
ベクトル	V	← 四角
自動	V	← 円にドット
自動固定	V	← 円 (初期設定)

▲「ハンドルタイプ」の表示

Tips　0始まりか1始まりか

　「プレイヘッド」を60フレーム目に移動すると最初の「キーフレーム」位置に0フレームと表示されます。表示スケールの関係で1の数字が見えなくなっていますが気にしないでください。

　アニメーションの「フレーム」の開始が0か1かの設定は慣習的な約束事なのでグループなどで作業を行う場合は確認しておきましょう。本書では初期設定のまま使用していますが、変更する場合は「フレーム」の「開始」を0に設定してください。ボールの跳ねで中間地点の位置や角度に端数が発生するのは1〜60フレームと単純な設定を行っている関係です。厳密なループ(繰り返し)アニメーションを作成する場合は注意が必要ですが、こちらも今は気にする必要はありません。

5 ● 時間の調整

　「キーフレーム」を1回設定しただけで二度と編集できなくては、とても不便です。「ドープシート」では「キーフレーム」の全体の位置を移動したり、時間を伸ばしたり短くしたりといった「キーフレーム」設定後の修正が可能です。ボールのアニメーションを利用して時間の移動や調整を試してみましょう。

●「キーフレーム」の「移動」

　「キーフレーム」の「移動」は、「キーフレーム」を [LMB] で直接選択して移動可能です。選択した「キーフレーム」**選択**➡ [G] で移動すると、マウスポインタが離れていても「移動」が可能で、[RMB] クリックにより「移動」をキャンセルすることもできます。

　オブジェクト全体の「キーフレーム」を「移動」するには「概要」の特定の「チャンネル」だけを選ぶか「チャンネル」をたたんで全選択してください。
　試しにボールアニメーション全体の開始時間を修正してみましょう。
　「概要」を「選択ツール」で選択するか、[A] で全選択します。

　▲「チャンネル」をたたんで「選択ツール」で選択した場合

　[LMB] で「キーフレーム」ドラッグするか、[G] を押してアニメーション開始位置を**21 フレーム**まで「移動」してみます。

　▲21 フレームに移動

　「キーフレーム」の「移動」ができれば [再生] ボタンを押してアニメーションを確認してください。アニメーションの開始を2/3秒遅らせることができました。特定の「チャンネル」、例えば「回転」だけの「キーフレーム」の「移動」も可能です。
　「概要」を展開して**80 フレーム**にある「回転」のキーフレームだけを選択します。

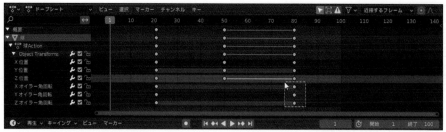

▲「回転」のキーフレームだけを選ぶ

　「回転」の3方向すべてを選ぶと実際に変化している値は**Y方向（Yオイラー角回転）**だけであることが分かりますが、分かりやすいようにすべてを100フレームまで「移動」させました。

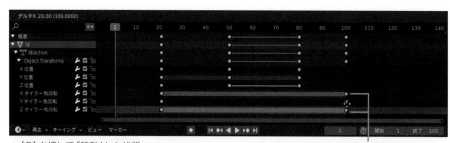

▲ [G] を押して「移動」した状態

XとZの値は変化していない

　設定が終われば [再生] ボタンを押してアニメーションを確認してください。ボールが落下した後も少しの間、回転が続きます。

●「キーフレーム」の「スケール」

　「スケール」は設定した「キーフレーム」のタイミング調整のために間合いを詰めたり、広げたりといったことが簡単に行えます。「ドープシート」では [S] で使用可能です。「スケール」を行うときの中心位置（時間）は「プレイヘッド」の位置になります。そのため「スケール」を行う場合は先ず「プレイヘッド」を目的の「フレーム」に移動させてください。

　それではボールアニメーションのファイルを利用して「キーフレーム」の「スケール」を試してみましょう。アニメーションの開始フレームを変えずに全体を短くします。「移動」と同様に、全体を「スケール」させる場合は概要「チャンネル」だけを選んでください。

「プレイヘッド」は**1フレーム**の位置に設定します。

▲「概要」チャンネルを選択して「プレイヘッド」を1フレームに移動

次に [S] を押して縮小します。

このとき、微調整を可能とするためにマウスポインタは「プレイヘッド」からじゅうぶんに離した位置で操作しましょう。

▲「キーフレーム」間を縮小！

設定ができれば [再生] ボタンを押してプレビュー確認です。アニメーションが少し早くなりましたか。

ボールのアニメーションでは「ドープシート」と「キーフレーム」の扱いの基本を紹介しました。アニメーションで最も重要な概念は「キーフレーム」です。動かないカットの始まり、動きの変換点には必ず「キーフレーム」が必要です。

3Dアニメーションでは「キーフレーム」と「キーフレーム」の間のフレーム（中割り）は自動で作成されるため、このような時間の調整が自由に行えるのです。

👆TRY　**アニメーションはタイミング＆リズム！**

バウンドが終わった後に少し転がりを継続させて、もう少しメリハリのある動きに修正してみましょう。

ヒント：X移動とY回転の調整を行い「キーフレーム」全体をスケールさせて動きを確認しましょう。

7-3 車を走らせる

SampleFile Chapter7-3_car

ここでは簡単な車のアニメーションを作成してみます。

車の走行には**タイヤが回転しながら移動する**といったアニメーションにとって大切な要素が含まれています。「ボールの移動」アニメーションでも、ボールが転がりながら移動するといったよく似た特徴を持っているようにも思えますが、「ボールの移動」アニメーションでは2つの「キーフレーム」の状態を設定したにすぎません。

車のアニメーションでは、動作の「ループ（繰り返し）」設定を利用します。「ループ」は人間の歩行（腕や足を振りながら歩く）や鳥の飛行（羽ばたきながら飛ぶ）などさまざまな動きに共通する考え方です。

1 ● 車の準備

アニメーションに使用する車のモデルは各自で作成してみましょう。最低限に必要なものはタイヤと車体です。

本書の車はとてもシンプルな作りです。タイヤには回転が確認できるように黄色の十字を「マテリアル」の「ベースカラー」で設定しました。1つのオブジェクトに対して複数の色を付ける方法は分かりますか？《「マテリアル」236ページ参照》

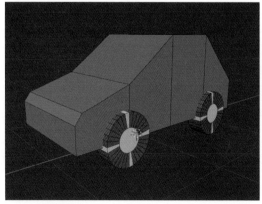

▲全体「透視投影」

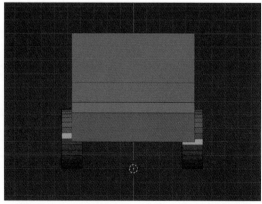

▲正面「フロント・平行投影」

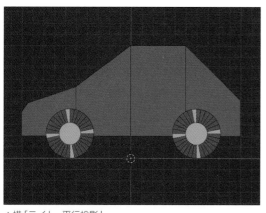

▲横「ライト・平行投影」

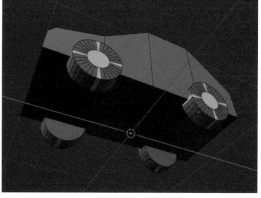

▲下面「透視投影」

　車のモデルを自作した場合は本書作例と同様の設定が行えるように、**車の正面を－Y方向に向けて「ワールド」の中心に置いてください。**タイヤは地面（Z方向のゼロ）に設置しましょう。

　アニメーション用のモデル設定に重要なことは、モデルが完成した際の「適用」と「原点」の位置設定です。不用意な「適用」を行うと「原点」の位置がリセットされてしまいますので、念のために設定の順序は**「適用」を行った後に「原点」の設定**を行いましょう。

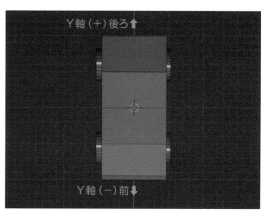

▲「トップ・平行投影」からのビュー

「適用」

「適用」はオブジェクトを選択して**メニュー➡適用**または **[Ctrl] + [A]** によって表示される「適用」の「コンテクストメニュー」から設定が可能です。「適用」メニューにはよく利用する項目がいくつかありますのでピックアップして紹介します。

❶「全トランスフォーム」

オブジェクトを操作すると、そのオブジェクトが持つ位置、角度、スケールといった情報は変化します。このときこれらの値を一度にリセットするのが「全トランスフォーム」です。このリセットは状態をそのままに、数値を初期化するものです。もちろんリセットしてはいけないケースもあります。個別の要素に「適用」したい場合は「位置」、「回転」、「スケール」などが用意されています。

❷「全トランスフォームをデルタ化」

「トランスフォーム」の値をリセットし、値をデルタ値に設定します。

❸「ビジュアルトランスフォーム」

コンストレイントの設定をオブジェクトの「位置」、「回転」、「スケール」に適用します。

❹「表示の形状をメッシュ化」

カーブやサーフェス、メタボールなどオブジェクトをメッシュ化します。

❺「インスタンスを実体化」

インスタンス複製されている「メッシュ」を分離し編集可能なオブジェクトにします。

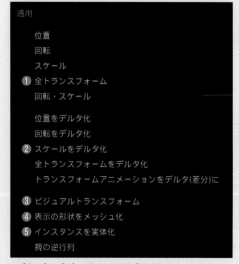

▲ [Ctrl] + [A] で表示される「適用」メニュー

Shortcuts

適用コンテクストメニュー：[Ctrl] + [A]

●「原点」の設定

次に「タイヤ」の「原点」設定を行いましょう。

タイヤの中心に「原点」を設定しなければ思ったように回転してくれません。

「原点」を一括で各「シェイプ」の中心に設定するには4つのタイヤと車の本体を選択し、[RMB] ➡ オブジェクトコンテクストメニュー➡原点を設定➡原点をジオメトリへ移動を適用します。

▲「原点」をリセット

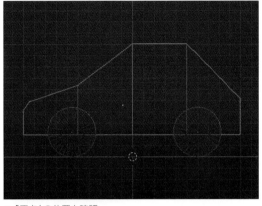

▲「原点」の位置を確認

●エンプティを追加してペアレント設定

車体とタイヤは用意しましたが、このままではバラバラで、まとめて動かすには色々と不便です。複数のオブジェクトを同時に動かす場合は、何かを「親」にして、他のオブジェクトはその「親」に紐付けます。移動などのアニメーションは「親」に対して設定するのが一般的です。「親」として使用するオブジェクトは自由ですが、通常はレンダリングされないオブジェクトを使用します。

ここではよく利用される「エンプティ」を追加してみましょう。「3Dカーソル」が「ワールド」の中心にあることを確認して [Shift] + [A] ➡

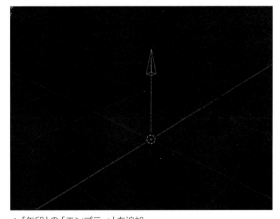

▲「矢印」の「エンプティ」を追加

追加のコンテクストメニュー➡エンプティ➡矢印で「矢印」の「エンプティ」を追加します。

ちなみに「エンプティ」は「画像」以外であれば何でもOKです。「エンプティ」の種類はアニメーションに関係しません。

1 環境
2 基礎
3 メッシュ
4 カーブ
5 スカルプト
6 マテリアル
7 アニメーション
8 アーマチュア
9 レンダリング
10 関連情報

追加した「エンプティ」は「回転」で車の進行
方向に向けて、「スケール」で大きさを調整しま
す。「矢印」の位置が車体からずれていても、ア
ニメーション設定に大きな支障はありません
が、中心がアニメーション設定の中心位置とな
るので、車の中心からあまり外れないようにし
ましょう。

調整した「エンプティ」に「適用」は行わない
でください。

「エンプティ」の場所が決まれば、[Shift] を押
しながら車体とタイヤすべてを選んで、**最後に**
「矢印」の「エンプティ」を選択し、[RMB]➡オ
ブジェクトコンテクストメニュー➡ペアレント➡オブジェクトを選んでください。

「親」に設定するオブジェクトを最後に選択して「ペアレント」を設定します。

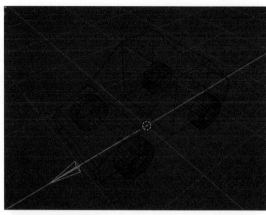

▲向きと大きさを調整

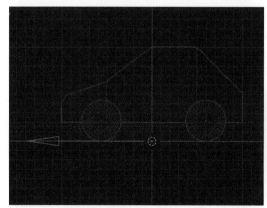

▲「エンプティ」の中心は車体の中心あたり、上下はタイヤの
接地面あたり

▲「エンプティ」は最後に選択して「ペアレント」設定

「ペアレント」が上手く設定できていれば、各オブジェクトと「エンプティ」の「原点」が破線でつながります。

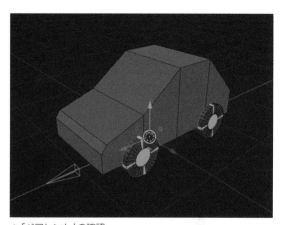

▲ペアレント化すると破線が表示される

「エンプティ」の矢印を「移動」ツールで前後に動かして「ペアレント」の確認をしてください。「エンプティ」の「矢印」の先端を持っても動かないので、「移動」ツールの矢印をマウスで動かしてくださいね。

▲「ペアレント」の確認

🔍 ペアレント
InDetail

親子関係を設定する「ペアレント」は単純な親子関係を設定し、親の動きが子に伝わります（子は自由に動くこができます）。

似たイメージの設定に「オブジェクトコンストレイント」があります。

こちらは「制限」の意味で、オブジェクトに制限を設ける「モディファイア」です。

「トランスフォーム」や「パスの追従」などペアレントのと同様の制限がより細かく設定可能です。

Tips エンプティって何？

文字通り空（から）の実体の無いオブジェクトです。

他の3Dソフトやアニメーションソフトでも見られる「ヌル」「空」「ロケーター」といったものと同様のオブジェクトです。レンダリングされることも無いので「ペアレント」のための親や「キャラクターリグ」のために利用されます。同様の理由で「カーブ」の利用も一般的です。

「画像エンプティ」は画像の読み込みが可能な「エンプティ」でいくつかの設定項目があります。その他の「エンプティ」は移動、回転、スケールのみが可能です。何種類かの形状が用意されていますので見た目の目的に合わせて自由に使用できます。

▲Blenderのさまざまな「エンプティ」

2 ● タイヤに回転を加える

「エンプティ」との「ペアレント」設定によって車のコントロールができるようになったので、次にタイヤに回転の設定を加えましょう。本書では紙面の関係もあり「Animation」ワークスペースを使用していますが、設定可能であればどのワークスペースを使用してもかまいません。

●キーフレームの設定

一つのタイヤ（左の前輪）に「回転」の設定を行い、動きを確認した後に残りのタイヤを設定します。「フレームレート」は**30fps**に設定しています。

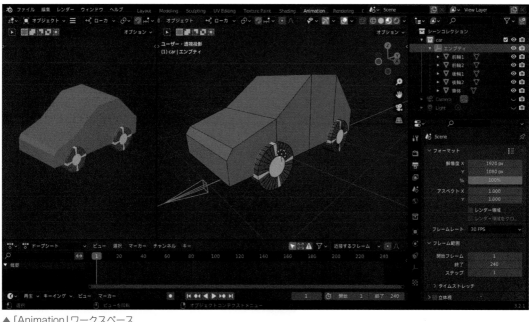

▲「Animation」ワークスペース

　タイヤ（左の前輪）を選択し、**1フレーム目**に「キーフレーム」を挿入します。今回はボールのアニメーションとは違った方法を試してみましょう。

　ここでは**オブジェクトプロパティ➡回転Xの値に0**を入力して、右側に表示されているダイヤ型のボタンを押して有効にしてください。このボタンは「キーフレーム」の入力ボタンで、コンテクストメニューよりも素早く各プロパティに対して「キーフレーム」の設定が可能です。

　「ドープシート」の1フレーム目に「キーフレーム」が設定されたことを確認しましょう。

▲1フレーム目に回転Xの値に0を設定

次に「プレイヘッド」を30フレームに移動させます。こちらへは、**X の値に360を**入力して同様に「キーフレーム」を挿入します。

回転のアニメーション設定ができれば、終了フレームを適当に短く設定して動きを確認しましょう。

一度だけ回転して、あとは停止のタイヤアニメーションが設定されました。

▲30フレーム目に回転Xの値に360を設定

●ループ（繰り返し）アニメーションの設定

タイヤが正しい方向に1回転することが確認できれば、タイヤを選択したまま**「ドープシート」の「Object Transforms」の「Xオイラー角回転」を選択し、[RMB]➡ドープシートチャンネルコンテクストメニュー➡外挿モード➡ループにする（Fモディファイアー）**を実行します。これは一般に「ループ」や「サイクル」と呼ばれる設定です。

設定ができれば、[再生] ボタンを押して動きを確認します。

30フレームの「キーフレーム」を越えてもタイヤが回転し続けるでしょう。アニメーションに問題が見られなければ、残り3つのタイヤにも同様の設定を行ってください。

▲外挿モード➡ループにする（Fモディファイアー）

⬇ Shortcuts

適用コンテクストメニュー	：[Ctrl] + [A]
ドープシートとグラフエディターの切り替え	：[Ctrl] + [Tab]

3 ● カーブに沿って走行

タイヤが上手く永久回転（実際には最終フレームまでですが）に設定できたので、次は車をガイドに沿わせて走らせてみます。

●カーブの追加

オブジェクトをガイドに合わせて動かすときに使用するガイドのことを「パス」、そしてアニメーションを「パスアニメーション」と呼びます。「パス」として使用するオブジェクトは「ベジェ」や「NURBS」などの「カーブ」です。どのようなタイプの「カーブ」でも使用可能ですが、ここでは簡単に「円」を利用して「パスアニメーション」を試してみましょう。

使用する「パス」は**[Shift] + [A]➡カーブ➡円**で追加します。

追加された「円」の大きさと位置を「オペレータパネル」で設定しましょう。

作例では大きさを**半径3m**にし、位置はカーブが車の真下にくるように**－X軸**方向に**3m**移動しました。

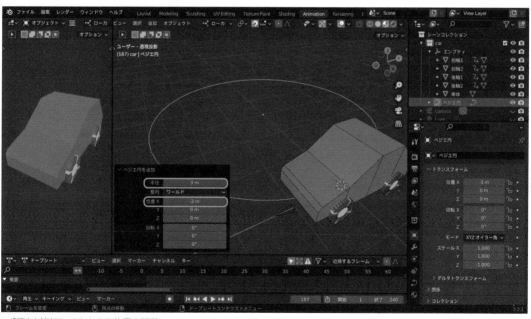

▲「円」を追加して大きさと位置を調整

●ペアレント設定

「パス」と「エンプティ」を「ペアレント」設定するために [Shift] を押しながら**「矢印」の「エンプティ」➡円**の順に選択します。

選択した後に、**[RMB]➡オブジェクトコンテクストメニュー➡ペアレント➡パスに追従**を適用します。適用できれば一度再生ボタンを押して動きを確認しましょう。

▲「パスに追従」を設定！

フレーム数は**240フレーム**に初期設定されているので、240フレームでアニメーションが途切れます。

カーブのオブジェクトプロパティ➡パスアニメーション➡フレームの値を80、120、240など240を割り切れる値に変更して、最初と最後が繋がるようにしてみます。

タイヤの回転は適当なフレーム数で「キーフレーム」を設定しただけです。移動に比べて回転が遅かったり早かったりと問題はあるでしょうが、途切れることなく回転し続けるでしょう。

タイヤが回転しながら車が「円」に沿って走行すれば一先ず成功です。

▲「フレーム」の値を120を設定した

4 ●「ドライバー」でタイヤを回転させる

　次に「キーフレーム」設定とは別の方法でタイヤを回転させてみましょう。少し余裕のある人は試してください。

　ここまでで作成したアニメーションはタイヤの回転を「キーフレーム」によって設定した単純なものです。しかし「ドライバー」と呼ばれる機能を利用すると、このタイヤを車体（エンプティ）の動きに合わせて回転させることが可能です。設定も少し複雑になりますが、より高度なアニメーション設定が必要になったときには「ドライバー」の存在を思い出してください。

●ファイルの準備

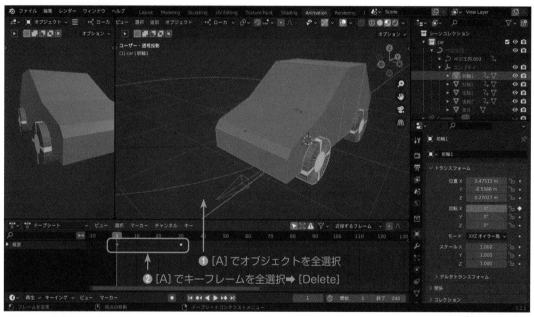

▲タイヤに設定された「キーフレーム」を削除

　「ドライバー」の設定を試す場合は、「円」に沿って走行する完成ファイルを利用します。ファイルを複製してタイヤに設定した回転のアニメーション（キーフレーム）を削除します。

　タイヤに設定された「キーフレーム」を一度に削除する方法は簡単です。❶マウスを「3Dビューポート」内に置き、[A]ですべてのオブジェクトを選択し、次に❷マウスを「ドープシート」内に移動させて、「ドープシート」の「概要」に表示された「キーフレーム」を同様に[A]ですべて選択して[Delete]を押します。

　アニメーションの再生ボタンを押してタイヤの回転が止まったまま、車がパスに沿って動けばファイルの準備は完了です。

●タイヤに「ドライバー」を設定

タイヤを1つ選択します。回転方向は「キーフレーム」の設定と同様に**X回転の正方向**です。**オブジェクトプロパティ：トランスフォーム➡回転➡Xの入力フォーム➡**[RMB]で表示されるメニューから「ドライバーを追加」を選択します（マウスポインタをフォームの上に持って行き[Ctrl]＋[D]でも可能です）。

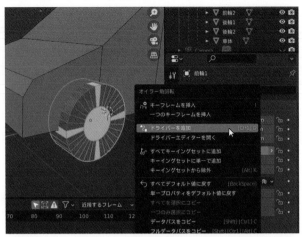

▲タイヤの1つに「ドライバーを追加」設定

次に表示される「ドライブ対象プロパティ」に必要な設定値を入力します。ドライバー設定の考え方は、特定のオブジェクトの値によって他のオブジェクトを動作させる（ドライブ）設定です。

本書の例では**エンプティがワールド空間でZ回転を行えば、変数varに－10を乗算した値をタイヤの回転Xに代入**します。

式	var*-10 （数字はベジェ円の大きさによって変更してください）
オブジェクト	エンプティ（矢印のエンプティ名です）
タイプ	Z回転

▲「ドライブ対象プロパティ」設定

「ドライバー」が設定された項目は紫色に表示されます。

▲左前輪タイヤに「ドライバー」を設定した

●回転を確認して、他のタイヤにも設定

「ドライバー」を設定したタイヤがアニメーションを再生し、回転することが確認できれば、残りのタイヤにも設定をコピーします。設定した項目上で [RMB] ➡ ドライバーをコピーを行い、他のタイヤのフォームで [RMB] ➡ ドライバーを貼り付けを行ってください。思ったように回転しない場合は、「ドライバーを編集」で値を確認してください。

▲ドライバーのコピー&ペーストは1つずつ

　すべてのタイヤに「ドライバー」の設定が完了すれば、アニメーションの再生ボタンを押して結果を確認しましょう。

　「キーフレームアニメーション」と違って「ドライバー」による回転は、車体（エンプティ）の移動に合わせてタイヤを回転させています。試しに「プレイヘッド」を前後に動かしてみてください。車の前後の動きに合わせてタイヤの回転が正転／逆転しましたか？

　このアニメーションのChapterでは簡単な「キーフレーム」の設定や操作、「ドライバー」の設定などを紹介しました。

Tips 背景色変更

「3Dビューポート」の背景色は「テーマ」、「ワールド」、「ビューポート」の3種類の設定から選択して適用させることができます。

「ビューポート」の背景色はウィンドウ毎に独立していますので、例えば「Layout」、「Modeling」、「Sculpting」の背景色を全て違った色にするなどの設定も可能です。

ファイル毎に環境の保存が可能ですが、デフォルトの環境として保存するには「スタートアップ

ファイルの保存」を適用してください。《「スタートアップファイルの保存と初期化」61ページ参照》

切り替えは3Dビューのシェーディング➡「背景」により選択した項目が優先されます。

「ワールド」はワールドプロパティ➡ビューポート表示➡「カラー」により設定した色が反映されます。

現在のビューポートの背景色設定

▲「3Dビューのシェーディング」の「ビューポート」背景色設定

▲「ワールドプロパティ」の「ビューポート」背景色設定

アーマチュア

　「アーマチュア」は一般の人や3D初学者にはなじみの無い言葉です。本来の意味はモーターなどの回転コイルの意味ですが、Blenderにおいては、人間や動物の「骨格」と考えればよいでしょう。

　「アーマチュア」を利用することによって、メッシュの変形、可動が可能となります。

8-1 アーマチュアって？

　初めて「アーマチュア」と聞くとイメージをすることも難しいですね。3DCGのことを少し知っている人であれば「骨格」や「骨組み」と想像できるかも知れません。人間や動物などのキャラクターの骨組みを設定することが可能な「アーマチュア」ですが、キャラクター以外にも回転軸を持ち、変形を伴う動きの設定に利用可能です。

1 ● 用語

　先ず用語に目を通しましょう。3DCG制作の世界ではボーンやスケルトン、リグなどの言葉をよく耳にしますが、用語は使用する人や業界などによって若干のばらつきがあります。ここではそれらBlender以外でも使用されている言葉も含めて紹介します。

●ボーン

　直訳すれば「骨」となりますが、アーマチュアは「ボーン」で構成されています。Blenderの「ボーン」は「Root」と「Body」と「Tip」から構成されています。

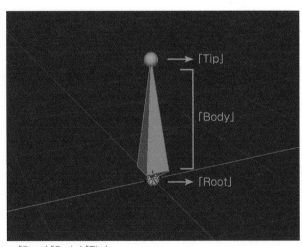

▲「Root」「Body」「Tip」

●ジョイント

　回転軸のことです。Blenderではあまり使用されない言葉ですが3Dソフトでは一般的な言葉です。Blenderでは「Root」にあたります。

●アーマチュア

「ボーン」で構成される骨格。制作者が自由に作成することも可能ですがBlenderでは二足歩行、四足歩行、鳥類などの基本的なアーマチュアが用意されています。

「ボーン」＝「アーマチュア」と考えても問題ありません。

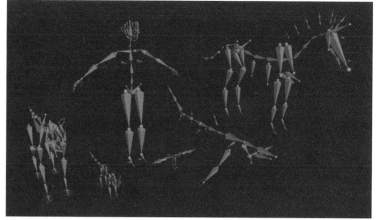

▲「Rigify」アドオンを有効にすることによって使用できる「アーマチュア」

●スケルトン

ボーンで構成される骨格。Blenderではこちらもあまり使用されない言葉ですが3Dソフトでは一般的な言葉です。Blenderではアーマチュアにあたります。

●リグ

ボーンを操作するために補助的に付けられたオブジェクト。

通常はレンダリングの対象とならずに他のオブジェクトに影響を与えない「カーブ」や「エンプティ」などを利用します。

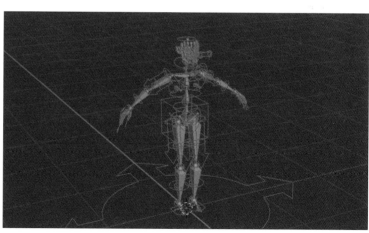

▲Blender「Rigify」の「アーマチュア」と「リグ」

2 ● アーマチュアを使う理由

オブジェクトに「アーマチュア」を設置する理由は大きく分けると2つあります。

1つ目はアニメーションのためです。人や動物などのキャラクターアニメーションはもちろんですが、キャラクターの衣装や機械、乗り物の可動部などにも利用されます。使用目的が決められているわけではないので、変形の必要なもの全てが対象となりその使い方はアイデア次第です。

2つ目は形状にバリエーションの発生するものです。例えば静止画のレンダリングにおいて幾つかのポーズが必要なキャラクター、動作状態の異なる機械などです。

どちらにも共通していることが「変形する」、「動く」といったイメージです。アーマチュアに限らず3DCGソフトに用意されている様々なツールの使用は制作者次第です。同じ表現を目的としても使うツールやアプローチは制作者によっても違ってきます。

ポーズや装備品、髪の毛やスカートなど、いわゆる「揺れもの」や顔の表情をコントロールする「フェイシャルアニメーション」は「アーマチュア」を利用する場合の他、頂点を制御する「シェイプキー」や「モディファイヤー」を利用する場合もあります。

ストローにアーマチュア
を設置する

| SampleFile | Chapter8-2_straw |

　「アーマチュア」の基本的設定の作例としてシンプルな「ストロー」を作ってみましょう。そうです、飲み物を飲む「ストロー」です。制作の目的はストローの蛇腹（じゃばら）状の部分に「アーマチュア」を設置して折り曲げることができるように作成します。「アーマチュア」設置の手始めですので全体の流れを理解してください。

1 ●「ストロー」を作成する

　すでに「ストロー」が制作可能な人はこの項を読み飛ばしてください。

　「ストロー」は「円柱」から作成します。「立方体」を削除して**追加➡メッシュ➡円柱**で「円柱」を追加し、オペレーターパネルで直径**6mm**、高さ**20cm**（半径**3mm**、深度**20cm**）、「ふたのフィルタイプ」を「なし」に設定します。「アーマチュア」を設置するキャラクターの作成ではどちらを正面に向けてモデリングするか（どちらが正面か）が重要です。「アーマチュア」設定の基本的な方向は、**正面「フロント・平行投影」（－Ｙを手前としたビュー）です。**「フロント・平行投影」をしっかりと意識しながらモデリングする習慣を付けてください。

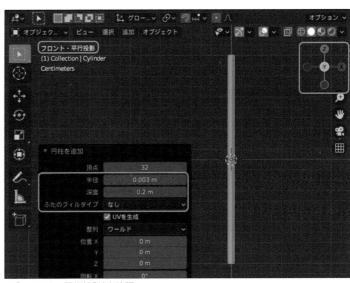

▲「フロント・平行投影」を確認

1 環境
2 基礎
3 メッシュ
4 カーブ
5 スカルプト
6 マテリアル
7 アニメーション
8 アーマチュア
9 レンダリング
10 関連情報

サイズを調整した「円柱」の上下の面は、オペレーターパネルの「ふたのフィルタイプ」を「なし」の設定で筒状にしています。厚みは設定しません。

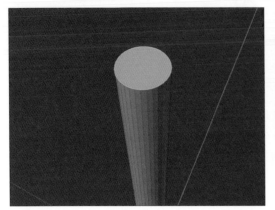
▲「ふたのフィルタイプ」を「Nゴン」

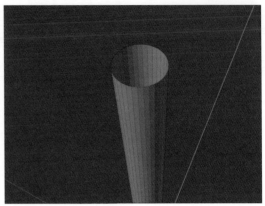
▲「ふたのフィルタイプ」を「なし」

次に肝心な蛇腹部分の作成です。

ビューを正面に向けて「編集モード」に切り替え、「ループカット」で「分割数」に**28**を入力し分割します。分割ができれば、そのまま「スケール」ツールに切り替えて縦方向に適宜縮小しましょう。

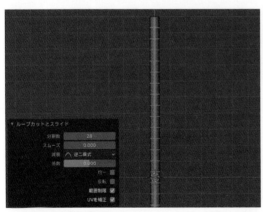
▲「ループカット」で分割

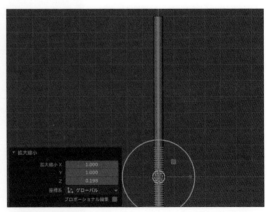
▲「スケール」ツールで縮小

「分割数」を28に設定した理由は9つの山を作るためです。山の数は「アーマチュア」設置に関係しませんので、自由に決めても問題ありません。

選択されている「辺」を「移動」ツールに切り替えて、そのままちょうどよい位置まで上部へスライドさせましょう。

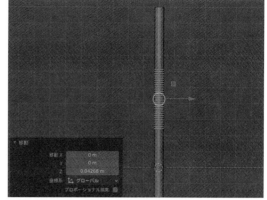

▲「移動」ツールで「辺」を移動

蛇腹の場所が決まれば最上部と最下部の「辺」を残しながら**2つおきに「面」をループ選択します。**[Shift] + [Alt] で「面」をクリックして追加していくのがコツです。

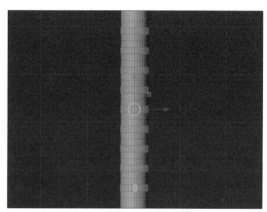

▲ループ選択は [Alt] + 「面」クリック

🔍 1つおきに選択「チェッカー選択解除」
InDetail

　Blenderには頂点、辺、面を簡単に1つおきに選択する機能はありませんが、一旦全選択を行った後に設定に従って選択状態を変更するツールがあります。「チェッカー選択解除」を使いこなす

と、選択の幅が大きく広がります。興味が出たら、検索キーワードは「blender チェッカー選択解除」です。

選択した「面」を「XY面」に対して少し拡大します。これで「ストロー」の蛇腹部分の完成です。

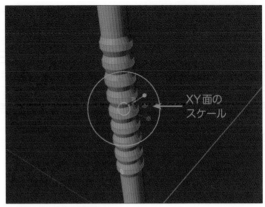

▲拡大して蛇腹を表現

実際の「ストロー」の蛇腹形状も様々ですが、少しだけリアルさを加えるために「移動」ツールでほんの僅かだけ上方向に移動してみました。

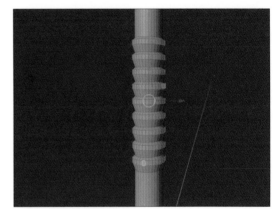

▲選択面をそのまま移動

2 ● 「アーマチュア」を設置

次に完成した「ストロー」に「アーマチュア」を設置します。「ビュー」を「オブジェクトモード」に変更し「フロント・平行投影」に切り替えて、**ヘッダーメニュー➡追加➡アーマチュア➡単一ボーン**を選択し「ボーン」を1つ追加します。

この時「ボーン」は「円柱」と同様に「3Dカーソル」の位置に追加されますので「3Dカーソル」の位置がずれないように注意してください。

▲メニューから「ボーン」を追加する

追加される初期の「ボーン」は非常に大きいので、「オペレーターパネル」の「半径」の値に適当な数値を入力して縮小してください。

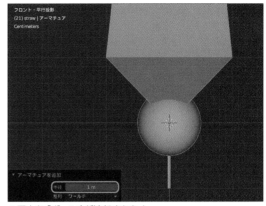
▲巨大な「ボーン」が追加された！

作例では一先ず「半径」を**5cm**に設定し、その後「スケール」で大きさを調整しました。

最終的な大きさの設定に迷うところですが、極端に大きかったり小さかったりしなければOKです。ストローの蛇腹の部分を曲げるために、「ボーン」を2つ設置するイメージで大きさを決めてください。

「ボーン」がオブジェクトで見え難い場合は**オブジェクトデータプロパティ➡ビューポート表示➡最前面**をオンにしてください。

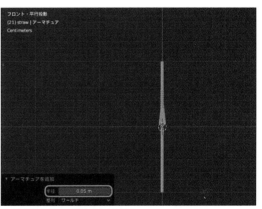
▲「半径」に5cmを入力して縮小

ツールバーの「スケール」を使い「ボーン」を縮小する場合は、縦横の変形が発生しないように注意してください。変形を起こさないためにはショートカット [S] の使用がよいでしょう。作例では「ボーン」の幅をストローの幅と同程度まで縮小しました。

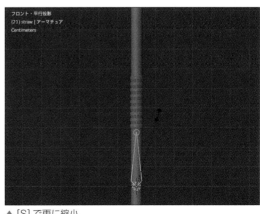
▲ [S] で更に縮小

縮小した「ボーン」の「Tip」の部分が蛇腹の中間あたりまで来るように上に「移動」させます。

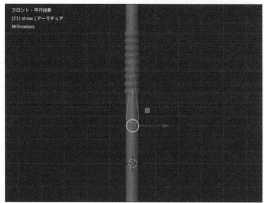

▲位置を調整

次に「ボーン」を選び「編集モード」に切り替えて「Tip」を選択します。

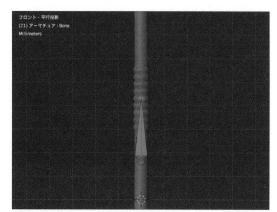

▲「Tip」を選択

「押し出し」ツールを選び上方向に「ボーン」を1つ押し出して1つ追加します。

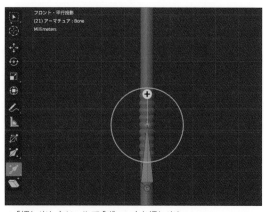

▲「押し出し」ツールで「ボーン」を押し出し

　引っ張り上げる長さは、元の「ボーン」と同程度でOKです。

　ストローのための「アーマチュア」が完成しました。（ここからは「アーマチュア」と呼びます。）

　後は「ボーン」の動きに合わせてストローの「メッシュ」が変形するように「ウェイト付け」を行えば完成です。

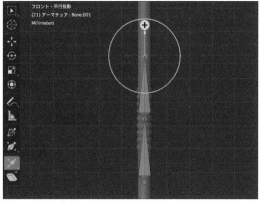

▲長さは元の「ボーン」と同程度

　「ウェイト付け」を行うために**「オブジェクトモード」で [Shift] を押しながら「ストロー」、「アーマチュア」の順で選択します。**

　「アーマチュア」を最後に選択しましょう。

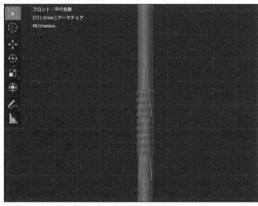

▲「ストロー」と「アーマチュア」を選択

　[RMB] ➡オブジェクトコンテクストメニュー➡ペアレント➡**自動のウェイト**を選び「ストロー」を「アーマチュア」に関連付けます。

　「ウェイト」とは「ボーン」の「頂点」に対する影響の強さを指します。

▲「自動のウェイト」でペアレント

「自動のウェイト」の設定が完了すれば「ボーン」を選択し、「ポーズモード」に切り替え、「ストロー」を曲げてみましょう。上部の「ボーン」を選び「回転」ツールを使って少し回転させることによって「ストロー」が曲がることを確認してください。

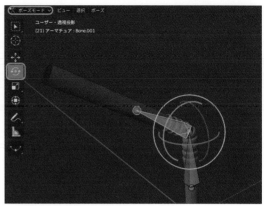

▲「ボーン」を選択して「回転」ツールで回転

思ったように曲がらない場合は、念のため「ペアレント」を解除して、もう一度「ウェイト付け」を行ってみてください。「ペアレント」の解除は**[RMB]➡オブジェクトコンテクストメニュー➡ペアレント➡親子関係をクリア**です。

Tips 曲がる部分の改善

「ボーン」を使って曲げた場合、ホースを折り曲げたように内側がつぶれ、角が出たように折れ曲がることがあります。「ストロー」などではまだよいのですが人間の腕や足などではホースを折り曲げたように潰れてしまいチープな表現となります。

「体積を維持」のチェックを入れると、この問題が若干解消されます。本格的にこれらの問題に対処するためには「補助ボーン」を入れるなどの設定を行う必要があります。

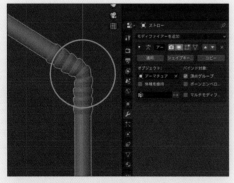

▲折り曲げた部分が少しつぶれたように見える

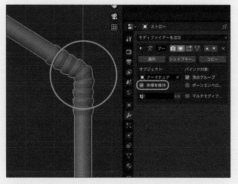

▲つぶれが少し改善されボリュームが出た

3 ●「ウェイトペイント」モードによるウェイト調整

「ストロー」の「ボーン」設置と「ウェイト」付けが完了すれば一先ず「アーマチュア」のセットアップは完了です。

しかし実際には「自動のウェイト」だけでは「メッシュ」の意図しない部分が引っ張られて変形が起ったりと、思ったとおりの変形ができないなどの不都合が発生する場合があります。

「ウェイト調整」とはそれらの問題を解消するため、「ボーン」のメッシュの頂点への影響力を調整するための作業です。ここでは「ウェイト調整」のために利用される代表的な方法の1つ「ウェイトペイント」を試してみましょう。

「ウェイトペイント」を利用するには**「オブジェクトモード」で「ボーン」、「オブジェクト」(ストロー)の順で選びます。**

次にモードセレクターで**「ウェイトペイント」に切り替えて**ください。

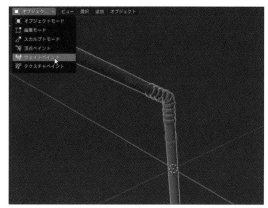

▲「ボーン」、「ストロー」の順で選択して「ウェイトペイント」に切り替える

「ウェイトペイント」モードでは、赤色から青色のグラデーションによって「ボーン」の「メッシュ」の「頂点」への影響が表示されます。

赤色は最も強い影響を表し、青色は影響を受けていない状態を表しています。

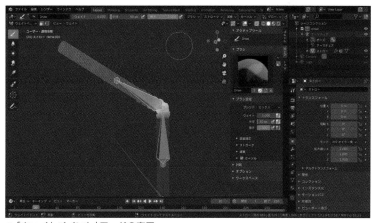

▲「ウェイトペイント」モードの表示

「ウェイトペイント」モードは「ウェイト」の強さをブラシで色を塗るように変更することが可能です。**「ウェイトペイント」を表示する対象の「ボーン」は [Ctrl] + [LMB] による「ボーン」クリックで切り替える**ことができます。

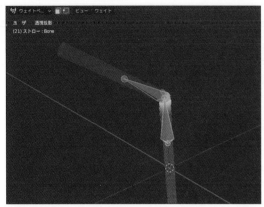

▲下部の「ボーン」を選んだときのウェイト表示

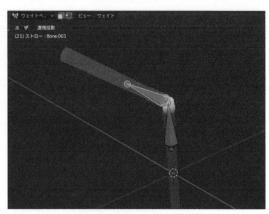

▲上部の「ボーン」を選んだときのウェイト表示

「ボーン」を選択する他の方法としては、「オブジェクトモード」でストローを選んで**オブジェクトデータプロパティ➡頂点グループ**に表示されるボーンの名称をクリックすることでも可能です。

▲「頂点グループ」から「ボーン」を選択

色々便利な「頂点グループ」

何か難しそうな名前の「頂点グループ」ですが、簡単にメッシュの「頂点」を登録できる機能です。色々と便利に使えるので、利用されている場面を目にしたら積極的に使ってみましょう。

ここでは「ウェイト」の調整に利用していますが、「頂点」を登録して後で再度選択したいときや、特定の「頂点」への「モディファイア」の利用などにも力を発揮します。

最後に「マテリアル」で色の設定を行い完成です。

ストローの制作では簡単な「ボーン」を設置し、「ウェイトペイント」モードで「ウェイト」の確認を行いました。

どちらも非常に簡単な例を紹介しましたが、「アーマチュア」の設置から「自動のウェイト」の設定、「ウェイトペイント」によるウエイト調整までの基本的な流れとなります。

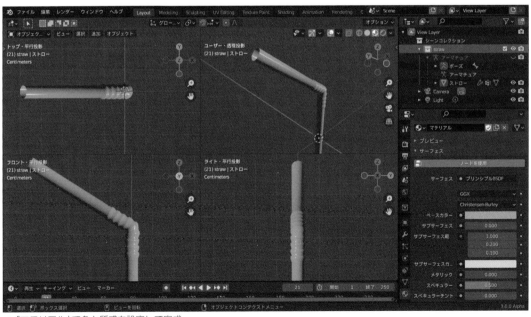

▲「マテリアル」で色と質感を設定して完成

Chapter 8
8-3　キャラクターに　アーマチュアを設置する

SampleFile　Chapter8-3_character

　このセクションでは用意した簡単なキャラクターに「アーマチュア」を設置します。簡単とはいっても扱う「ボーン」の数は格段に多くなり、キャラクターのモデリングも今まで行った基本的なモデリングに比べて難易度も高まります。

1 ●「アーマチュア」を設置するキャラクターの紹介

　「アーマチュア」設置のテスト用キャラクタとして、4334ポリゴンと比較的ポリゴン数の少ない**"Bone Less KungFu Girl"**を作成しまた。

　"Bone Less KungFu Girl"は「Tスタンス」でモデリングされていますが、とてもシンプルな作りのキャラクターですので本格的なキャラクター制作の際はメッシュの作り（トポロジー）は参考にしないでくださいね。

　このセクションではキャラクターモデリングには触れませんが、テスト用として簡単なモデリングをする際に留意すべきポイントを記します。

- リアルなサイズでモデリングしましょう。
- 人型に近い方が「アーマチュア」の設置テストとしては扱い易いでしょう。
- 曲がる関節部分には分割を忘れずに作成しましょう。
- 脚は少し距離を離して作成しましょう。

▲本書配布のキャラクター"Bone Less KungFu Girl"

▲テスト使用するキャラクターの作成 (アーマチュアの設定テストならこれでもOK！)

●「Tスタンス (Tポーズ)」か「Aスタンス (Aポーズ)」か

スタンスとはキャラクターの基本的な立ちポーズのことです。

Tの文字を模した「Tスタンス」か、Aの文字を模した「Aスタンス」のどちらで基本ポーズをモデリングするかですが、どちらにも利点と欠点があります。

「Tスタンス」は古くより利用頻度も高いポージングで多くの資源が活用できます。キャラクターのポーズや服装、装備などがモデリングしやすいといった最大の利点があります。

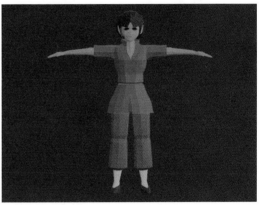

▲「Tスタンス」

一方、「Aスタンス」は人間の自然なポーズに近いので、変形した際に「ウェイト調整」の手間が軽減されると考えられています。

▲「Aスタンス」

1 環境
2 基礎
3 メッシュ
4 カーブ
5 スカルプト
6 マテリアル
7 アニメーション
8 アーマチュア
9 レンダリング
10 関連情報

「Aスタンス」の作成も「Tスタンス」をベースに作成することも多いのですが、実際には単純なA型にするだけでは無く、腕や指を緩やかに湾曲させたり、手の平を後方に向けたりとモデリングの難易度は「Tスタンス」に比べて格段にアップします。

　企業やグループで制作を行っている場合、モデリングガイドライン等で決められていなければ、「Tスタンス」のモデリングがよいでしょう。特にリアルな人型以外では「Aスタンス」の利用は必要は無いと考えます。

　本作例では「Tスタンス」をベースにキャラクターのセットアップを行います。

　余談ですが、最も人間に適している基本ポーズは自然な筋肉の状態から考えると「無重力の脱力スタンス」かもしれませんね。

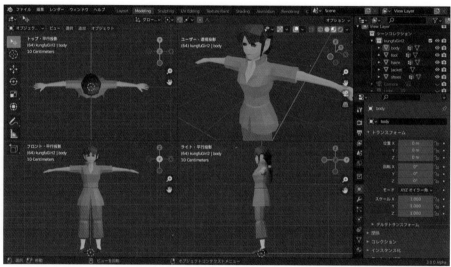

▲「Tスタンス」のサンプルキャラクター

2 ● 「アーマチュア」の設置

　それではキャラクターに「アーマチュア」を設置しましょう。商業的に利用されるキャラクターへの「アーマチュア」設置では様々な確認事や注意すべき項目も多く専門職としても確立しています。

　基本的な流れはシンプルですので、1つひとつの行程を確実に設定しましょう。

●「ボーン」の組み立て

　キャラクターに設置する「アーマチュア」は「ボーン」を組むことによって完成します。「アーマチュア」の作成方法には、用意されているひな形を使用する方法と全て自分で作成する方法の2種類があります。

　Blenderにはデフォルトで「Rigify」と呼ばれるアドオンが内蔵されています。このアドオンを有効化することによって人間を含め代表的な動物の「アーマチュア」が利用可能となります。

　今回のキャラクターに関してはゼロから「ボーン」を組み立てて、キャラクター用の「アーマチュア」を作成します。

※「アーマチュア」を操作するためのインターフェイスであるリグの装備は行いません

※本書キャラクターへの「アーマチュア」設置は簡易です。そのため正面からのみの設置を行い「Root」移動時の角度修正等は行っていません。

●キャラクターの状態を確認する

　「アーマチュア」の設置を始める前にキャラクターの状態を確認しましょう。特にキャラクターを自作する場合は以下の項目をチェックしてください。

- ●リアルサイズ（原寸）でモデリングされているか？
- ●左右対称のポーズになっているか？
- ●関節に曲げるため充分な分割があるか？
- ●キャラクターが正面「フロント・平行投影 (-Y)」を向いているか？
- ●足が地面（Z方向の0）に接地しているか？
- ●モディファイアーを使用している場合、「適用」されているか？
- ●キャラクターオブジェクトが「適用」され、位置、回転、スケールがリセットされているか？

1 環境
2 基礎
3 メッシュ
4 カーブ
5 スカルプト
6 マテリアル
7 アニメーション
8 アーマチュア
9 レンダリング
10 関連情報

●ビューの確認

「アーマチュア」の構築は平行投影で行います。「インタラクティブナビゲーション」の「−Y」のラベルをクリックして「フロント・平行投影」に切り替えましょう。

「ボーン」は「3Dカーソル」の位置に追加されますので [Shift] + [S] (パイメニュー) ➡ 「カーソル) ➡ ワールド原点」または [Shift] + [C] で「3Dカーソル」をワールドの中心に移動させます。

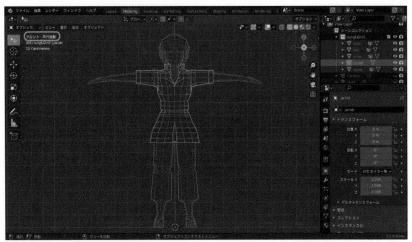

▲3Dビューを「フロント・平行投影」に設定

●「ボーン」の追加

先ずは背骨にあたる「ボーン」を追加しましょう。

[Shift] + [A] ➡ 追加 ➡ アーマチュア ➡ 単一ボーンで「ボーン」を追加します。「3Dカーソル」の位置に「ボーン」が1つ追加されました。

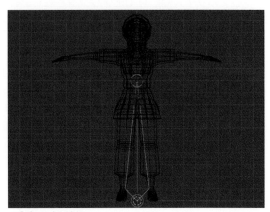

▲「ボーン」を追加

346

「ボーン」が追加されたのでアーマチュアの**オブジェクトデータプロパティ➡ビューポート表示**の「名前」と「最前面」にチェックを入れます。このことによって「マテリアルプレビューモード」でも「ボーン」が表示され名前を確認することが可能となります。

※本書では表示を適宜切り替えながら説明を行います。読者も自分の作業にとって都合のよいビューで設定を進めてください。

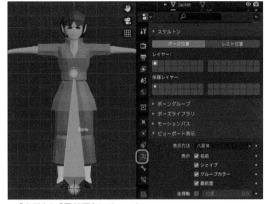

▲「名前」と「最前面」にチェック

●大きさや位置の調整

表示された「ボーン」の「Root」を選択し、Z方向へキャラクターの腰と股の中間位置あたりまで移動します。

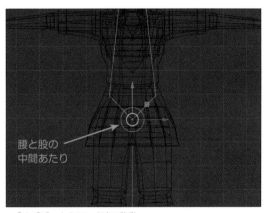

腰と股の
中間あたり

▲「オブジェクトモード」で移動

「Root」の位置が腰と股の中間のあたりに移動できれば「編集モード」に切り替えます。

「ボーン」は「編集モード」で「移動」、「回転」、「スケール」などが使用できます。「Tip」を選択して**Z方向**に頭の中心あたりまで移動させて位置を調整します。

※不用意に左右へずらさないように注意しましょう。

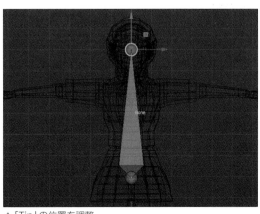

▲「Tip」の位置を調整

1 環境
2 基礎
3 メッシュ
4 カーブ
5 スカルプト
6 マテリアル
7 アニメーション
8 アーマチュア
9 レンダリング
10 関連情報

●「ボーン」の細分化

次に「ボーン」の「Body」を選択し、[RMB] ➡ アーマチュアコンテクストメニュー➡細分化を選び「ボーン」を分割します。

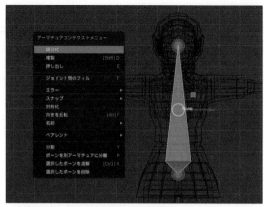

▲「ボーン」の「Body」を選択して「分割」

表示された「オペレーターパネル」の「分割数」に4を入力して、五つの「ボーン」に分割してください。

分割した「ボーン」の各「Root」の位置はスクリーンショットのように**腰と股の中間、腰、みぞおち、胸、首、頭**の中心あたりに各「Tip」があればよいでしょう。

通常は曲がる位置を想定して「Root」、「Tip」の位置を調整しますが、本作例では「細分化」したままの位置を採用しています。

※背骨の分割数などが決められている分けではありませんが、あまり多いと設定に手間がかかります。

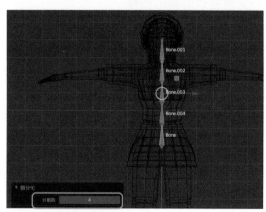

▲五つに分割された「ボーン」

●背骨の「ボーン」の名前を変更する

名前の変更は「編集モード」で「ボーン」を選択し、「ボーンプロパティ」で行います。名前は背骨にあたる「ボーン」に**spine**、頭の「ボーン」に**head**を付けました。

「ボーン」の名前は追加時に自動で付けられていますが、自分でしっかり名付けるように習慣付けましょう。一般的には人体の部位を英名で付けますが、厳密な決まりはありません。腕や足など左右が存在する場合は「.R」や「.L」といった接尾辞

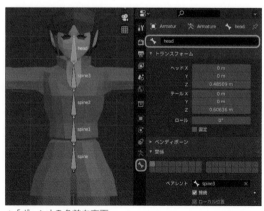

▲「ボーン」の名前を変更

を付ける習慣がありますが、これは単に習慣といっただけで無く、ソフトウェアがミラーリング処理などの判断にも利用しますので従っておきましょう。

　Blenderでは左右の接尾辞を簡単に付ける機能が用意されていますので、ここでは左右の明記をせずに名前を付けます。

　尚、最初に作成した「ボーン」は「spine（脊椎）」と名付け、このキャラクターの他の全ての「ボーン」の親となります。

　このように体の中心となる「ボーン」の名前は、「spine」の他に「hips（腰）」などの名前が一般的です。

　「spine」の位置設定はキャラクターのメッシュ構造により厳密に決める必要もありますが、本作例では腰（腰ひもの少し下）の箇所へ設置しました。

●腕の「ボーン」を設置

　次に胸の「ボーン」を設置しましょう。反対側の「ボーン」は「対称化」により作成しますので、左腕だけをしっかりと設置すればOKです。

　「ボーン」の「編集モード」で「spine3」の「Root」を選択して「押し出し」のショートカット [E] を押します。

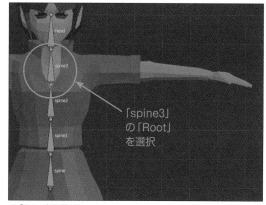

▲「Root」を選択

　マウスを動かすと「ボーン」が押し出されるので、胸と腕の付け根の中間あたりでクリックして確定します。修正する場合は [Ctrl] + [Z] で作業を戻して再度押し出し直してください。

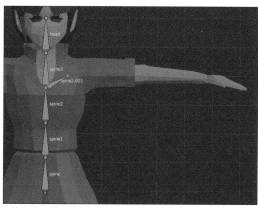

▲胸と腕の付け根の中間あたりに必要な「ボーン」を作成

同様に位置を決めながら指先まで連続的に [E]
を押しながら「ボーン」を押し出して追加します。

押し出す場所は腕の付け根、ひじ、手首、指の
付け根、指の先端あたりに配置します。

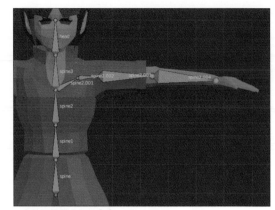

▲左腕に設置された「ボーン」

後ほどの修正も可能なので、あまり厳密な位置に迷わなくてもOKですが、メッシュが関節として分
割されている部分に「Tip」を設置してください。

このキャラクターの手は随分と簡易に作られています。

指は5本作成していますが、簡易設定のため「ボーン」の設置は親指とその他のグループに分けます。

ズームアップして親指を設定しましょう。手首の「Root」を選択して [E] で押し出します。

連続的な押し出し作業が途切れてしまったとき
には再度、最後の「Tip」を選択して [E] で押し出
しましょう。

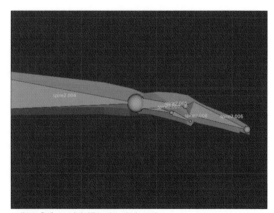

▲指の「ボーン」を押し出したところ

●足の「ボーン」を設置

こちらも「対称化」を利用します。左足だけを作成しましょう。

足の「ボーン」も腕と同様に設置しましょう。「spine」の「Root」を選択して [E] で押し出します。

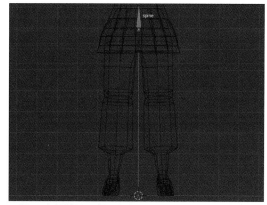

▲「Root」を選択して押し出す

最初の位置は足の付け根です。「メッシュ」が見えるように「ソリッドモード」の「透過表示」や「ワイヤーフレーム」に切り替えます。

次にひざ、足首のあたり、つま先の順に [E] で押し出して「ボーン」を追加します。

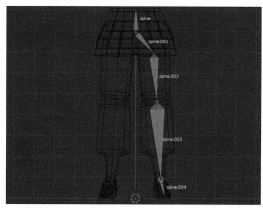

▲左足に「ボーン」を追加

●髪の「ボーン」を設置

最後は髪の「ボーン」を設置しましょう。

髪の毛やマント、スカートなどの「ボーン」の目的は、他の「ボーン」にウェイト付けされることを避け、独自に動かせるように設定することです。

「head」の「Tip」を選択し [E] で押し出しながら、うなじ辺りと髪留め、先端あたりでクリックして「ボーン」を追加します。

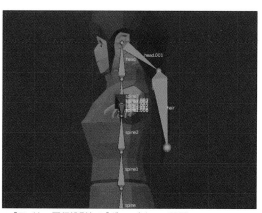

▲「ライト・平行投影」で「ボーン」を二つ設置

●手足の「ボーン」の名前を変更する

　サンプルキャラクターへの「ボーン」の追加は
これで完了しました。若干少ないですが、シンプ
ルなキャラクターを動かすには充分です。

　背骨以外の「ボーン」には、自動で押し出し元の
名前と連番が自動で振られていますが全ての名前
を付け直してください。名前は本書の作例と違っ
ていても設定上は問題ありません。

※後に削除予定の「ボーン」の名前は変更していません。

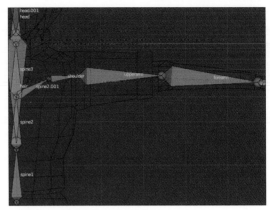

▲腕に付けられた「ボーン」の名前

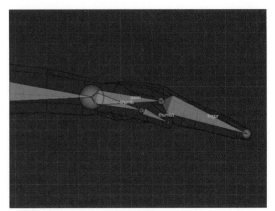

▲手に付けられた「ボーン」の名前

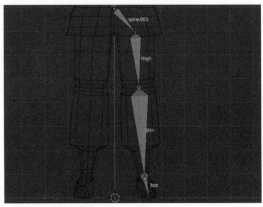

▲足に付けられた「ボーン」の名前

●「トップ・平行投影」と「ライト・平行投影」からの確認

今までの「ボーン」設置には「フロント・平行投影」のみを使用しました。ここでは他の平行投影からも確認して「ボーン」の位置を更に調整します。

先ずは「ライト・平行投影」にビューを切り替え、「オブジェクトモード」で「アーマチュア」全体の前後位置を確認します。

本サンプルでは全体位置を調整する必要はありませんが、自作キャラクターなどで調整が必要な場合は、先ずキャラクターがワールドの中心に位置しているか、フォームに極端な歪曲が無いかなども再確認しましょう。

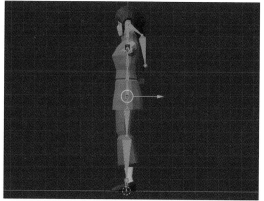

▲首、腰あたりで「ボーン」が中心にあるか

基本的な問題は見られませんが、真っ直ぐに伸びた脚の調整を行いましょう。

「編集モード」に切り替えて、少しだけ「shin」の「Root」(ひざ) を「移動」ツールで前に出して曲げておきます。

「foot」の「Root」(足首) は少し後ろに移動させ、先端の「Tip」はつま先まで移動させます。

ひざやこの後の肘を少し曲げておく設定は、本書では割愛しますが、将来的に「IK (インバースキネマティクス)」設定などを行う場合に必要な「ボーン」の設定となります。

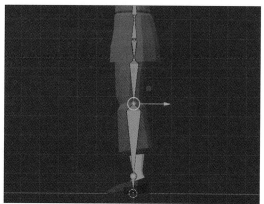

▲脚のボーンが真直ぐ

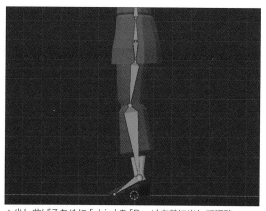

▲少し曲げるために「shin」の「Root」を前に出して調整

「ライト・半行投影」からの調整が終われば、次は「トップ・平行投影」から腕の調整を行います。

「ボーン」を確認すると腕の位置が少しずれているので、「shoulder」の「Root」を選択して「移動」ツールで腕の中心へ移動させます。ひじと手首、指の各「ボーン」も中心あたりへ移動させます。

指の「ボーン」は親指とその他の指用の二つの「ボーン」を配置しましょう。

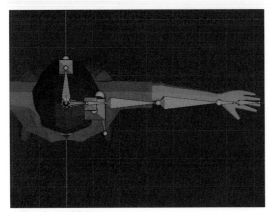

▲腕のボーンが真直ぐ

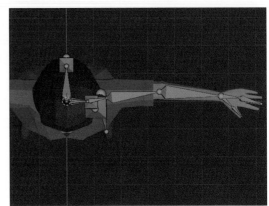

▲腕や指の「ボーン」位置を調整

3 ● 不要な「ボーン」の削除と親子関係の設定

「spine」から押し出した最初の「ボーン」は他の腕の「ボーン」を押し出すために作成したものなので、選択して **[Delete]** ➡ボーンで削除します。

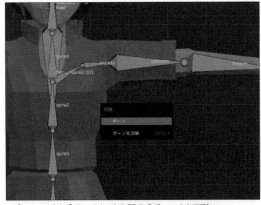

▲「spine1」と「shoulder」の間の「ボーン」を削除

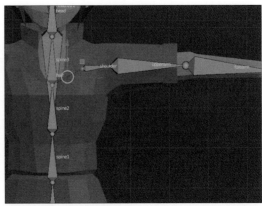

▲削除した部分が破線に変わる

　「head」から「hair」の間にある「ボーン」も同
様に削除しましょう。

　削除された場所には「ボーン」の親子関係を示
す破線が表示されます。

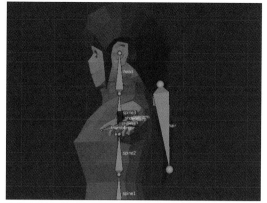

▲「head」と「hair」の間にある「ボーン」も削除

　脚の「spine」から押し出した「ボーン」も選択
して削除します。

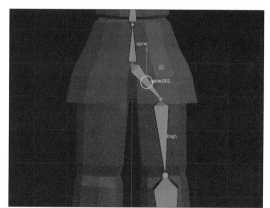

▲「spine」と「thigh」の間の「ボーン」を削除

　脚の場合は腕と違い「spine」の「Root」から押し出された「ボーン」は親子付けされていませんので破
線は表示されません。

　「thigh」を選択し、**ボーンプロパティ➡ペアレント**に「spine」を指定して親子関係を設定します。

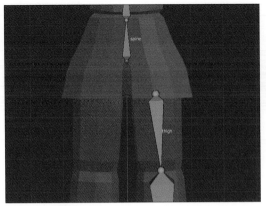

▲「thigh」を選択

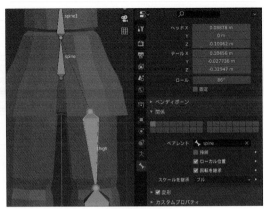

▲ペアレントで「ボーン」親子関係を設定

体の左側の「アーマチュア」が完成しました。

4 ● 「対称化」によるミラー反転

生物の体は、内臓以外は基本的に左右対称です。片方を作成すれば、もう片方は簡単に反転できれば…。そのような考えを実現してくれる機能がしっかりと用意されています。

●名前に「.L」を付ける

作成した「アーマチュア」をミラー作成するために各「ボーン」に左側を示す接尾辞「.L」を付けましょう。

「アーマチュア」の「編集モード」で左側の「ボーン」を「ボックス選択ツール」で選択します。

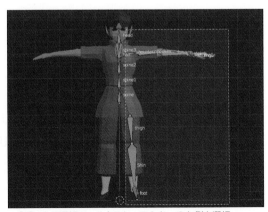

▲「ボックス選択ツール」でキャラクターの左側を選択

左側の「ボーン」が全て選択できれば、[RMB]
➡アーマチュアコンテクストメニュー➡名前➡自
動ネーム (左右) を行ってください。

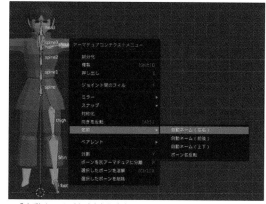

▲「自動ネーム (左右)」を実行

　中心の「spine」や「head」以外の「ボーン」に
「.L」の接尾辞が付きました。

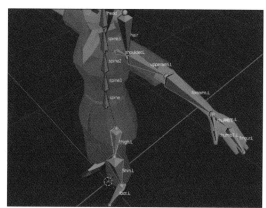

▲「.L」の接尾辞が付いた

●「アーマチュア」の「対称化」

　左側の腕や脚から右側を作成するのは非常に簡単です。
　左側の「ボーン」が全て選択されているままで、[RMB] ➡アーマチュアコンテクストメニュー➡対称
化を選びましょう。

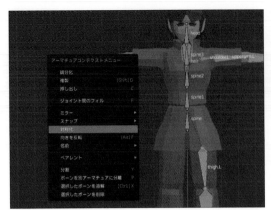
▲「対称化」を実行

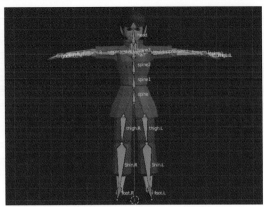
▲右側に「.R」の接尾辞が付いた「ボーン」が作成された

これで、キャラクターを動かすための「アーマチュア」が完成しました。
「アウトライナー」も少し見やすいように整理しました。

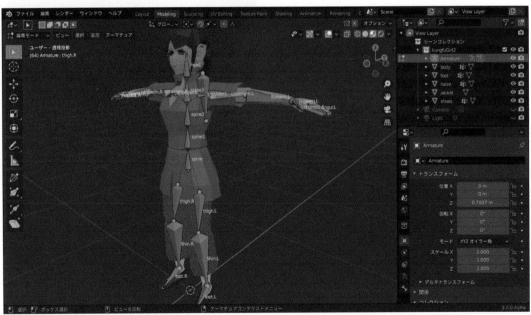
▲完成した「アーマチュア」

Tips 「FK」と「IK」

　「FK」とはフォワードキネマティクス、「IK」とはインバースキネマティクスの略でどちらもポージングのために関節の回転をどのように制御するかの設定です。「FK」は各関節（Blenderでは Root）を回転させてポーズを作ります。例えばテーブルのグラスを手に取る場合、腰、肩、肘、手首などの各関節を曲げながらポーズを作ります。一方「IK」は手首の位置を移動ツールでグラスに

もって行くことによって、自動で各関節の回転を制御してくれる機能です。「IK」は非常に便利ですが、「FK」でなければ作成できないポーズもあり、「FK」と「IK」の的確な使い分けはアニメーターの経験にも左右されます。本サンプルキャラクターでは「IK」の設定は行っていませんので「FK」でポージングを行っています。

Tips ボーンのミラー作成の色々

　背骨以外の腕や足の「ボーン」は全て左右対称で作成する必要があります。このように左右が対称形となる「ボーン」の設置は片方の「ボーン」を作成した後に「ミラー」（鏡面作成）を行うことによって反対側の「ボーン」を作成します。Blenderには「ボーン」の「ミラー」作成方法が大別して3つあります。

1. 片方を作成し、複製してのX方向に対して−1 のスケールを与える方法です。
　シンプルな方法ですが、設定や確認などに注

意が必要です。
2. 「X軸ミラー」の設定と押し出しで左右を同時に作成する方法です。この方法は非常に便利なのですが、「ボーン」の名前の変更など若干の手間が残ります。
3. 最も一般的な方法で、片方を作成して「対称化」の機能を使用して反対側の「ボーン」を作成する方法です。

　本書では3. の方法を利用して左右対称の「ボーン」を設置しています。

1 環境

2 基礎

3 メッシュ

4 カーブ

5 スカルプト

6 マテリアル

7 アニメーション

8 アーマチュア

9 レンダリング

10 関連情報

5 ● 「ウェイト」を付ける

「アーマチュア」の動きに従ってメッシュが動くように設定するためには、「ストロー」の制作でも行った「ウェイト付け」が必要です。

Blenderでは「ペアレント」の設定に含まれていますが、他のソフトでは「スキニング」、「スキンウェイト」、「バインド」などの呼び方がありますので、このあたりの呼び方には幅を持って覚えましょう。

●「ウェイト」を付ける

「オブジェクトモード」でキャラクター、「アーマチュア」の順に選択します。

複数のオブジェクトで構成されている場合はそれら全てを選択して、最後に「アーマチュア」を選択しましょう。

キャラクターのオブジェクトを全て選択する方法としては [Ctrl] を押しながら画面上で選択する方法やアウトライナーから選択する方法などがあります。

※複数のオブジェクトから構成されている本サンプルキャラクターでは「ウェイト付け」に「統合」が必要の無い例としてあえて「統合」を行っていません。キャラクターを構成するオブジェクトを全て選択して [**RMB**] ➡**オブジェクトコンテクストメニュー**➡**統合**を行えば「ウェイト」を付けはより簡易になり扱い易くなります。尚、「統合」されたオブジェクトが「自動ウェイト」に適しているのかはモデリングの状態によりケースバイケースとなります。

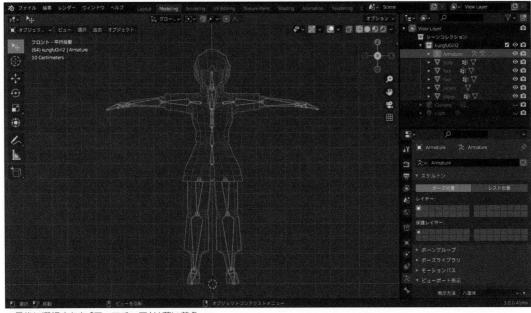

▲最後に選択された「アーマチュア」は薄い黄色

次に **[RMB]**➡**オブジェクトコンテクストメニュー**➡**ペアレント**➡**自動ウェイト**を適用し、「ウェイト付け」を行います。

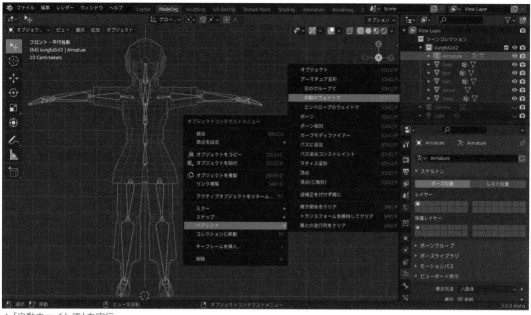

▲「自動ウェイトで」を実行

●「ウェイト」の確認

「ウェイト」の確認は「アウトライナー」による確認と「アーマチュア」を実際に動かしてみての確認の両方が良いでしょう。

「アウトライナー」でオブジェクトの状態を確認すると、全てのメッシュが「アーマチュア」の子として「ペアレント」されていることが分かります。

▲親子付けされた状態を「アウトライナー」で確認

次に実際に「アーマチュア」を動かして確認してみますが、その前に全ての「ボーン」のトランスフォームの回転角度モードを「オイラー角」に変更しておきます。

　「クォータニオン角」を利用するほうがアニメーション上の不都合は起こり難いのですが、多くの人にとっては、日頃使い慣れて感覚的にも理解し易い「オイラー角」を利用するのが良いでしょう。

　「ポーズモード」で [A] を押して全ての「ボーン」を全選択します。

[Alt] を押しながらボーンプロパティ➡トランスフォーム➡モードを「XYZオイラー角」に変更します。

※ [Alt] を押すことによって選択した全ての「ボーン」を「XYZオイラー角」モードに変更します。

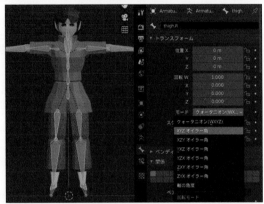

▲ [Alt] を押しながら「オイラー角」に変更

　先ず「ウェイト付け」されていないオブジェクトが無いかを確認します。

　百聞は一見に如かず。「アウトライナー」でも確認可能ですが、オブジェクトの選び忘れで「ウェイト付け」忘れもたまに発生します。「spine」を移動ツールで少し前方などに移動させてキャラクター全体が移動するか確認しましょう。

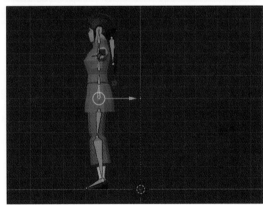

▲ 「移動」で「spine」を移動チェック

基本確認が終われば次に関節の確認です。

FK（フォワードキネマティクス）による「ボーン」のポージングは基本的には「回転」ツールだけを使用します。

モードを「ポーズモード」に切り替えて、試しに何かポーズを作ってみてください。完成すれば、「アウトライナー」で「アーマチュア」を非表示にしてポーズの確認です。「ウェイト調整」を行っていませんので所々奇妙な感じで面がめり込んでいたりもしますが、今は気にしないでおきましょう。

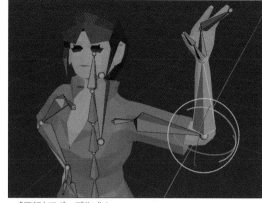

▲「回転」でポーズ作成！

●ポーズ設定の基本的な流れ

ここからは「ボーン」とキャラクターの状態が良く確認できるように、「ボーン」の「表示方法」を「八面体」から「スティック」に変更しました。

※「八面体」「スティック」以外にも「Bボーン」「エンベロープ」「ワイヤーフレーム」など設定可能です。表示方法は好みのものを選んでください！

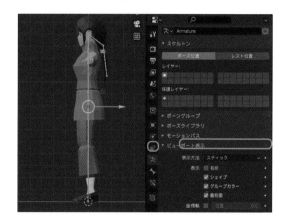

キャラクターへのポーズの設定は、アーマチュアの「ポーズモード」で行います。

まず、「オブジェクトモード」でアーマチュアを選択します。

▲アーマチュアを選択

モードセレクターで「ポーズモード」に切り替えます。

▲「ポーズモード」

「ボーン」を選択して「回転」ツールでポーズを設定しましょう。

▲「回転」ツールで設定

●ポーズの戻し方

色々とポーズを試したけど、いざ初期状態に戻したいときはどうすればよいか。そんなときは「ポーズモード」で [A] で全ての「ボーン」を選択し、**[RMB]➡ポーズトコンテクストメニュー➡ユーザーのトランスフォームをクリア**を選んでポーズを初期状態に戻してください。

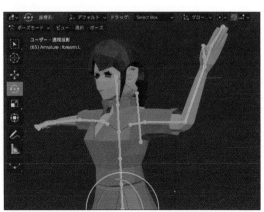

▲「ボーン」を全選択する

また、**ヘッダーメニュー➡ポーズ➡トランス
フォームをクリア**の「全て」、「位置」「回転」、「ス
ケール」の何れかを選んでもポーズを初期状態に
戻すことができます。

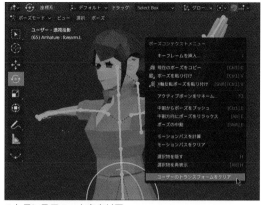

▲トランスフォームをクリア

どちらの操作も選択した「ボーン」の状態だけ
を初期状態に戻すことも可能です。

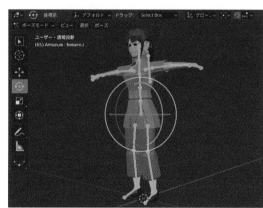

▲③キャラクターが初期状態に戻った！

●各モードの行き来

　「オブジェクト」と「ボーン」を同時に扱うと、モードの切り替えが少し煩雑になります。各モードへは「オブジェクト」を選んだ場合と「アーマチュア」を選んだ場合でプルダウンの項目が変化します。

　各「編集モード」や「ポーズモード」へは「オブジェクトモード」にいったん戻してから「オブジェクト」又は「ボーン」を選択して切り替えると良いでしょう。

オブジェクト選択	アーマチュア選択
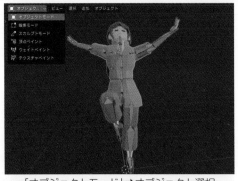	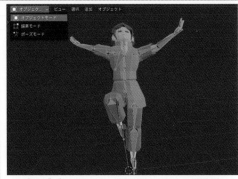
「オブジェクトモード」➡オブジェクト選択	「オブジェクトモード」➡アーマチュア選択
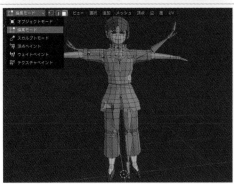	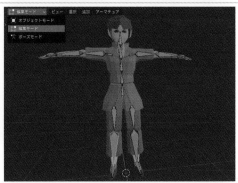
「オブジェクトモード」➡オブジェクト選択➡「編集モード」	「オブジェクトモード」➡アーマチュア選択➡「編集モード」
	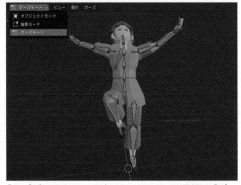
	「オブジェクトモード」➡アーマチュア選択➡「ポーズモード」

▲1920×1080px　Cycles Sampling 1024px

1 環境

2 基礎

3 メッシュ

4 カーブ

5 スカルプト

6 マテリアル

7 アニメーション

8 アーマチュア

9 レンダリング

10 関連情報

6 ● 「ウェイトペイント」

「ウェイトペイント」による画面でウェイトの調整を行うには**「オブジェクトモード」で「アーマチュア」、「オブジェクト」の順に選択（「ウェイト調整」したい「オブジェクト」を最後に選択）した後に、「モードメニュー」より「ウェイトペイント」を選びます。**

※いきなりモードを「ウェイトペイント」に切替えても思ったように表示が変わりませんので注意してください。

●「ウェイトペイント」画面

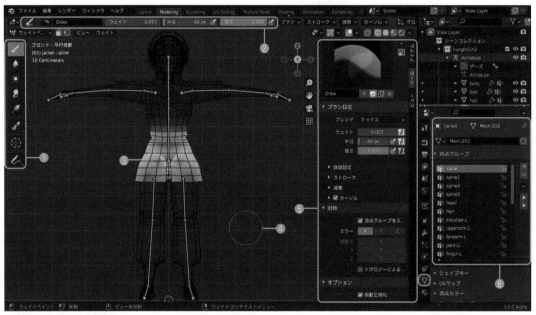

▲「ウェイトペイント」画面

❶ウェイトペイントツール

「Draw（ドロー）」、「Blur（ぼかし）」、「Average（平均化）」、「Gradient（グラデーション）」などのツールが並びます。今回の「ウェイト調整」では「Draw（ドロー）」と「Blur（ぼかし）」を試してみましょう。

「Draw（ドロー）」は、最も基本的なブラシツールです。「ブレンド」は初期値の「ミックス」を使い、「ウェイト」を1または0の値に切り替えてブラシ半径を調整しながら使用します。

実際「Draw（ドロー）」使用のコツは「ウェイト」の値の調整です。使用に慣れ始めれば「ウェイト」の値を細かく調整して使用してみましょう。

参考に3つの「ボーン」からなる「アーマチュア」を単純な円柱に設置して、「Draw（ドロー）」と「Blur（ぼかし）」ブラシを使用してみます。

「ウェイト付け」は「自動ウェイト」設定です。

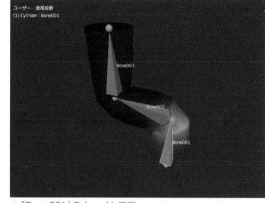

▲「Bone001」のウェイト表示

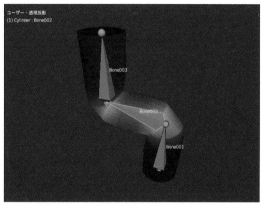

▲「Bone002」のウェイト表示

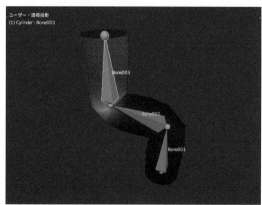

▲「Bone003」のウェイト表示

●「Draw（ドロー）」ブラシで「ウェイト」の強弱をつけてみる

「Bone002」を [Shift] + [LMB] で選択します。

ブラシの設定は、「詳細設定」の「全面のみ」のチェックを外し、「オプション」の「自動正規化」のチェックを有効にしています。

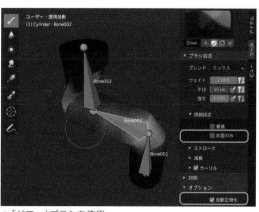

▲「ドロー」ブラシを使用

サンプルでは「Bone003」に付いていた全ての「ウェイト」を中央の「Bone002」に割り当てました。

実際にメッシュをブラシでペイントして「ウェイト」の変化を確認してみましょう。

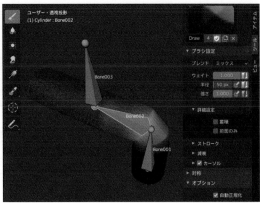

▲「Bone002」に割り当てられたことを示す赤色

[Ctrl] ＋ LMBクリックで「Bone003」を選択します。

メッシュの色が青色で表示され、「ウェイト」が割り当てられていないことが確認できます。

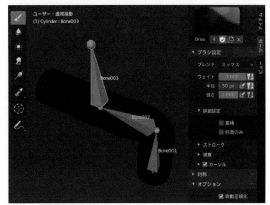

▲「Bone003」の「ウェイト」が外れた

●「Blur（ぼかし）」ブラシで境界を滑らかにしてみる

「Blur（ぼかし）」は隣り合う頂点の「ウェイト」を滑らかにするツールです。比較的使いやすい便利なツールで、ツールの強度を「強さ」で調整します。

「Draw（ドロー）」を使用した場所を「Blur（ぼかし）」」でなじませました。

「ツール」を選択すると**サイドバー**の「ツール」と「プロパティエディタ」の「アクティブツールとワークスペースの設定」にツール設定が表示されます。

どちらを利用しても設定可能ですので使いやすい方を利用しましょう。

❷ブラシの設定

主要なブラシ設定は「サイドバー」をオープンしなくても、ヘッダに並ぶブラシ設定で変更可能です。特に「ウェイト」（ウェイトの値）、「半径」（ブラシチップ半径）、「強さ」（塗りの強さ）と**各筆圧のオン／オフ**などは [RMB] プレスで表示される「コンテキストメニュー」からも選択可能です。

❸「ウェイト」のカラー

「ウェイト」の強さ（どれ程ボーンに引っ張られるか）は**0.0（青）**から**1.0（赤）**に至る虹色で表示されます。

▲ウェイトの強さを表すカラーコード

●追加された「ボーン」に対する「ウェイト」表示

スクリーンショットでは「AddedBone」を追加しました。

紫色はマテリアルファイル（画像など）のリンク切れや「頂点グループ」のない「ボーン」（頂点の割り付けが無いボーン）の状態を表す表示色です。

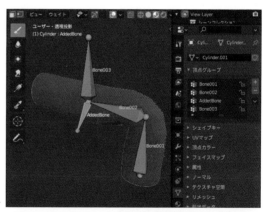

マテリアルリンク切れの紫色▶

❹ブラシ

赤い円はブラシの大きさを表します。

❺サイドバー（ツール）

選択している「ツール」の設定を表示します。

「アクティブツールとワークスペースの設定」にも同様に選択している「ツール」の設定が表示されます。

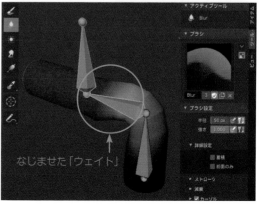

「Blur（ぼかし）」ツールでなじませる▶

❻頂点グループ

「頂点グループ」の利用方はさまざまです。ここでは、「ボーン」に付けられた名前の「頂点グループ」を
クリックすることで「ボーン」を選択しています。

❺サイドバー（Drawブラシツール）

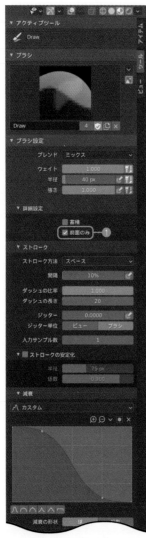

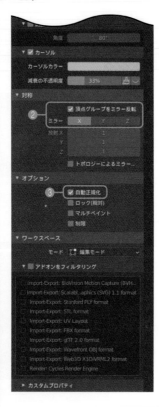

▲「ウェイトペイント」画面

❶詳細設定「前面のみ」

デフォルトでチェックされているこの
設定はビューに見えている面だけをペ
イントするモードです。チェックを外
すと見えていない裏側も同時にペイン
トすることができます。

❷頂点グループをミラー反転

対称化の軸を設定することによって、軸
方向に対称ペイントが可能です。
キャラクターなどの左右で同じ「ウェイ
ト」を設定する場合などに便利です。
「ミラー」設定は「エリア」上部の対称化
設定と連動しています。

❸オプション「自動正規化」

「自動正規化」の設定は、複数の「ボーン」
が特定の頂点に与える影響の合計値を
1.0として自動調整する機能です。基本
はチェックを入れて使用してください。

7 ● 「ウェイトペイント」画面で「ウェイト調整」！

「ウェイトペイント」画面には様々なツールや設定があり初学者が使いこなすのは大変です。

ここでは基本的な流れを紹介しますので何度も繰り返しながら自分により適した手順を見つけてください。

● 「ウェイト調整」のコツ

「ウェイト調整」にもかなりの慣れと経験と根気が必要ですが、コツと言えるものを幾つか紹介しましょう。

使用するツールは「Draw（ドロー）」、「Blur（ぼかし）」、「頂点グループ」です。

● 「Xミラー」や「ミラー反転」を前提に片側だけ「ウェイト調整」する

無駄な作業が発生しないように心がけましょう。

サンプルキャラクターの「ウェイト調整」は「Xミラー」を有効に設定し作業を進めています。

● 「ボーン」が可動する範囲を決めておく

どれほど動かしても破綻しない「ウェイト調整」を求めると無理があります。そのキャラの動作を想定して調整しましょう。

※リグの設定ではキャラクターの各関節の可動範囲設定も重要です。

● 手や足の先端の「ボーン」から腰などに向かって、または逆の順に確実に調整を済ませる

通常、特定の頂点は1つ以上の「ボーン」の影響を受けます。

連続した1つひとつの「ボーン」に対して「ウェイト調整」を確実に終わらせましょう。

● 先ずは影響を無くしたい「ボーン」の調整を行う

影響を強めたり、弱めたりと試行錯誤せずに、先ずは不要と思われる「ボーン」の影響をゼロに設定します。

例えば手足の先端を曲げて他の体の部分が引っ張られていれば、そのメッシュの頂点への影響は「頂点グループ」から「削除」を設定すれば良いでしょう。

---

1 環境
2 基礎
3 メッシュ
4 カーブ
5 スカルプト
6 マテリアル
7 アニメーション
8 アーマチュア
9 レンダリング
10 関連情報

少し便利な「ポーズモード」の「ウェイトペイント」 Tips

メニュー➡編集➡オブジェクトモードをロック
のチェックを外すと「ポーズモード」でポーズを
変更しながらの「ウェイトペイント」が可能です。

「ボーン」の切り替えは [Ctrl] + [LMB] クリッ
クで行い、[R] ➡ [X] などで軸を限定した「回転」
などでポーズを変えます。

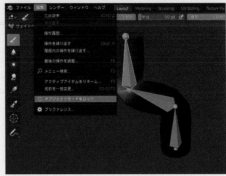

▲「オブジェクトモードをロック」をOFF

8 ● キャラクターのウェイト調整

　今回のキャラクターは「面」の数も少ない「ローポリゴン」モデルです。構造もシンプルなので色々と
変形にも無理が発生しますが、「ウェイト調整」を行って問題部分の解消を試みてみます。

　「ボーン」の形状は「ウェイトペイント」の状態がよく確認できるように「スティック」に変更しました。

●「ボーン (hair)」を動かすと頭部の髪と腰の服が引っ張られる！

　この問題は直ぐにでも解消したいところですね
…。

　しかし慌てないでください！見た目の悲惨さに
反して比較的簡単に解決できそうです。

　頭部の髪がの「ボーン (hair)」の影響を受けて
いるので、髪飾りより上の頭髪の頂点を選んで
「ウェイト」をゼロに設定すればよさそうです。

　簡単な方法として、「頂点グループ」を利用して
みましょう。

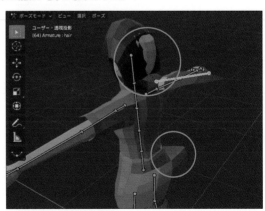

▲先ずはこの問題を修正！

「body」のオブジェクトはアウトライナーで非表示に設定しています。

「ボーン (hair)」、「メッシュ (hair)」の順に選択して「ウェイトペイントモード」に切り替えます。

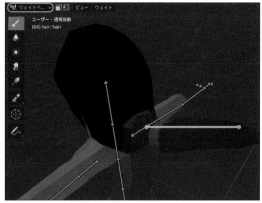

▲「body」を非表示にして「ウェイトペイントモード」

「頂点」の選択モードで「ボーン (hair)」の「ウェイト」を確認し、削除したい「頂点」を「選択」ツールで選択します。

執筆時の確認では「ウェイトペイントモード」における「頂点」選択では「透過」モードによる裏面選択が効きませんので「四分割表示」などを併用しながら選択しましょう。

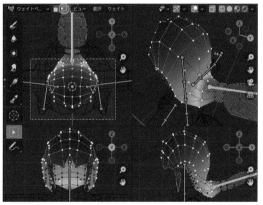

▲「選択」ツールで「頂点」選択

「オブジェクトデータプロパティ」➡「頂点グループ」の「hair」を選択し、「削除」ボタンを押します。

必要な全ての「頂点」を一度に選択するのは無理です。選択の方法を変え「頂点グループ」から「hair」を選んで「削除」ボタンを押す操作を繰り返し、「ボーン (hair)」の影響を削除します。

不要なメッシュの変形が次第に元に戻るでしょう。

▲「hair」を選んで削除

時々「body」を表示して確認しましょう。

不必要な「ウェイト」が削除でき、髪の形が元に
戻れば設定は完了です。

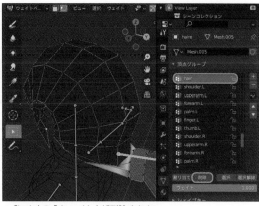

▲「hair」の「ウェイト」が削除された

「頂点グループ」での修正が十分にできたところ
で、「頂点」選択のボタンを解除し「Blur（ぼかし）」
ブラシで髪の曲がっている境界を滑らかに馴染ま
せましょう

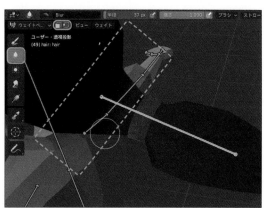

▲「Blur（ぼかし）」で馴染ませ

髪の次は、「メッシュ（jacket）」の修正です。

髪と同様の手順で「メッシュ（jacket）」を選択
して「ウェイトペイント」モードに切り替えます。

良く見ると腰以外に襟元にも影響を与えていま
す。「ボーン（hair）」の「メッシュ（jacket）」に対
する「ウェイト」は全く必要ありませんので［A］
で全てを選択して「頂点グループ」から「削除」ボ
タンを押します。

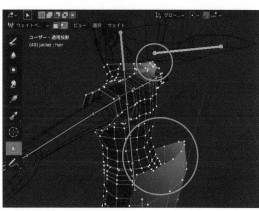

▲「jacket」も「ウェイト調整」

●「spine2」をねじると「メッシュ (body)」が「メッシュ (jacket)」を突き抜ける

このキャラクターは身体と服の二重構造ですのでこのような「突き抜け」が発生します。

この「ウェイト調整」は「Xミラー」を有効にして「Draw (ドロー)」と「Blur (ぼかし)」ブラシで行いましょう。

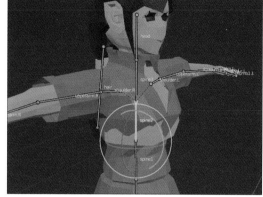

▲身体をねじると「body」が突き抜ける！

身体のねじりは各spineでコントロールします。

身体をねじって確認すると「メッシュ (body)」に対する「spine1」の「ウェイト」が全く付けられていない様子です。

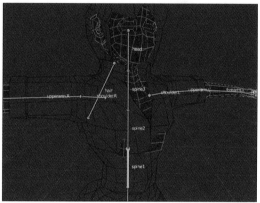

▲「spine1」の「body」に対する「ウェイト」がない?!

表示をON／OFFと切り替えながら調整を進めます。

「spine1」の「メッシュ (body)」に対する「ウェイト」を「Draw (ドロー)」で付けたのちに、「Blur (ぼかし)」でなじませました。

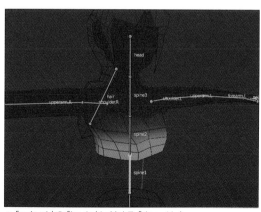

▲「spine1」の「body」に対する「ウェイト」

身体をねじっても突き抜けることを抑えること
ができました。

「マテリアルプレビューモード」での表示なども
忘れず確認しましょう。

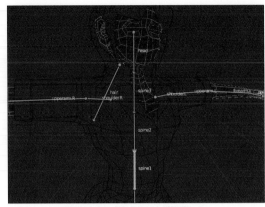

▲「ウェイト調整」により「突き抜け」が解消した

●その他の調整

そのほか、少し気になる部分を見つけました。これらの不都合箇所も解消します。

腕をあげた時の「jacket」の変形

こちらの不要な変形もブラシで調整しましょ
う。

「Draw（ドロー）」ブラシの「ウェイト」をゼロ
に設定し「upperarm」や「forearm」の「ボーン」
を選択し影響を取り除きます。

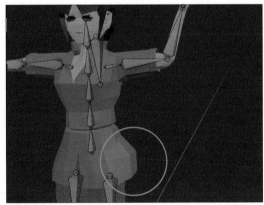

▲「jacket」も「ウェイト調整」

腿を曲げた時の「body」が「jacket」を抜ける

この「ウェイト調整」もブラシで行います。

「ウェイト」は「頂点」に対しての設定ですので、「頂点」を狙ってペイントしてください。

実際には慣れるに従って**細部の調整は値の細かな変更とマウスのクリック操作が必要**となります。特にこのようなローポリゴンのオブジェクトではクリック操作が大変重要です。

扱いづらい「頂点」がある場合は体の中から調整することも試してみましょう。

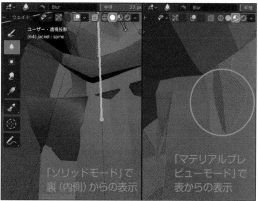

▲表と裏から同時に「jacket」の「ウェイト」を確認

「body」と「jacket」のどちらの「ウェイト」を調整するかはケースバイケースです。

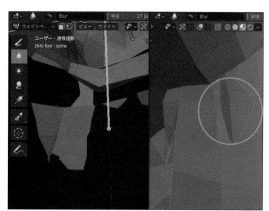

▲表と裏から同時に「body」の「ウェイト」を確認

「jacket」には裾専用の「ボーン」を設置して「ウェイト」を割り当てるのが良いでしょう。

このサンプルキャラクターでは少し無理もありますが、腿や腰の「ボーン」だけで「body」と「jacket」双方の「ウェイト」調整しました。

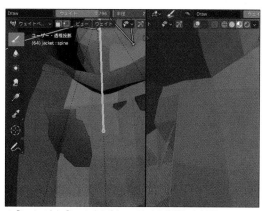

▲「jacket」と「body」の「ウェイト」を修正した結果

その後、後ろに脚を振り上げたときのめり込みも調整して一先ずの完成です！

「ウェイト調整」の上達は繰り返しの試行錯誤と経験、諦めない心です。実際にこのような多層（身体、服装など）のキャラクター制作では「ウェイト調整」だけで全て解決する訳ではありません。モデリングのポリゴンをより細かくする、「アーマチュア」の構造の見直しなど様々な工夫も必要です。

1万程度のポリゴン数でキャラクターをモデリングすると、ここで発生した問題の多くは比較的簡単に解消できるでしょう。

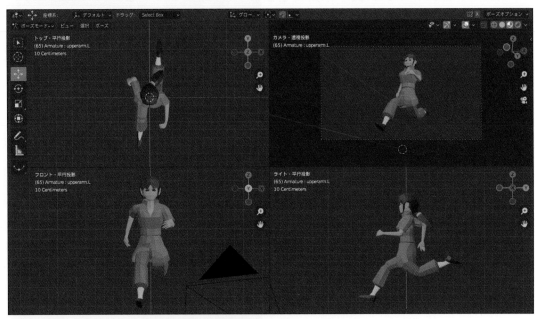

▲あなたのキャラクターは元気よく走り出しましたか？

「ウェイト」のミラーコピー

「ウェイトペイント」時の「頂点グループをミラー反転」は大変便利ですが、ここでは他の方法として「ウェイト」のミラーコピーを紹介します。

●メッシュを選択した後に、**「オブジェクトデータプロパティ」>「頂点グループ」** からコピー先（不要な）**「頂点グループ」の名前をコピーしておいて削除**します。

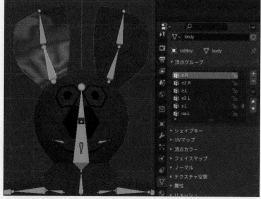

▲コピー先「頂点グループ」を削除

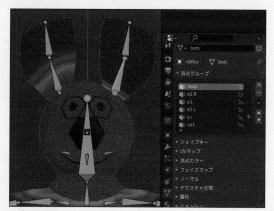

▲「頂点グループ」が削除された

●「頂点グループ」からコピー反転したい
　「頂点グループ」を選択し、メニューよ
　り「頂点グループをコピー」を選びます。
　※ [Ctrl] + [LMB] クリックで「ボーン」を
　　選択可能です。

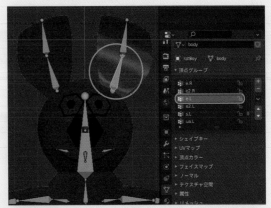
▲コピー元「頂点グループ」を選択

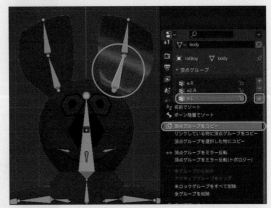
▲「頂点グループをコピー」

●複製した「頂点グループ」を「頂点グルー
　プをミラー反転」を選んで反転します。

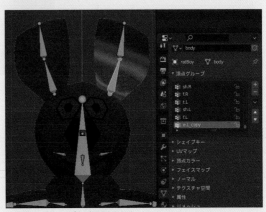
▲「頂点グループ」が複製された

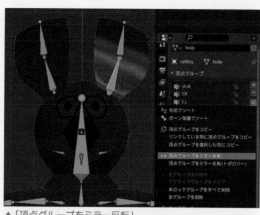

▲「頂点グループをミラー反転」

●反転された「頂点グループ」のコピーしておいた名前に変更します。
最終的に名前が同じでコピーが有効となります。

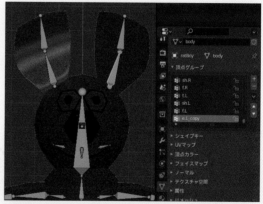

▲ミラー反転された「頂点グループ」

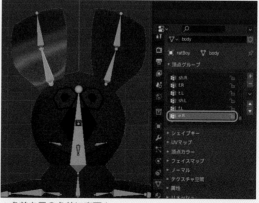

▲名前を元の名前に変更！

8-3　キャラクターにアーマチュアを設置する　383

InDetail

テクスチャが先かウェイト付けが先か

テクスチャマッピングを先に行い、その後ウェイト付けを行うのが良いか、又はその逆か。

実際にはどちらでも良いのですが。

現在では制作作業が分業化されていることも多いので、モデラーがキャラクターを作成し、その後リガーによってアーマチュアの設定、ウェイト付け、リグ設定が行われるケースも多いでしょう。

しかし、ウェイト付けの際にキャラクターモデルのリテイク、UVの再設定の発生も一般的です。リテイク作業を考慮すれば、テクスチャを後回し

にして…、と考えますが、テクスチャがマッピングされていることによって、ウェイトの問題点を見つけることができる場合もあります。

筆者の場合はキャラクターをテクスチャマッピングまで完成させた後に、ウェイト付けを行います。

これは単にキャラクター作成作業終了の満足感をいったん得るためのものなのかも知れません。

テクスチャが先かウェイトが先か、悩みは尽きません。

Chapter

9

カメラ、ライト、そしてレンダリング

3DCG制作において最終的なルック（見た目）を決める「ライト」と「カメラ」の設定は非常に重要です。どんなに平凡に見える撮影対象でも「ライティング」や「カメラワーク」一つで生きたカットへと変ります。これらの技術を向上させるには、3DCGソフトをいったん離れて何よりも良い映像作品を多く見ることも必要です。

このChapterでは「ライト」と「カメラ」の設定、そして作品の完成につながる「レンダリング」の基本を学びましょう。

カメラ

ここでは Blender における「**カメラ**」の特性や設定を紹介します。

3DCG作品を完成させる「**レンダリング**」画像を得るには、「**カメラ**」を設置する必要があります。カメラマンになったつもりで 3DCG ワールドをフレームに収めてください。

1 ● カメラの作成とカメラオブジェクト

初期設定画面では「シーン」に「カメラ」が1つ設置されています。新たに「カメラ」を作成する必要や複数の「カメラ」が必要な場合は [Shift] + [A] ➡追加➡「カメラ」を選び追加してください。

「ビューポート」で見られる「カメラ」は上下方向、画角、焦点距離がシンプルなワイヤーフレーム状で表示されています。「カメラ」には自由に移動や回転、アニメーションの設定が可能です。

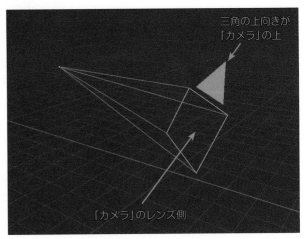

三角の上向きが「カメラ」の上

「カメラ」のレンズ側

▲ビューポートの「カメラ」

2 ● アクティブカメラの設定

初期設定で用意されている「カメラ」は
1つですが、「カメラ」は必要なだけ自由に
作成可能です。

「レンダリング」に使用される「カメラ」
は1つだけなので、「カメラ」がシーン内に
複数存在する場合は、レンダリングに使用
するアクティブな「カメラ」を設定する必
要があります。

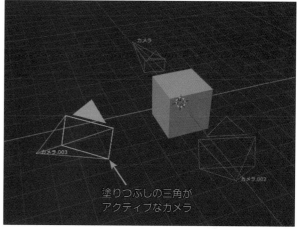

▲複数の「カメラ」の設置

「カメラ」の切り替え方法は**シーンプロ
パティ➡シーン➡「カメラ」で「アクティブ」
に設定する「カメラ」を選択**してください。
また、「カメラ」を選択して [Ctrl] + [0]
によっても「アクティブカメラ」の切り替
えが可能です。こちらのショートカットに
よる切り替えではビューが「カメラビュー」
に移動しますので注意してください。

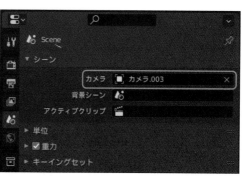

▲「シーンプロパティ」でアクティブカメラの設定

3 ● カメラビューへの切り替え

「アクティブ」な「カメラビュー」への表示の切り替えは**テンキー [0]**、または「3Dビューポート」の「カ
メラアイコン」で可能です。再度同じ操作で元のビューアングルへ戻ることが可能です。

 Shortcuts

アクティブカメラの切り替え：カメラを選択して [Ctrl] + [0]		注）テンキーの0に限る
カメラビュー　　　　　　　： [0]		注）テンキーの0に限る

---

4 ● カメラビュー(セーフエリア)

「カメラ」は「レンダリング」の直前に設定すれば良いかと言えばそうではありません。

本書でも解説の便宜上、後半での説明となっていますが、通常の映画撮影でもカメラを覗かずにセット組や役者の立ち位置、演技などはできません。

「カメラビュー」に切り替えるとアクティブな「カメラ」から覗いた画面となります。「カメラビュー」=「レンダリング」画面ですので、「レンダリング」を想定した「カメラ」の画角や構図を設定し、不要なものを

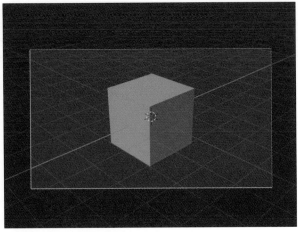

▲標準的な「カメラビュー」

作成しないためにも「カメラビュー」を確認しながらの制作が大切です。

「カメラビュー」は「カメラ」プロパティの設定によって各種情報を表示することが可能です。

「カメラビュー」の縦横比は**出力プロパティ➡「レンダープリセット」**で設定します。

▲「カメラをビューにロック」や「四分割表示」でカメラ位置を設定

5 ● カメラのプロパティ

「カメラ」を選択してプロパティエディタ➡「カメラプロパティ」で、選択した「カメラ」の設定が行えます。設定項目の幾つかを紹介しましょう。

❶カメラ選択

カメラアイコンのプルダウンから「シーン」に設置されているカメラを選択可能です。また、「カメラ」の名前を変更することも可能です。名前に関しては「アウトライナー」でも変更可能です。

❷タイプ

透視、平行、パノラマ状などのタイプから選択できます。

❸焦点距離

カメラの焦点距離設定です。標準の50mmが初期値として入力されています。

❹範囲の開始、終了

「カメラ」が有効とする（表示する）範囲の設定となります。近すぎたり遠すぎてオブジェクトが「カメラ」から消えてしまう場合に値を調整してください。

※モデリングやレイアウトを行うための「3Dビュー」の透視投影は「カメラ」によって設定されていません。同様の症状が発生した場合は**サイドバー➡ビュー**より設定を行ってください。

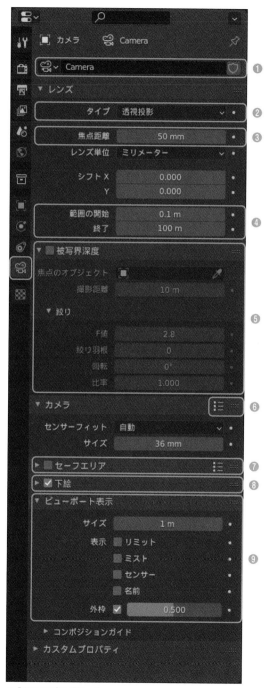

▲「カメラプロパティ」

❺被写界深度

被写界深度の設定です。チェックを有効にして絞りF値など「**焦点オブジェクト**」を設定することで簡単にピンぼけ画像が設定可能です。

「**被写界深度**」のチェックを有効にすると絞り（F値など）の設定が可能となりピンぼけの強弱を調整できます。

❻カメラ

メニューから表示される「**カメラプリセット**」のリストによって実際のカメラ機種を選び、値の読み込みが可能です。

❼セーフエリア

「**カメラビュー**」に表示される「**セーフエリア**」の有効化や編集を行います。メニューによりセーフエリアのプリセットを選択することが可能です。

❽下絵

「**カメラビュー（フレーム内）**」に「**下絵**」を配置できます。ここでの下絵は「**モデリング**」のためのものと考えるよりは、他の画像と3Dモデルを合成するときなどに利用するものと考えましょう。

❾ビューポート表示

「**カメラビュー**」や「**ビューポート**」に様々な情報を表示します。「**サイズ**」の設定は「**カメラ**」の「**3Dビュー**」内での見かけ上の大きさです。「**オブジェクト**」のスケールに対して小さすぎたり、大きすぎたりして扱い辛い場合には調整してみましょう。

6 ● 焦点距離と被写界深度

「**焦点距離**」とはカメラのレンズから内部の撮影機能（フィルムやCCDなど）までの距離です。そのためソフトウェアである3DCGソフトには存在しませんが、現在の3DCGソフトウェアは実世界のカメラを模した作りとなっており、実際のカメラに対する知識がそのまま利用可能です。

初期設定の**50mm**は「**標準レンズ**」、50mm以下を「**広角レンズ**」、50mm以上を「**望遠レンズ**」と呼んだりもしますが、厳密な境界はありません。

「**被写界深度**」とは焦点の合う距離のことで、**被写界深度が深い、被写界深度が浅い**などの言い方をします。通常のカメラを例にすると望遠は被写界深度が浅く撮影できる範囲は狭くなり、ピントがボケやすくなります。

一方、広角は被写界深度が深く撮影できる範囲は広くなりピントが合います。本来3DCGの世界ではピンぼけは存在せず、実際のレンズ（カメラ）では「**絞り（F値）**」の設定に左右されますが、映像表現として前方や後方のオブジェクトをあえてピンぼけにしたい場合などに利用します。

広角レンズ（画角が広い）　例：焦点距離35mm	望遠レンズ（画角が狭い）　例：焦点距離100mm
ピンぼけしにくい	ピンぼけしやすい
被写界深度が深い	被写界深度が浅い

▲広角的な画角

▲望遠的な画角とぼかし

7 ● 「カメラをビューにロック」

「カメラビュー」でレンダリング状態を確認して、またカメラを移動して、再度「カメラビュー」に戻って確認…、「カメラ」をオブジェクトとして動かして「カメラビュー」を調整するのは大変ですね。そんなときは**「カメラビュー」を固定してファインダーから覗いた状態で撮影アングルを調整できます。**

　サイドバー➡ビュー➡「カメラをビューにロック」した状態で移動やズーム、回転を行うとカメラ位置が変更されるのです。

　カメラアングルの設定方法として「カメラをビューにロック」以外に、エリアを分離して「カメラビュー」を見ながら「カメラ」を「3Dビュー」で操作してもよいでしょう。

　「カメラ」位置が一旦決まれば、「カメラ」が再度動かないように「カメラをビューにロック」のチェックをオフにすることも忘れずに。

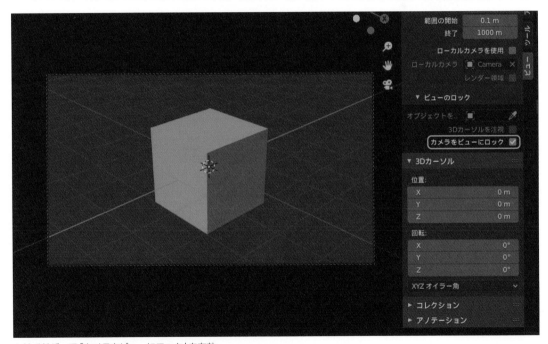

▲サイドバーで「カメラをビューにロック」を有効

3Dビューの視点をカメラにコピー

　レンダリング用のカメラは前もって設定しておくべきですが、「3Dビュー」の視点をそのままカメラに設定できれば…と考えることは良くあるものです。

　もちろん可能です。

　ヘッダーメニュー➡ビュー➡視点を揃える➡「現在の視点にカメラを合わせる」を適用することによって、編集に利用しているビューをアクティブカメラにセットすることが可能です。

▲「カメラ」設定は計画的に

ライト

最近のCMにおける商品映像では、3DCG画像が多用されています。現実世界では光や影や映り込みをコントロールすることは非常に大変です。撮影可能な商品でも3DCGが利用される理由はもちろん自由な演出のためですが、何よりもそれら光や影といった設定に手間の掛かる要素を自由にコントロールできることも大きな理由の1つです。

1 ● ライトの種類

Blender起動時のシーンには**「ポイント」ライトが1つ設置**されています。**「ライト」**の追加は**メニュー➡追加➡ライト**で**「ポイント」「サン」「スポット」「エリア」**の4種類のライトから任意のライトを追加できます。

各ライトに共通した設定として、光の**「パワー」**(強度)をワット単位で設定することができます。

4種類の**「ライト」**以外にもワールドに対する**環境(HDR画像)**やシェイプに対する**放射**

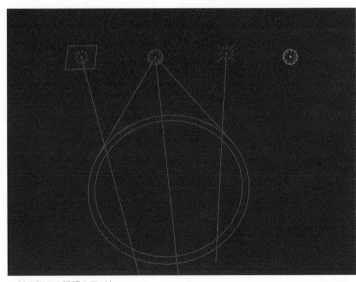

▲基本的な4種類のライト

(エミッション)の設定などによっても対象を照らしたり発光させることが可能です。

「ライト」は**「レンダリング」**と密接に関係しています。このセクションでは、**「ライト」**の説明と共に**「レンダーエンジン」**の**「Eevee」**と**「Cycles」**の用語も使用されていますので注意してください。

「影」の設定は**「ライト」**による設定以外にも各オブジェクト、ビューポート表示、レンダリング時など様々なケースでON/OFFが可能なため設定が煩雑になります。

●ポイント

「ポイント」は全方向に光を放つ「ライト」です。電球やロウソクの炎などの表現などに適しています。

▲「ポイント」ライト

●サン

「サン」は太陽光を模した「ライト」です。「角度」には地球からの角直径である0.526度が初期値で設定されています。無限遠方からの平行光源なので、光の方向は重要ですが光源の場所はレンダリングに影響しません。

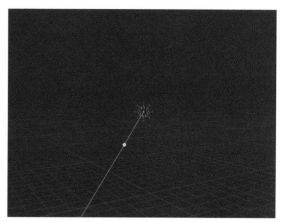

▲「サン」ライト

●スポット

「スポット」はスポットライトを模した円錐上に拡散する「ライト」です。室内のダウンライトなど一般的な「ライト」をイメージすると良いでしょう。

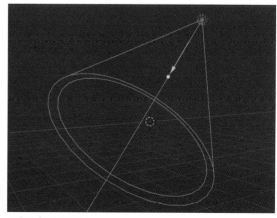

▲「スポット」ライト

●エリア

「エリア」では「ライト」の形状を「正方形」、「長方形」、「ディスク」、「楕円」の4種類の中から選択することが可能です。本書の例ではテレビ画面の明るさ表現に利用していますが、窓から入る光の表現などによく利用されます。

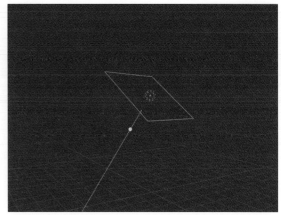

▲「エリア（正方形）」ライト

●その他の光源

●「IBL（Image Based Lighting）」

「ワールド」の環境に対して「HDR画像」などをマッピングすることによって画像による光を設定することが可能です。リアルなライティングとしてよく利用されます。

▲「HDR画像」をつないだ「ノード」

●「放射」マテリアル

「メッシュ」に対して「放射」マテリアルを設定することによって「メッシュ」自体を発光させる手法です。「放射」による発光は色々と制約があるために「ライト」の代用としての使用は勧められません。ネオンなどの発光体の表現に適しているでしょう。

▲「放射」マテリアルに「Eevee」のブルームを加味

2 ● ライト設定の実例

　ここでは簡単な部屋を作成し、実例として各種の「ライト」の設定をします。「レンダリング」と密接に関係する「ライト」の設定には「Eevee」や「Cycle」レンダーエンジンに関する設定が必要となります。先ずは Blender で初期設定されている「レンダーエンジン」の「Eevee」を中心に設定を紹介し、次に若干の違いが発生する「Cycle」の設定を紹介します。

●部屋のモデリング

　大きさの設定は自由ですが、本書作例では立方体を変形し、**奥行き8m、幅5m、高さ2.5m**の壁のないマンションの部屋を作成しました。サイズを入力後、念のため **[Ctrl] + [A]** ➡**「スケール」**でスケールの値を**「適用」**しています。

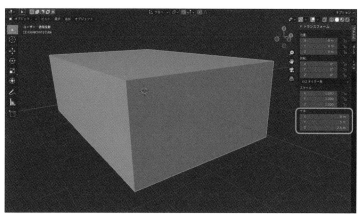

▲オブジェクトモードで寸法の入力後、「適用」

　太陽光（サンライト）の確認も行いたいのでベランダ側に窓（採光部）を作成します。方法は**「編集モード」**で面を選択し、**「面を差し込む」**を利用して一回り小さい面を作成します。

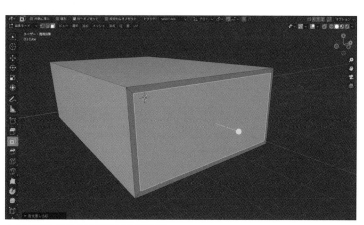

▲「面を差し込む」で内側に「面」を作成

1 環境
2 基礎
3 メッシュ
4 カーブ
5 スカルプト
6 マテリアル
7 アニメーション
8 アーマチュア
9 レンダリング
10 関連情報

作成した面を選択したまま、
[Delete] で削除します。

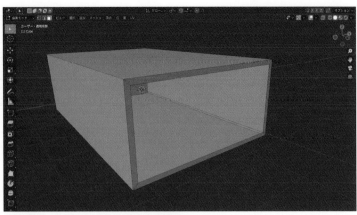

▲「面を差し込む」で作成した「面」を削除

このままでは壁に厚みがあ
りません。部屋の内側が重要な
ので、「オブジェクトモード」
に切り替えて**モディファイ
ヤープロパテ➡モディファイ
ヤーを追加➡ソリッド化**を選
び壁に厚みを付けます。窓側の
面は少し斜めになりますが、テ
スト用としては問題無いで
しょう。

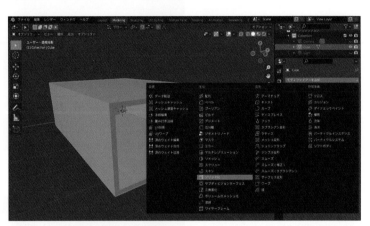

▲「ソリッド化」で壁に厚みを付ける

「ソリッド化 (Solidify)」は厚みを付ける「モディファ
イヤー」です。多くの設定がありますが、今回は**幅**の値だ
けを適宜設定してください。本書作例では**10cm**を設定
しました。

▲10cmを入力

追加した「**モディファイヤー**」に対して[**適用**]を選んで設定の確定を行ってください。

▲「モディファイヤー」設定を「適用」

念のため「**編集モード**」に変更し、「**法線**」を表示して面の裏表を確認しておきましょう。

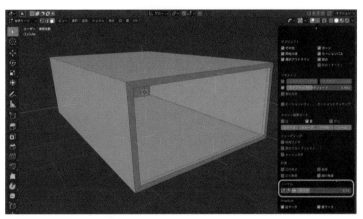

▲「法線」を確認

簡単な丸テーブルとテレビのディスプレイをセットします。テーブルは「**影**」の確認に使用しますが、Capture 3で作成したものを「**アペンド**」で読み込んでもOKです。

ディスプレイは「放射」のテストに使用します。こちらも少し手を入れて「**面を差し込む**」で枠を作成しました。

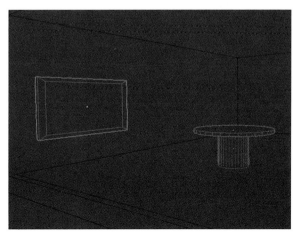

▲テーブルは円柱、ディスプレイは立方体で作成

少し面倒ですが「テクスチャ」も貼ってみましょう。床と壁に好きな「テクスチャ」を「マッピング」して、テスト用の部屋の完成です。

ライトを設定していませんので確認のために「シーンのライト」と「シーンのワールド」のチェックを外しています。

▲完成した部屋を「マテリアルプレビューモード」で確認

3 ●「Eevee」のライト設定

「ライト」には非常に多くの設定がありますが、共通した設定が幾つかあります。

最もその効果を表す設定は、色の設定である「カラー」と光の強さ「パワー」です。「ライト」の特性は小さい値の変化ではわかり難い場合も多いので、先ずは「カラー」で色を付け、「パワー」の設定値を大きく設定し、その効果を確認した後に適切な値を見つけてください。「影」の設定は全てのライトで有効に設定しています。

「アウトライナー」による「ライト」のオン／オフ（目のアイコン）も簡単に効果を見る1つの方法です。

「ライト」の確認は、「3Dビューのシェーディング」を「マテリアルプレビューモード」に設定し、「シーンのライト」、「シーンのワールド」のチェックを有効にしてください。

▲ライティング結果「Eevee」（ビューポート サンプリング16　デイノス：自動）

●ライトを設置

次にテスト用の各ライトを設置します。**「ライト」の光はオブジェクトによって遮られるので、壁や天井にめり込ませないように注意して設置してください。**

●ライトの設置場所

4種類の「ライト」と「放射」、「HDR画像」の設定などを比較的特性が分かり易いように設置してみました。

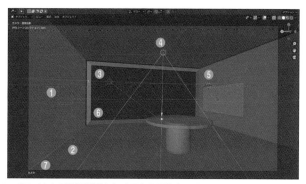

▲「ライト」の設置状態をカメラから見たところ

●各ライトの設定

●「エリア」

壁面を照らす「エリア」ライトです。壁の方向に「ライト」をあてて指向性や反射の確認を行っています。「シェイプ」で光の拡散に関係する「ライト」の形を設定できます。

●「ポイント」

光が放射状に広がる「ポイント」ライトを床面近くに配置しています。

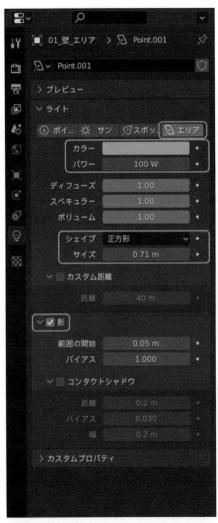

▲「エリア」ライト

▲「ポイント」ライト設定

●「サン」

「サン」ライトは方向が最も大切です。設置場所の影響を受けませんので管理しやすい場所に設置してください。部屋の中に設置しているわけではありませんので注意してください。（部屋に設置しても問題はありませんが）**「角度」**の設定値は太陽の設定値が入力されていますのでそのままで変更しないでください。光漏れ防止のために**「コンタクトシャドウ」**のチェックも入れています。

●「スポット」

天井近くに設置した**「スポット」**ライトです。**「サイズ」**はスポットライトの広がる角度、**「ブレンド」**はスポットライトのぼかし幅を設定します。テーブルに少しライトをあてて、室内照明のイメージで影の発生を確認します。

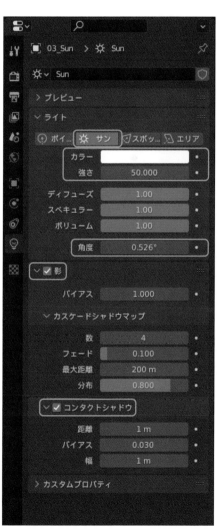

▲「サン」ライト設定

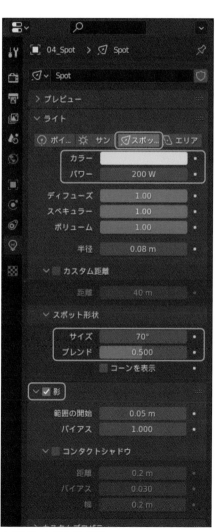

▲「スポット」ライト設定

● 「エリア」と「放射」

　「エリア」ライトと「放射」マテリアルの設定により、ディスプレイ画面の輝きを表現しています。「エリア」はディスプレイ画面の部屋への光、「放射」はディスプレイ画面を光らせるために設置しました。

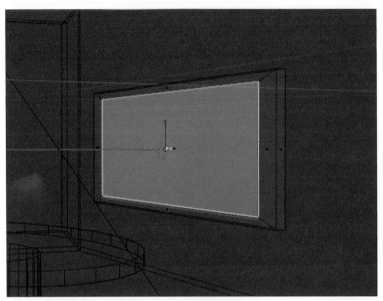

▲ディスプレイ

▲少し手前に移動したディスプレイ用「エリア」ライト

「ライト」そのものを見せる設定（ボリュームトリックライト）も可能ですが、ここでは「メッシュ」で作成されたディスプレイの輝きを、マテリアルの「放射」で設定して表現しました。「放射」に設定した後に「カラー」と「強さ」を調整すれば発光するでしょう。

マテリアルの「放射」設定だけではディスプレイの光が他の物に対して拡散しません。そこで補助的に「エリア」ライトをディスプレイと同じ大きさに設定して少し前面に配置しています。

▲ディスプレイの「面」に「放射」マテリアルの設定

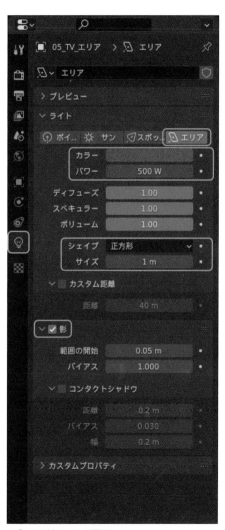

▲「エリア」ライトの設定

ディスプレイに設置した「**エリア**」ライトが有効の場合と無効の場合を比べてみます。

「**エリア**」ライトを表示した状態です。天井や床、テーブルなど部屋全体にディスプレイの赤い光の反射が見られます。

▲ディスプレイ用「エリア」ライトを有効にした状態

「**アウトライナー**」で「**エリア**」ライトの目のアイコンをクリックし、非表示設定にしました。

ディスプレイからの光が無くなり部屋全体が暗くなりました。左の壁のライトは本来の色である緑色がはっきりと見られます。

▲ディスプレイ用の「エリア」ライトを無効にした状態

● 「HDR画像」の設定（環境ライト）

「ワールド」に設定した「HDR画像」による光源設定です。

「サン」ライトの使用確認の際はオフに設定してください。

※執筆確認時「Eevee」では「HDR画像（IBL）」を使用した際に「影」は描画されないようなので補助ライトとして「サン」ライトを使用しています。

ワールドプロパティ➡サーフェス➡「背景」を選択します。

▲「ワールドプロパティ」パネル

ワールドプロパティ➡カラーのボタンを押してメニューから「環境テクスチャ」を選択するとファイルの読み込みボタンが表示されます。[開く]ボタンを押して「HDR画像」を読み込みます。

▲「サーフェス」に「背景」、「カラー」に「環境テクスチャ」

▲「HDR画像」のファイル設定を確認

「カラー」に「HDR画像」が読み込まれたことを確認してください。

「HDR画像」設定の「ノード」を確認してみましょう。

「Shading」ワークスペースに切り替え、「シェーダータイプ」を「ワールド」に切り替えて「ノード」を確認してください。

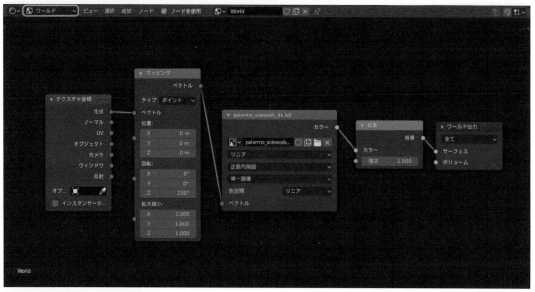

▲「HDR画像」のノードコネクション

● 「カメラビュー」

「ライト」が実際にどのような効果を与えているかを正確に知るためには「カメラ」を設定し確認する必要があります。外光（サンライト、HDR画像）を確認するために窓の方向に向けて設置しています。

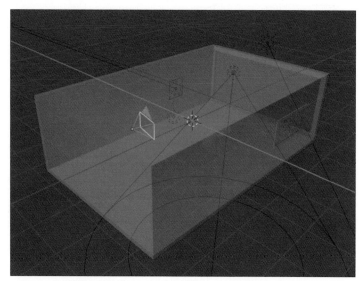

▲「カメラ」の設置を「3Dビューポート」で確認

1 環境

2 基礎

3 メッシュ

4 カーブ

5 スカルプト

6 マテリアル

7 アニメーション

8 アーマチュア

9 レンダリング

10 関連情報

✏️Point　規定のライトとユーザー設置ライトの切り替え

●「3Dビューのシェーディング」の「シーンのライ
　ト」、「シーンのワールド」にチェックがONの場合
　「シーン」に設定された「ライト」や「HDR画像」が
有効となり使用されます。

※この設定は「Eevee」、「Cycles」共通となっています。

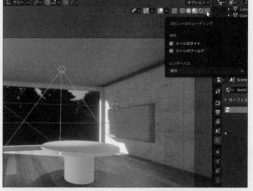

▲設定された「ライト」と「HDR画像」が有効

●「3Dビューのシェーディング」の「シーンのライ
　ト」、「シーンのワールド」にチェックがOFFの場合
　Blenderにプリセットされている「HDR画像」が有
効になり、簡易な「スタジオライト」とプリセットの
「HDR画像」が使用されます。

※「HDR画像」はギアボタン「ライト設定を表示」をクリッ
　クすることによってユーザーによって追加設定すること
　が可能です。

※画像スナップショットでは「ぼかし」の値が上がっている
　ために背景画像がぼけています。

▲「スタジオライト」とプリセット「HDR画像」が有効

4 ● 「Cycles」のライト設定（変更点）

「レンダーエンジン」を「Eevee」から「Cycles」に変更すると「Cycles」のライト設定が可能です。

各「ライト」の「影を生成」と「多重重点」（光沢面の分散軽減）のチェックがデフォルトで有効になっていますがそのままにしましょう。

「エリア」ライトの「ポータル」は「ライトポータル」として利用の際の項目ですので、チェックしないでください。

※「ライトポータル」とは野外の光を効率良く室内に取り込むような仕掛けですが本書では説明を割愛します。

▲ライティング結果「Cycles」（ビューポート最大サンプリング数1024　デノイズ：自動）

●各ライトの設定

●「エリア」

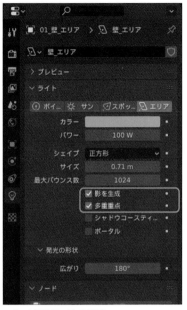

▲「エリア」ライトの設定

●「サン」

▲「サン」ライトの設定

●「ポイント」

▲「ポイント」ライトの設定

●「スポット」

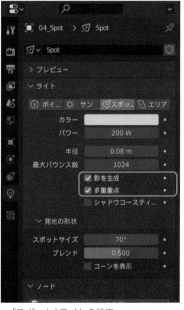

▲「スポット」ライトの設定

● 各オブジェクトに関する設定の確認

「Cycles」では「影」の設定が各オブジェクト(部屋やテーブル)のオブジェクトプロパティ➡可視性➡レイの可視性➡「影」とオブジェクトプロパティ➡ビューポート表示➡「影」にあります。

こちらもデフォルトで有効になっていますのでオフにしないでください。

※「ビューポート表示」の「影」の設定に関しては「Eevee」でも共通の項目です。

▲「レイの可視性」と「ビューポート表示」の「影」を設定

光が漏れる「Eevee」
InDetail

部屋を作成し「Eevee」の「サン」ライトを設定したときなど室内に光が漏れることがよくあります。この光漏れを軽減する方法には幾つか方法がありますが、その1つとして「サン」ライトの「コンタクトシャドウ」があります。チェックを入れ設定値を調整してみましょう。

▲「コンタクトシャドウ」を未チェック光が漏れて白い線が入る

光漏れが無くなりました。「コンタクトシャドウ」の設定は光漏れの防止の他、「ライト」境界の協調にも利用できます。

▲「コンタクトシャドウ」のチェックと値を調整

シャドウキャッチャー「Cycles」

「HDR画像」を利用した環境とライティングの設定は手軽で便利ですが、地面を作成しているわけではありませんので地面に「影」が表示されることはありません。

そこでこちらも手軽な方法として「Cycles」で利用可能な「シャドウキャッチャー」と呼ばれる設定があります。

「シャドウキャッチャー」は文字通り影を受け止める専用オブジェクトで影以外はレンダリングされません。

設定方法は「レンダーエンジン」を「Cycles」に設定し、適当な大きさの「メッシュ」の「平面」を用意して、**オブジェクトプロパティ➡可視性➡「シャドウキャッチャー」**のチェックを有効にするだけです。

「シャドウキャッチャー」が有効になると「平面」自体はレンダリングされません。

画像では分かり辛いですが、もちろん「平面」に「影」を落としているので「影」の状態はフラットです。

地面の形状を影にも反映させるためには「シャドウキャッチャー」に起伏をつけるなど工夫が必要ですね。

◀「シャドウキャッチャー」がOFF

◀「シャドウキャッチャー」がON

レンダリング

「レンダリング」は作成された3Dデータを画像として生成する作業です。

Blender2.8以降には標準で「Eevee」（イービー）と「Cycles」（サイクルズ）、「Workbench」（ワークベンチ）の3種類の「レンダーエンジン」が装備されていますが、「Workbench」は作業用、「Eevee」は作業時のリアルタイムレンダリング確認用、「Cycles」は最終の完成レンダリング用と考えて良いでしょう。

1 ● 「レンダリング」の種類

●「Eevee」

Blender2.8バージョンで採用された物理ベースのリアルタイムレンダーエンジンです。

「Eevee」と「Cycles」のルック（レンダリング画像）はよく似ており、ライトや映り込み環境の初期設定を変更すれば同様のレンダリング結果が得られます。

今後、高速の「Eevee」が様々な作品で中心的に利用される可能性もありますが、レンダリング速度を追及しているために、設定に若干の手間がかかります。

●「Workbench」

「Workbench」はその他の通り「作業台」です。

もちろん最終作品出力として利用してもOKですが、主に「モデリング」時の形状確認や「アニメーション」の簡易の確認のために利用されます。「マテリアル」や「ライト」の設定が反映されませんが、プリセットを利用して様々な色やライトなどを疑似的に表示可能な、作業用の「レンダーエンジン」と言えます。

●「Cycles」

Blenderで完成作品用とし採用された物理ベースの「レンダーエンジン」です。「Cycles」と「Eevee」は設定次第でよく似たレンダリング結果を得られます。「Cycles」は「Eevee」に比べると「レンダリング」に時間を要する半面、よりシンプルな設定でリアルなレンダリング画像が得られます。

2 ● レンダリングの手順

「レンダリング」に至る作業のフロー図です。各パートの関係性を理解して設定を確認しましょう。

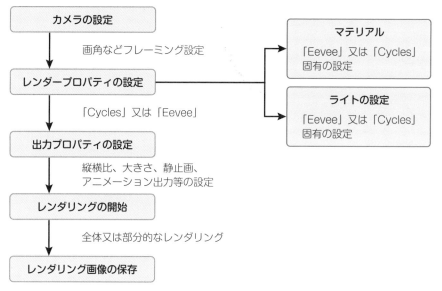

●「カメラ」の設定

「レンダリング」は基本的に「カメラビュー」により行います。

「カメラ」に関しての詳細は、前述の「カメラ」セクションを確認して設定を行ってください。複数の「カメラ」が設置されている場合は「レンダリング」に使用する「カメラ」を「アクティブ」にします。

※「アクティブカメラ」の切り替えは「カメラ」を選択し [Ctrl] + [0] です。

●「レンダープロパティ」の設定

●「Eevee」の「レンダープロパティ」設定

「Eevee」の「レンダリング」設定で特徴的な部分は「透過」と「影」の設定です。

また、強い光の周辺が白くボケる現象をグローやハレーションなどと言ったりもしますが、「Eevee」ではこの効果を「ブルーム」設定によって簡単に加えることが可能です。

❶レンダーエンジン

「Eevee」を選びます

サンプリング

サンプリング値を上げるとノイズは軽減し、画質が上がりますがレンダリング時間が増えます

❷レンダー

「レンダリング」に使用されるレンダリング時のサンプル数

❸ビューポート

「3Dビューポート」に使用されるレンダリング時のサンプル数

❹ビューポートデノイズ

ビューポートでの移動やアニメーション時のノイズの発生を押さえます

❺アンビエントオクルージョン (AO)

オブジェクトの境界部の明暗を強調します

※アンビエントオクルージョンの設定には、加えてノード設定なども必要です。「Cycles」では「ワールドプロパティ」での設定となります。

❻ブルーム

ソフトフォーカスのような空気中の光の拡散を表現します

❼スクリーンスペース反射

反射を有効にします

❽屈折

透過オブジェクトの屈折を有効にします

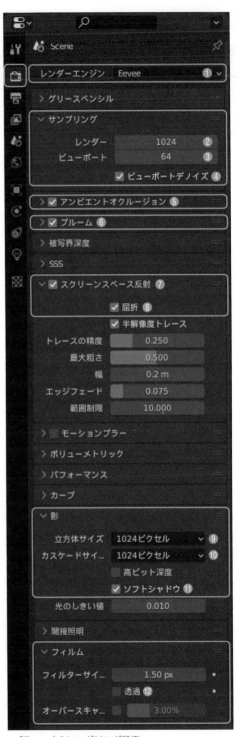

▲「Eevee」のレンダリング設定

影

⑨立方体サイズ

「ポイント」「エリア」ライトの影のぼかしです。設定大きくすると精度が高くなります

⑩カスケードサイズ

「サン」ライトの影のぼかし設定

⑪ソフトシャドウ

影の境界を滑らかにぼかします

フィルム

⑫透過

背景を透過レンダリングします

InDetail 「レンダープロパティ」設定による「屈折」や「影」の描画

スクリーンスペース反射➡「屈折」を無効にすると球体にはHDR画像の映り込みは反映しますが、室内の環境がレンダリングされません。

スクリーンスペース反射➡「屈折」を有効に設定したため、球体に室内の環境がレンダリングされました。

▲「屈折」が無効　　　　　　　　　　　　▲「屈折」が有効

「ソフトシャドウ」が無効に設定されているため「影」の輪郭がくっきりとしてぼけません。

「ソフトシャドウ」を有効に設定したために「影」の輪郭がぼけました。

▲「ソフトシャドウ」が無効

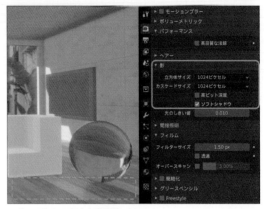

▲「ソフトシャドウ」が有効

「立方体サイズ」と「カスケードサイズ」は「影」の解像度設定です。

「ポイント」、「エリア」ライトの「立方体サイズ」と「サン」ライトの「カスケードサイズ」を最低の「64ピクセル」に設定し、「ソフトシャドウ」は無効に設定しました。

「サン」ライトによる外光部分と「ポイント」、「エリア」ライトによる「影」にも粗さが目立ちます。

「立方体サイズ」と「カスケードサイズ」を「64ピクセル」の設定で「ソフトシャドウ」を有効に設定しました。

「ポイント」、「エリア」ライトによる「影」の粗さは許容できますが、「サン」ライトによる外光部分には光の漏れが残っています。

▲「ソフトシャドウ」は無効

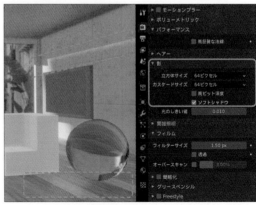

▲「ソフトシャドウ」は有効

「透過」を有効にして窓の外を背景透過でレンダリング出力しました。

画像編集ソフトによって他の画像を合成しました。

▲「マテリアルプレビュー」で背景の透過を確認

▲合成画像

▲「Eevee」のレンダリング画像
　「レンダーエンジン」「Eevee」
　「サンプリング」➡「レンダー」：256
　「ブルーム」：有効
　「スクリーンスペース反射」➡「屈折」：有効
　「影」「立方体サイズ」、「カスケードサイズ」：「1024 ピクセル」
　「ソフトシャドウ」：有効

● 「Workbench」の「レンダープロパティ」設定

「スカルプトモデリング」でも利用した「Workbench」のプリセットの中からその他代表的なものを紹介しましょう。

❶レンダーエンジン

「Workbench」を選びます。

サンプリング

サンプリング値を上げるとノイズは軽減し、画質が上がりますがレンダリング時間が増えます。

❷レンダー

「レンダリング」に使用されるレンダリング時のアンチエイリアシング方法とサンプル数

❸ビューポート

「3Dビューポート」に使用されるレンダリング時のサンプル数。

❹照明

「ソリッドモード」シェーディングのライト設定

❺カラー

「ソリッドモード」シェーディングのマテリアルの設定

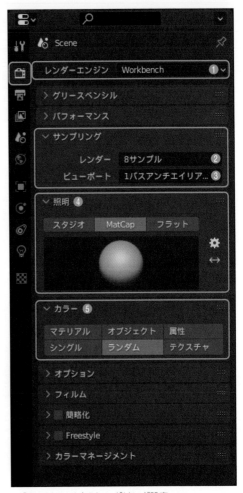

▲「Workbench」のレンダリング設定

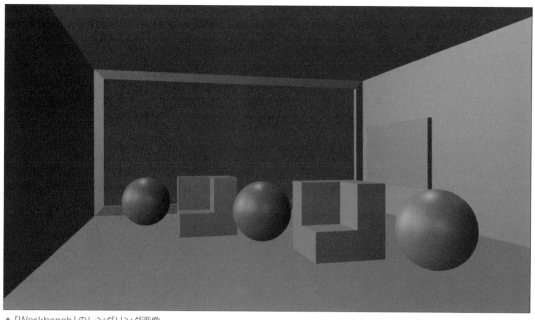

▲ 「Workbench」のレンダリング画像
　「サンプリング」➡「レンダー」：8
　「照明」：「MatCap」ceramic_dark.exr
　「カラー」：「ランダム」

●「Cycles」の「レンダープロパティ」設定

「Cycles」のレンダリング設定では「Eevee」の「ブルーム」に相当する設定はありません。同様の表現を行うには幾つかの設定が必要となりますので、ここでは割愛します。

❶レンダーエンジン

「Cycles」を選びます。

❷デバイス

グラフィックボードを搭載しているコンピュータでは「プリファレンス」の「システム」で設定したGPUを選択してください。

※「CPU」選択時、「Open Shading Language」を使用していない場合はチェックを入れないように注意してください。

サンプリング

サンプリング値を上げるとノイズは軽減し、画質が上がりますが、レンダリング時間が増えます。

「ビューポート」、「レンダー」の各々で設定を行います。

❸サンプリングプリセット

サンプリング設定をプリセットとして登録、呼出しができます。先ずは、「サンプリングプリセット」に用意されています。「Preview（プレビュー用）」又は「Final（完成作品最終用）」の二つから選びましょう。

独自のプリセット値を登録することも可能です。

▲「サンプリングプリセット」設定

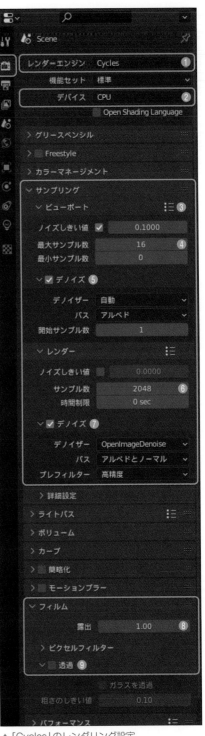

▲「Cycles」のレンダリング設定

④最大サンプル数（ビューポート）

「3Dビューポート」内でのサンプル数

⑤デノイズ（ビューポート）

ビューポートでのレンダリング時のノイズを除去します。

⑥サンプル数（レンダー）

レンダー出力時に使用されるサンプル数

⑦デノイズ（レンダー）

レンダー出力時でのレンダリング時のノイズを除去します。

⑧露出

画面の「輝度（露出）」を設定します。

⑨透過

背景を透過レンダリングします。

▲「Cycles」のレンダリング画像
　「サンプリング」➡「レンダー」：1024
　「デノイズ」➡「レンダー」：NLM

●「出力プロパティ」の設定

　実際に「レンダリング」出力される静止画やアニメーションのサイズを決める重要な設定です。アニメーションの出力では特に出力場所も忘れずに設定しましょう。

❶寸法の「レンダープリセット」

　「レンダープリセット」には幾つかのサイズのプリセット値が用意されています。

選択に迷った場合は現在、デスクトップ用モニターサイズで最も一般的な「FHD」(フルHD：Full High Definition) を選びましょう。

　1920×1080px (16：9) のレンダリングサイズとなります。

　レンダリングに時間がかかり少し大きいと感じる場合などは「HDTV 720p」を選ぶのも良いでしょう。

　1280×720px (16：9) のレンダリングサイズとなります。

❷解像度X、Y

　レンダリング出力される画像の幅と高さの指定です。必要な値を直接入力して指定可能です。

❸レンダー領域

　[Ctrl] + [B] で設定した領域を有効にし、部分的に「レンダリング」できます。

❹フレームレート

　アニメーションにおけるフレームレート (1秒あたりのフレーム数) を設定します。

❺開始フレーム、終了フレーム、ステップ、フレームレート

　アニメーション出力を行う場合の開始フレーム、終了フレーム、フレームのステップ数 (何枚毎)

▲「出力プロパティ」

⑥出力パス

　アニメーション出力を行う場合のファイル保存先を指定します。

⑦ファイル拡張子

　レンダリング画像を保存する場合のフォーマット、色深度等の設定です。初期設定では透過情報付きの8ビットPNG画像として保存されます。

　通常の3DCG制作ではアニメーションの出力の場合、静止画ファイルを連番画像出力（1枚1枚の静止画）として書き出します。書き出されたファイルはAdobe AfterEffectsなどの動画編集ソフトでmpegなどの動画ファイルとして加工されることが一般的です。

　Blenderでは出力ファイルに動画形式mpeg「**FFmpeg動画**」を指定することによって動画ファイルを直接書き出すことも可能です。

※FFmpeg動画などのフォーマットは一番右に表示されます。「ファイルフォーマット」の表示はスクロール表示されませんので、プロパティウィンドウの幅を十分に広げて確認してください。

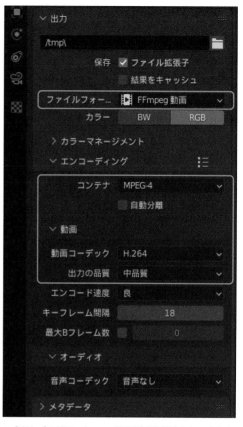

▲「出力プロパティ」mpeg動画形式を指定として書き出し

●レンダリングの開始

　「**静止画像**」の「**レンダリング**」はアクティブな「**カメラ**」が設定されていれば、「**3Dビュー**」がどのような状態でも、**メニュー➡レンダー➡画像をレンダリング**またはファンクションの [F12] で行えます。

　「**レンダリング**」が開始されると「**レンダーウィンドウ**」が表示され、「**レンダリング**」が進行します。進行中の画像は同時に「**Rendering**」ワークスペースの画面にも表示されています。

　「**アニメーション**」の「**レンダリング**」も同様にアクティブな「**カメラ**」から**メニュー➡レンダー➡アニメーションレンダリング**または [Ctrl] + [F12] で行います。

　レンダリングを途中で停止（キャンセル）させる場合は [Esc] を押してください。

進行状態

▲「レンダーウィンドウ」

●レンダリング画像の保存

「レンダリング」が終了すると「スロット」で指定した**スロット**に「レンダリング」した画像が一時的に保存されます。「レンダリング」を開始する前に新たな空の「スロット」を指定して「レンダリング」することによって複数の画像を見比べることも可能です。

ファイルを閉じると「スロット」は破棄されますので、必要な画像を選んで「保存」しましょう。

「静止画像」の保存は「レンダーウィンドウ」、「Rendering」ワークスペースともに**メニュー➡画像➡保存**で可能です。

「アニメーション」の「連番ファイル」、「動画ファイル」は「出力プロパティ」で設定した場所に保存されます。

▲レンダリングされた画像は「スロット」に一時保存される

3 ● レンダリングのクオリティを高める

　「クオリティ」＝「ノイズの無い画素の細かさ」であれば、「クオリティ」を高めるとレンダリング時間を多く必要とします。「レンダリング」時間を短くするにはCPUの性能向上、GPU（画像処理専用のプロセッサ）の搭載、メモリの増強など、ハードウェアのスペックを上げる必要があります。

　ソフトウェアの設定としては最もシンプルな方法はサンプル数を上げ、如何にノイズ軽減するかです。

　3DCG初学者はいきなり大きなサンプル数を設定することによって膨大なレンダリング時間に悩まされたりします。自分の環境での適切な設定は、作品のバリエーションが増えるとともに次第に把握できるでしょう。

　3DCGの完成作品の「クオリティ」は見た目が全てですが、そもそも作品の「クオリティ」とは何でしょう。

　どのサンプリング数やデノイズの設定が正しいのかでは無く、画像を見分ける目を養い、その作品に対して何が必要かを自分で決める必要があります。

　最後に作品の正解を決めるのはあなた自身です。

Tips 部分レンダリング

　常にカメラビューの全画面を「レンダリング」するのは時間的にも無駄があります。「レンダリング」画質の確認は、気になる「マテリアル」部分を確認すれば済むこともよくあります。そんなときに利用できるのが「カメラビュー」の部分レンダリングです。

　部分レンダリングを行うには「カメラビュー」（オブジェクトモード）で [Ctrl] + [B] を押し、表示される十字カーソルでレンダリングを行いたい領域を選びます。「レンダリング」の開始は通常のメニュー➡レンダー➡「画像をレンダリング」または [F12] で行います。

　領域の解除は [Ctrl] + [Alt] + [B] です。

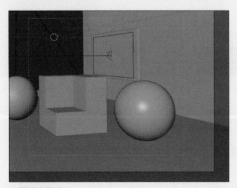

▲領域を設定

▲レンダリング

Tips EeveeかCyclesか？

　最終的なレンダリングを行う場合、「Eevee」と「Cycles」のどちらを選べばよいかの判断に迷うところでしょう。「Eevee」と「Cycles」は基本的に多くの設定が共通していますが、もちろん同じではありません。「Cycles」は標準の設定で影や透明の表現が優美な色合いで、リアルに「レンダリング」されるように感じます。「Eevee」は簡易のリアルタイムレンダラーとして捉えられてい

ますが、実際のレンダリング結果を見るとそこには高いポテンシャルを感じます。

　制作現場でのノウハウが蓄積されていないだけで、今後は「Eevee」のレンダリング設定も進歩してゆくでしょう。私見となりますが、**現状ではアニメーションなどレンダリングに速度を必要とする場合は「Eevee」。美しくリアルな静止画を求める場合は「Cycles」といったところでしょうか。**

Chapter
10

その他の機能と関連情報

3DCG制作では、様々な幅広い知識が必要です。
このChapterではBlenderが持つその他の機能や制作の
助けになる情報を紹介します。
さらなるステップアップの足掛かりにしてください。

10-1 テクスチャペイント

SampleFile Chapter10-1_dolphin

「テクスチャペイント」は立体のオブジェクトに直接絵を描く手法です。

有名で高価なソフトウェアには「Substance Painter」や「Mari」などがありますが、Blenderにも簡易な「テクスチャペイント」機能が用意されています。

本格的な「テクスチャ」制作には少し無理を感じますが、簡単な描画や本番用「テクスチャ」のためのラフ制作などには利用可能でしょう。

なお、本書ではマウスによる描画を行っていますが、快適に「テクスチャペイント」を行うにはペンタブレットや液晶タブレットの利用が推奨されます。

1 ● モデルとUVの完成

「テクスチャペイント」は「UV」の状態を無視してのペイントも可能ですが、「UV」を確認せずに行う「テクスチャペイント」作業は一般的ではありません。

「テクスチャペイント」の作業に入る前に、先ず対象となるモデルの完成とUVの展開（整理）を行いましょう。

ここでペイント機能を紹介するために取り上げたモデルは、Chapter 5で作成したイルカです。

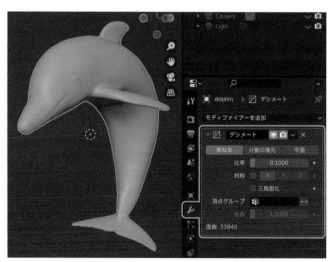

▲「デシメート」モディファイアーはオブジェクトモードで

Chapter 5のイルカは、「スカルプト」でモデリングしたためにメッシュの状態が複雑で、UVも作成されていません。

「デシメート」モディファイアーで「比率」に0.1を指定して「適用」を行いポリゴン数を減らしました。

加えて、少し粗くなったので「スムーズシェード」も適用しました。

※「デシメート」は、ポリゴン数を減らすモディファイアーです。

　UVが重なっていたり、近接しているとペイントが上手く行えません。

UV Editing ➡ UV ➡「スマートUV投影」で**「アイランドの余白」**を**0.01**に設定して展開しました。

※この程度のUV展開では実際のペイント時に、ペイント飛びなどが発生します。サンプルファイルを確認してみてください。

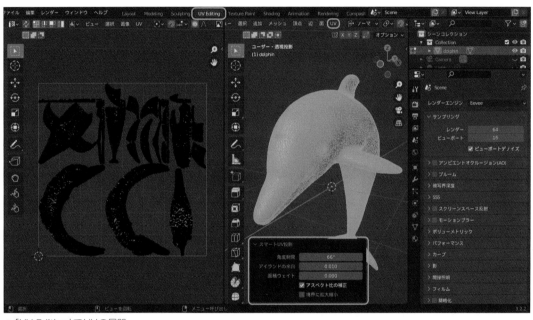

▲「UV Editing」でUVの展開

「テクスチャペイント」はメッシュに

　「サーフェス」や「メタボール」に「テクスチャペイント」はできるのでしょうか。

　「メタボール」は無理ですが、「サーフェス」では「マテリアル」を作成して「テクスチャペイント」が可能です。しかしUVが存在しませんので、思ったようにペイントするのは難しいでしょう。「サーフェス」や「メタボール」でモデリングを行った場合は、必ずメッシュに変換してUVを設定しましょう。

2 ●「テクスチャペイント」ワークスペースへ切り替え

　Blenderには「**テクスチャペイント**」ワークスペースが用意されています。

　オブジェクトを選択してワークスペースを切り替えると、左に「**画像エディタ：テクスチャペイント**
モード」、右に「**3Dビューポート：テクスチャペイントモード**」画面が配置されます。まだ、「**マテリアル**」
も設定していませんので、イルカのオブジェクトは「**テクスチャ**」の未設定やリンク切れの警告である紫
色で表示されています。

　あと少し確認と準備が必要です。

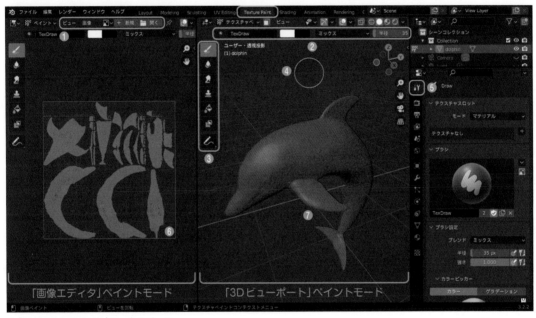

▲「テクスチャペイント」ワークスペース

❶「画像エディタ」メニュー　　　　　　　❺アクティブツールとワークスペースの設定
❷アクティブツールの設定　　　　　　　　❻テクスチャ (UV)
❸ペイント関連ツール　　　　　　　　　　❼3Dビューポート
❹ブラシチップ

3 ● テクスチャを作成

　直ぐにでも3Dオブジェクトにペイントしたいところですが、いきなりはできません。
　基本的には「マテリアル」作成（適用）➡「テクスチャ」作成（適用）➡ペイントの流れとなります。

●「マテリアル」と「テクスチャ」をいっぺんに作成して適用！

　カッティングボードのChapterなどでは、「マテリアル」の作成は「マテリアルプロパティ」で行っていました。今回は「テクスチャペイント」モードの「アクティブツールとワークスペースの設定」から作成してみましょう。

　アクティブツールとワークスペースの設定➡（テクスチャなしの右）＋➡ベースカラーを選択します。

▲「ベースカラー」を選択

　「テクスチャペイントスロットを追加」に作成する**「テクスチャ」**の設定値を入力します。初期値で概ね問題ありませんが、**「カラー」**は白に設定しました。

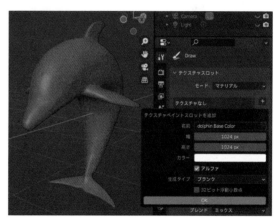

▲作成する「テクスチャ」を設定

　イルカに**「マテリアル」**と**「テクスチャ」**が設定されました。

▲「テクスチャ」が作成され「マテリアル」が適用された

念のため「マテリアルプロパティ」に切り替えると、「プリンシプルBSDF」と「テクスチャ」が確認できます。

表示されない場合は、「レンダーエンジン」を確認して「Eevee」に変更してみましょう。

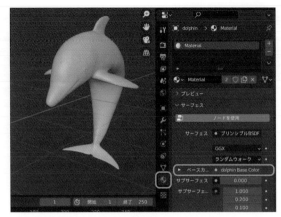
▲ベースカラーにテクスチャを確認

「画像エディタ」と「3Dビューポート」は独立していますので（自動で同期しません）、「画像エディタ」側でも作成したテクスチャ画像を選択する必要があります。

画像エディタ➡リンクする画像を閲覧➡作成した画像名を選択します。選ばれている様子でも再度確実に選択してください。

▲「画像エディタ」で画像を適用

注意点としては、この段階では「テクスチャ」がファイルとして保存されていないことです。**画像エディタメニュー➡画像➡名前を付けて保存**で忘れずに作業の前にファイルを保存しましょう。ファイルパスや形式は変更可能です。ここでは初期設定のPNG形式で保存しました。

※ BlenderではテクスチャをBlenderファイル内部に取り込み保存可能ですが、ここでは説明を割愛します。

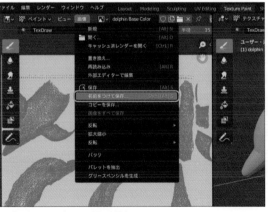
▲「テクスチャ」ファイルの保存

4 ●「テクスチャペイント」画面

さて、いよいよ「テクスチャペイント」です。

幾つかの代表的なツールを紹介しますので、試しに使ってみましょう。

使用するツールは「ドロー」「フィル」「ブレンドモード」「対象ペイント」などです。

「テクスチャペイント」は「画像エディタ」、「3Dビューポート」のどちらでも可能ですが、イルカの
UVは複雑ですので今回は「3Dビューポート」を中心にペイント作業を進めます。

❶ツール設定

ツールに関する様々な設定が可能
です。「ツールバー」で選択されてい
る「ツール」によって内容が変化しま
すが、「サイドバー」、「プロパティエ
ディタ」にも同様の設定が表示されま
す。

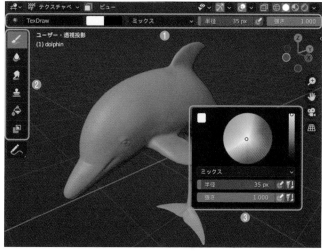

▲「3Dビューポート：テクスチャペイントモード」

ここでは「ドロー」を選択している場合を例に、代表的な設定を紹介します。

●カラー

プライマリカラー、セカンダリの色を設定可能です。

●ブレンドモード

塗り色を重ねる際のモード（演算方法）を指定します。「ミックス」が通常の重ね合わせとなります。

ストローク　　　　　　　　　　　対称ペイント　　　　　　　マスキング

● ストローク

描画するブラシのスタイルを設定します。

・スペース

最も一般的な「**ストローク**」といえるでしょう。「間隔」の値を大きくするとペイント間隔が広くなります。また、「**ストロークの安定化**」はペイントをスムーズに描く遅延描画機能です。

・エアーブラシ

[LMB] プレスによりペイントが強くなる「**エアーブラシ**」を模したストロークです。

・ライン

[LMB] ドラッグで始点から終点までのガイドのための直線が表示されます。マウスボタンを離すと直線をペイントします。

・カーブ

ベジェカーブを利用したペイントが可能です。[Ctrl] + [RMB] クリックでカーブを描き➡ [Ctrl] + [LMB] クリック又は [Enter] でペイントします。

●「軸対称ペイント」

有効にすることにより、任意の軸を対称としたペイントが可能となります。

●「マスキング」

マスクの設定を行います。「**ステンシルマスク**」を有効にしてファイルを読み込むと、ステンシル (切り抜き版) を利用したペイントが可能です。

❷ツールバー

・ドロー

通常の筆によるペイントツールです。

・ぼかし

水でぼかすような効果を出すツールです。

・スミア（指先）

指でこするような効果を出すツールです。

・クローン（コピースタンプ）

選択した特定の領域を他の領域にペーストします。

・フィル（塗りつぶし）

選択した色で塗りつぶします。

・マスク

ペイント操作から除外するマスク領域を設定します。

❸現在選択されているツールの設定

[RMB]プレスで現在選択されているツールの「半径」、「強さ」など主要な設定を素早く表示、変更できます。

5 ● イルカのペイント開始！

●全体を塗る

イルカは左右対称ですので描画をX軸対称に設定します。お腹の色を設定してイルカのボディ全体の色として「フィル」でベタ塗りします。

「テクスチャ」は自動保存されませんので必ず適宜保存してください。

▲イルカ全体を「フィル」でベタ塗り

●背側を塗る

背中の色は少し青みがかったグレーです。

境界部分を「ライト・平行投影」で、❶「ドロー」ツールの「ストローク」に「カーブ」を設定して描きました。

先ず、**カーブ**を描きます。通常の**カーブ**と同様の扱いが可能です。

❷複数の「**カーブ**」を描いたり、呼び出したりが可能ですが、「**カーブ**」をその場で一つ扱うだけなら設定の必要はありません。

描いたカーブで [Enter] を押すと、❸設定されている色やブラシ状態でストロークを描きます。

「**カーブ**」で描いた境界を元に、背中のグレイを同じ色で塗りましょう。

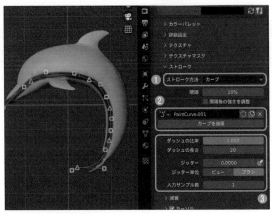

▲正確な描画が可能な「カーブ」

▲基本色に塗分け完了

●目、口周りの描画と色調整

最終的な色の確認はマテリアルの設定やレンダリングが必要です。ここでは**スペキュラ**の値を0.6、粗さを0.2に設定し、「Eevee」で確認しながら描画を進めます。

簡易なモデリングの目や口、呼吸孔ですが色を付けてよりしっかりと表現しました。色やブラシの半径、強さを調整し、背中やお腹の色に修正を加えました。

これらの部分も**X軸対称**の設定で「ドロー」を使いました。

▲全体調整

●完成

　ちょっと色分けが単純なので、まだら模様を加えました。

　使用したツールは「ドロー」のストローク設定です。「間隔」と「ジッター」を最大値に、「半径」と「強さ」を適宜調整して、まだら模様を何度も試行錯誤しながら完成です。

　本書のイルカのペイント例では、少しリアルな彩色の一例です。皆さんはツールに慣れるつもりで自由に色付けを楽しんでください。

▲まだら模様を入れて完成

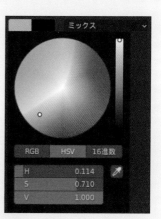

▲カラー設定のスポイト

🔍 InDetail　2種類のスポイト（カラーピッカー）

　「カラー」の**スポイトツール**はとても便利なツールです。しかしこのスポイトはクリックした場所の色をそのままサンプルします。

　一方、ブラシを使用しているときに[S]を押すことによって「カラー」に取得できるスポイトは対象の画像からサンプルするスポイトです。そのためハイライトや影の部分でも塗りに利用した元の色がサンプル可能です。「3Dビューポート」に表示されているオブジェクトから同じ色を取得したい場合には、こちらのスポイトツールを利用しましょう。

📥 Shortcuts

スポイト（カラーピッカー）による塗り色設定：[S]（ドロー、フィルなど使用中）

ストロークでカーブを描く　　　　　　：[Ctrl] + [RMB]

テクスチャの保存　　　　　　　　　　：[Alt] + [S]

10-2 ジオメトリノード

SampleFile Chapter10-2_leefGeometry\leefGeo_1.blend～leefGeo_4.blend

「ジオメトリノード」は「ノード」の設定によって「ジオメトリ」を操作することのできる「モディファイアー」の一種です。

少し難しそうですね。非常に高機能で使いこなすのは難しいのですが、ここではその特徴的な利用を体験してみましょう。

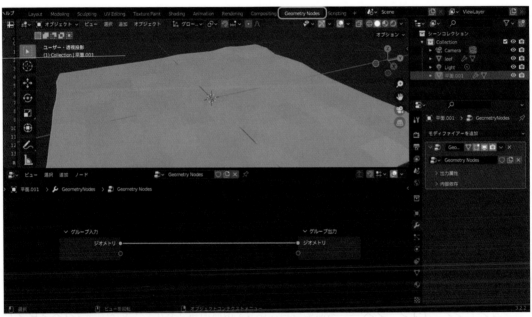

▲「ジオメトリノード」ワークスペース

1 ●「ジオメトリノード」はどんなときに使うのか

「ノード」の設定により様々なケースが考えられます。初歩的な利用例として良く紹介されているのは、同じような形状のオブジェクトが規則正しく、又はランダムに散らばっている状態。例えば地面に散らばる砂や小石などの表現です。

2 ● 「ジオメトリノード」で地面に散らばる
　　イチョウの葉を設定

ここではサンプルとして地面に散らばるイチョウの葉を作成してみましょう。

「ジオメトリノード」の設定はできるだけシンプルに行っています。最後には少しアニメーションも加味しました。

●イチョウの葉と地面の作成

イチョウの葉は簡単に [Ctrl] + [RMB] クリックで頂点を作成し、[F] で面を貼りました。

そのままでは少し味気がないので、幾つかの「ナイフ」により辺を作成し、「頂点」を移動してラフに仕上げました。

地面は平面によって作成し、ヘッダーメニュー➡メッシュ➡トランスフォーム➡ランダム化でこちらも少しラフに仕上げています。

▲イチョウの葉のモデル

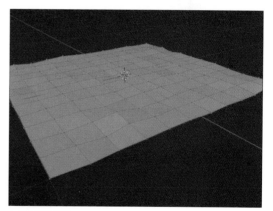

▲地面のモデル

●葉を地面に配置する

「ジオメトリノード」ワークスペースに切り替えます。頂点情報を表示している左側の「スプレッドシート」ウィンドウは必要ありませんので小さくたたみました。

次に、作成した平面（地面）を選択し、「ジオメトリノードエディター」の中央上部にある「新規」ボタンを押します。「モディファイアー」に表示される「新規」ボタンを押してもOKです。

「新規」ボタンが押されることによって表示される「ノード」は入力と出力だけが設定されている基本的な「ノード」です。

▲「ジオメトリノード」を「新規」ボタンで作成

「ジオメトリノード」を利用して、イチョウの葉をこの地面にランダムに配置しましょう。

もちろん手作業で複製、配置しても可能です。

データ軽量化のためにリンク複製した葉を配置するのも良いでしょうが、**「ジオメトリノード」**を利用すると、数値設定によってより再現性、メンテナンス性の高い配置方法となります。

先ずは地面のポイントに対してランダムに葉のインスタンスを配置します。

「ノード」を追加して繋げてみましょう。「ノード」の追加は**「ジオメトリノードエディター」メニュー➡追加**又は**[Shift] + [A]**で可能です。作成する「ノード」は検索窓に「ノード」名の一部を入れて表示を絞り込んでください。

尚、本書で紹介する**「ノード」**構成は一例です。同様の効果を得るために違った**「ノード」**構成も可能です。

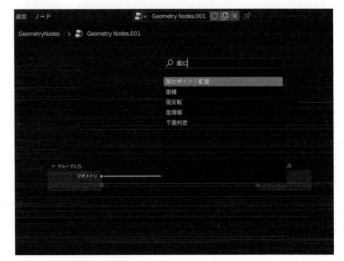

▲「ノード」を検索して追加

「ノード」どうしの結合はマウス操作で可能ですが、既に繋がっている「ノード」線の間にドラッグ＆ドロップするだけで自動でも接続できます。

「ノード」は次のように接続しました。

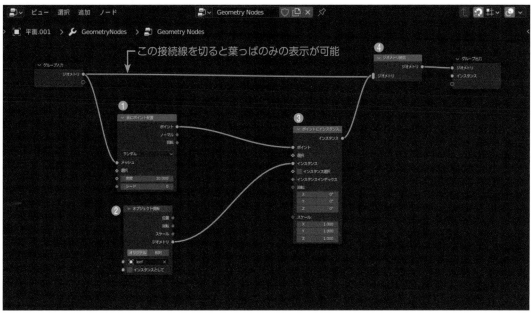

▲「ノード」を接続

●利用する「ノード」

❶「面にポイント配置」

入力された「ジオメトリ」のポイントを出力します。

❷「オブジェクト情報」

オブジェクト情報を取得します。ここではイチョウの葉となります。「アウトライナー」からドラッグ＆ドロップしても対象の「ノード」を読み込み可能です。

❸「ポイントにインスタンス作成」

入力された「ジオメトリ」をインスタンスとしてポイントに出力します。「回転」と「スケール」を指定可能です。

❹「ジオメトリ統合」

個々の「ジオメトリ」ノードを1つにまとめます。

この「ノード」構成による表示です。「ランダム」位置に「密度」10を設定して出力しました。

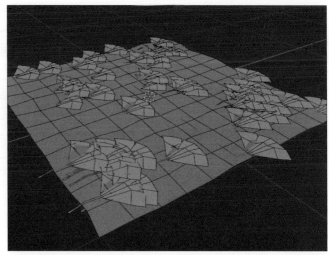

▲出力結果

●数を増やしてランダムに配置する

次にもう少し葉の数を増やして、自然さを出すためにランダムに方向と大きさを変えてみましょう。

加えた「ノード」は「トランスフォーム」と「ランダム値」です。

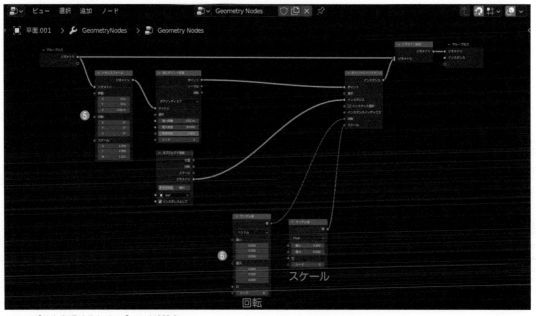

▲ランダムを表現するための「ノード」設定

❺「トランスフォーム」

　「ジオメトリ」の「**移動**」、「**回転**」、「**スケール**」が可能となります。

❻「ランダム値」

　ランダムな値を生成して出力します。ここではイチョウの葉の「**回転**」、「**スケール**」にランダム値をセットします。

　この「ノード」構成による表示です。少し自然らしさが加えられました。

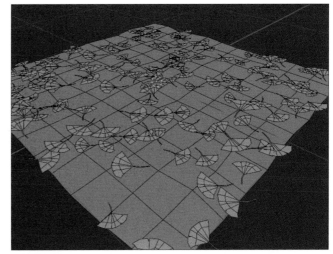

▲出力結果

●アニメーションを設定して完成

　Blenderでは、ほとんどの値に「**キーフレーム**」を設定することが可能です。

　「**キーフレーム**」の設定は、「**キーフレーム**」を設定する入力窓➡[RMB]➡**キーフレームを挿入**を選択します。

　作成した「**ジオメトリノード**」にさらに「**ランダム値**」と「**位置設定**」の「**ノード**」を加え、アニメーションの設定を行ってみましょう。

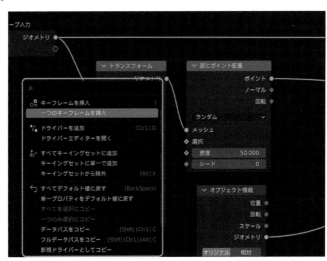

▲[RMB]で「キーフレーム」の設定

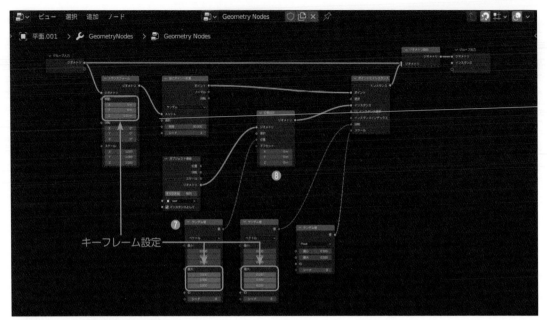

▲「キーフレーム」を設定した「ノードツリー」

　1フレームと150フレームに「キーフレーム」を設定して、イチョウの葉が少し回転しながら舞い上がるといった簡単なアニメーションを作成しました。

　「グラフエディタ」も少し操作しています。理屈は後回しにして、色々と値を変えて変化を楽しみましょう。

❼「ランダム値」

アニメーションで位置を変化させるために、さらに**「ランダム値」**ノードを追加します。

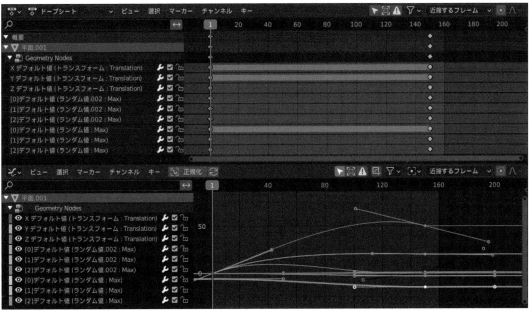

▲「ドープシート」と「グラフエディタ」

❽「位置設定」

「**ランダム値**」から入力された「**ジオメトリ**」の位置を設定して出力します。

最終的なアニメーションはサンプルファイルを確認してくださいね。

「**ジオメトリノード**」はその名の通り「**ジオメトリ**」を操作するための様々な「**ノード**」が利用可能です。アイデア次第でアニメーションの表現力が広がる予感がします。

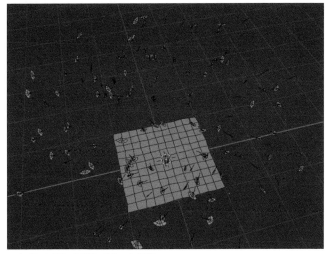

▲完成した舞い上がるイチョウの葉

10-3 アドオン（拡張機能）

　「アドオン（拡張機能）」は、Blenderの機能を更に強力することのできる追加機能のようなものです。本書は初学者向けの書籍としてBlenderの標準機能のみでの操作説明を行っている関係で「アドオン」の使用を前提とした操作説明は行っていませんが、ここでは幾つか代表的なアドオンを紹介します。

　なお、初学者は魅力的な「アドオン」に惹かれ、多くを有効にしてしまう傾向があります。使わないアドオンは無効にしましょう。

1 ● アドオンのインストールと有効化

　既にインストールされている「アドオン」は、簡単に有効化可能ですが、サイトなどで配布されている「アドオン」は有効化の前にダウンロードとインストールが必要です。

●インストール

　任意の場所にダウンロードした「アドオン」を**ZIP圧縮ファイルのままメニュー➡編集➡プリファレンス➡アドオンの［インストール］ボタンを押してインストール**します。

▲「アドオン」のインストール

●有効化

インストールされている「アドオン」は、チェックボックスのチェックを入れて有効化するだけです。対象の「アドオン」が見つけにくい場合は、**メニュー➡編集➡プリファレンス➡アドオンの検索窓**に名前の一部を入れて表示を絞り込んで有効にしましょう。

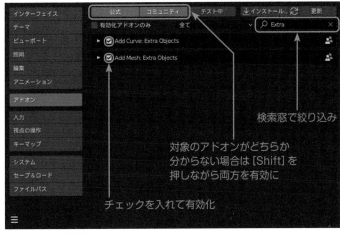

検索窓で絞り込み

対象のアドオンがどちらか分からない場合は [Shift] を押しながら両方を有効に

チェックを入れて有効化

▲アドオンの有効化

2 ● 代表的な「アドオン」の紹介

人気の高い「アドオン」の中でも、Blender インストール時に既にインストール済のものと、無料の「アドオン」を紹介します。

使用方法も多くのサイトで紹介されていますので、興味のある「アドオン」は是非一度試してみてください。

※インストール必要なソフトウェアの使用ライセンスは著者の保証するものではありませんので、利用の際は再度ご確認ください。

●モデリング

● Extra Objects `インストール済`

「追加」によって作成される「メッシュ」と「カーブ」のバリエーションを増やします。

▲追加されたオブジェクト

● LoopTools インストール済

「編集モード」で利用できる様々な編集補助機能を追加します。「bridge」「フラット化」「Loft」「リラックス」など他の3Dソフトでは一般的な機能が含まれます。

▲「サイドバー」に追加された「LoopTools」の機能

● Bézier Utilities 無料

https://github.com/Shriinivas/blenderbezierutils

「カーブ」の扱いがIllustrator風に、より自由に行えます。

● MiraTools 無料

https://blenderartists.org/t/miratools/637385

多様なモデリング補助機能が追加される人気の「アドオン」です。

▲「オブジェクトモード」の「MiraTools」

▲「編集モード」の「MiraTools」

●マテリアル

● Material Utilities インストール済

作成したマテリアルを効率よく管理し、対象のオブジェクトに適用できます。「PBR Materials」と併用するのも良いでしょう。

▲ [RMB] で素早く複数オブジェクトに適用

● PBR Materials 無料　https://3d-wolf.com/products/assets/materials/

無料のマテリアル集ファイルです。以前は「アドオン」として配布されていましたが、現在ではアセットファイルとして配布されています。設定されているアセットフォルダにインストールしましょう。

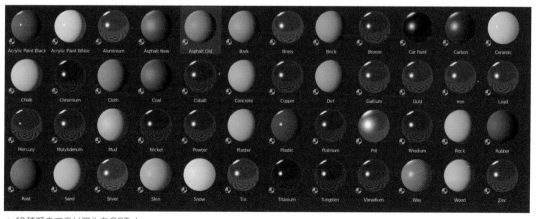

▲ 48種類のマテリアルをGET！

●ペイント

● Paint Palettes `インストール済`

塗りのためのカラーパレットやウエイトペイントのためのウエイト値を登録できます。少し癖のあるツールですが、使い慣れると大変便利です。

● Auto Reload Images `無料`

https://github.com/samytichadou/Auto_
Reload_Blender_addon/releases

筆者も大変気に入っている、テクスチャを自動更新してくれる「アドオン」です。何よりも有難い機能として、テクスチャの編集に外部ソフトを指定可能です。**テクスチャ編集ボタンクリック➡お気に入り画像編集ソフトで編集、保存➡自動でテクスチャ再ロード、確認**の一連の作業がスムーズに可能です。

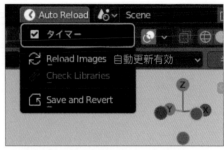

▲「トップバー」に表示される「Auto Reload」

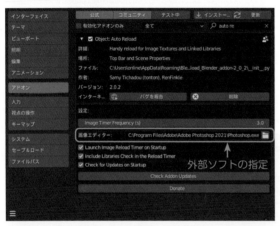

▲「プリファレンス」でソフトを設定

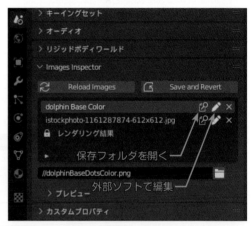

▲「シーンプロパティ」で操作

●UV編集

● TexTools `無料`

https://github.com/SavMartin/TexTools-Blender/releases

「TexTools」はUV編集が楽しくなる？UV編集ツールです。

● Magic UV　インストール済

多彩なUV編集機能を提供します。

●アーマチュア

● Rigify　インストール済

人間をはじめ、代表的な馬、鳥、サメなど数種類の動物のアーマチュアが利用可能となります。

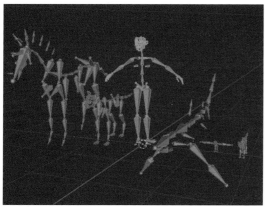

▲追加されたアーマチュア

▲「サイドバー」に追加された「Magic UV」の機能

●ノード

● Node Wrangler　インストール済

「ノード」の扱いが画期的に便利になります。

テクスチャマッピングのための一連のノードコネクションなどもワンボタン（[Ctrl] + [T]、[Shift] + [Ctrl] + [T]）で設定可能です。このためだけに有効にするのもアリですね。

●メタバースを体験

● VR Scene Inspection　インストール済

今、時代のキーワードと言えば「メタバース」です。

「メタバース」の実体がどのような物かはこれから徐々に明らかになるでしょうが、ここでは「メタバース」を創る側としてのBlenderを見てみます。

執筆時現在ではBlenderによる「Meta Quest 2」などのVRゴーグルを利用した3D制作環境の構築は無理な様子です。しかし、標準で装備されているアドオン「VR Scene Inspection」を有効にすることによって、構築した3D環境に入り、その作りを確認することが可能です。

10-4 他のソフトウェアとの コラボレーション

Blenderは他の3Dソフトやシステムとのデータのやりとりにも頻繁に利用されます。
ここでは幾つかの例を紹介します。

1 ● Unity & Unreal Engineに利用するファイル出力

「Unity」や「Unreal Engine」は現在良く利用されている3D/2Dゲームエンジンです。

これらのソフトウェアには高度なモデリング機能がありませんので、他のソフトウェアで作成した3Dデータをインポートして利用するといった流が一般的です。最近では無料の3Dモデル制作のツールとして、Blenderを利用するプロダクションやユーザーも多くなりました。

ここで「Unity」や「Unreal Engine」へのデータエキスポートを簡単に紹介します。ファイルの形式は標準的に3Dデータのやりとりに利用されるFBXを指定します。

メニュー➡ファイル➡FBX (.fbx) によるFBXファイル形式でのエクスポート時に次の設定を行ってください。

❶オペレータープリセット

エクスポートの設定を保存します。

❷パスモード

テクスチャファイルへのパスのモードを指定します。「コピー」を選び右のボタンを押して相対パスを指定します。

❸トランスフォーム

Blenderの座標はZ軸が上、−Y軸が前方に設定されています。

エクスポート時にこの軸を「Unity」や「Unreal Engine」の座標軸に合わせて出力します。

❹FBXをエクスポート

「FBXをエクスポート」ボタンを押して任意の場所にファイルをエクス

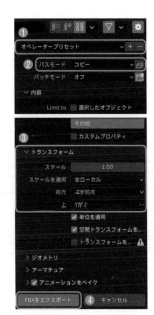

▲FBXエクスポートの設定

ポートします。ファイルが散在しないようにフォルダを作成してまとめておくと良いでしょう。

※テクスチャを同じ階層に保存しておくのが良いでしょう。

●ゲームエンジンへの取り込み

「Unity」では、メニュー➡
Assets➡Import New Asset…、
又は「Assets」へ直接ドラッグ＆ド
ロップしてシーンに配置可能です。

　「Unreal Engine」では、メニュー
➡File➡Import Into Level…、又
は「Content Drawer」へ直接ド
ラッグ＆ドロップして、こちらもシー
ンに配置して確認してください。

　Blenderのレンダリングでは裏
面もレンダリング可能です。取り込

▲「Unity」に取り込んだテーブルセット

んだオブジェクトが透けて見える
場合は、再度Blenderで法線の向きを確認して修正してください。

　「Unity」や「Unreal Engine」に取り込んだ後にも「マテリアル」の設定をはじめ、様々な調整作業が
発生することに留意してください。

※本書ではBlenderの標準機能を使用していますが、便利な「アドオン」もリリースされています。興味のある人は是
　非試してみてください。「Unity」ではBlenderファイルを直接読み込み可能ですが、ここではより汎用的なFBXの
　取り込みを紹介してます。

2 ● CADデータの読み込み

　CADソフトによって作成された
3DモデルをBlender側でマテリア
ルを調整したり…などのニーズもあ
るでしょう。

　CADソフトで良く利用されてい
る「.STEP」ファイル形式をそのま
まBlenderにインポートすること
はできませんが、「Free CAD」など
のソフトウェアを介して「.obj」形式
へ変換し、読み込み可能となります。

▲「Free CAD」スプラッシュ画面

ショートカット一覧

●ビュー操作

ビュー回転	[MMB] プレス ➡ ドラッグ
ビュー平行移動	[Shift] キー+ [MMB] プレス ➡ ドラッグ
ビューズームイン／ズームアウト	[MMB] ホイール回転
透視投影と四分割表示の切り換え	[Ctrl] + [Alt] + [Q] キー
オブジェクトモード／編集モードの切り換え	[Tab] キー
座標系パイメニュー	[,] キー
ピボットポイントパイメニュー	[.] キー
シェーディングパイメニュー	[Z] キー
サイドバー表示／非表示	[N] キー
ツールバー表示／非表示	[T] キー

●オブジェクト

オブジェクトを追加	[Shift] + [A] キー
コピー	[Ctrl] + [C] キー
ペースト	[Ctrl] + [V] キー
適用コンテクストメニュー	[Ctrl] + [A] キー
3Dカーソルをワールドの中心に移動させ全て表示	[Shift] + [C] キー
スナップ (吸着) パイメニュー	[Shift] + [S] キー

●選択

全選択	[A] キー
「長押し」、選択ツールの切り換え	[W] キー
ボックス選択	[B] キー
サークル選択	[C] キー
投げ縄選択	[Shift] キー+ [Spacebar] ➡ [L] キー
リンク選択	[L] キー
ループ選択	[Alt] キー+頂点、辺、面を [LMB] クリック
最短距離選択	[Ctrl] キー+頂点、辺、面を [LMB] クリック
頂点選択	[LMB] ダブルクリック ➡ [1] キー　注) テンキーは不可
辺選択	[LMB] ダブルクリック ➡ [2] キー　注) テンキーは不可
面選択	[LMB] ダブルクリック ➡ [3] キー　注) テンキーは不可

●表示

選択を非表示	[H] キー
選択以外を非表示	[Shift] + [H] キー
表示	[Alt] + [H] キー

●操作

移動	[G]キー
回転	[R]キー
拡大縮小	[S]キー
特定の軸方向への移動	[G]キー ➡ 軸 （例：[G] ➡ [X]（X軸移動））
特定の軸方向への回転	[R]キー ➡ 軸 （例：[R] ➡ [X]（X軸回転））
特定の軸方向への拡大縮小	[S]キー ➡ 軸 （例：[S] ➡ [X]（拡大縮小））
複製	[Shift] + [D]キー
リンク複製	[Alt] + [D]キー

●編集

押し出し	[E]キー
面を差し込む	[I]キー
ベベル	[Ctrl] + [B]キー
ループカット	[Ctrl] + [R]キー
辺をスライド	[G]キー ➡ [G]キー

●カーブ、グラフエディタ

ハンドルタイプ設定	[V]キー

●スカルプト

ブラシの効果が反転	[Ctrl]キー + 「ブラシ」操作
ブラシサイズ(半径)の変更	[F]キー
ブラシ強さの変更	[Shift] + [F]キー
リメッシュ	[Ctrl] + [R]キー

●アニメーション、グラフエディタ、ドープシート

キーフレーム挿入	[I]キー
全体の移動	[MMB] プレス + ドラッグ
時間軸の拡大縮小	[MMB] ホイール回転
時間軸の上下移動	[Shift]キー + [MMB] ホイール回転

●カメラ、レンダリング

カメラを選択してアクティブカメラの切り換え	[Ctrl] + [0]キー	注）テンキーの0に限る
3Dビューとカメラビューの切り替え	[0]キー	注）テンキーの0に限る
静止画像レンダリング開始	[F12]キー	
アニメーションレンダリング開始	[Ctrl] + [F12]キー	
レンダリング停止	[Esc]キー	
部分レンダリング選択	[Ctrl] + [B]キー ➡ [MMB] プレス ➡ ドラッグ	
部分レンダリング選択解除	[Ctrl] + [Alt] + [B]キー	

Index 索引

● あ行

あとがき

『入門 Blender －ゼロから始める 3D 制作－ 3.x 対応』はいかがでしたか。

　執筆している最中にも、いえ、執筆が終わった瞬間にもここはこう説明すべきか、説明が少ないか？それとももっと簡潔に説明すべきか？　これは最新の正しい情報か？

　悩みは尽きません。

　出版物の宿命として最新情報をぎりぎりまで差し替えているために情報やレイアウトに混乱を生じることもあり反省しきりです。

しかし当初の目的である、3DCG 初学者に対して 3DCG 制作に必要な知識と Blender にはどのような機能があるかを全般的に説明するという目的からはブレていません。

『入門 Blender －ゼロから始める 3D 制作－ 3.x 対応』はこれ一冊で 3DCG 制作と Blender の基礎が全て身に付くものではありません。

　3DCG 制作と Blender の広大な世界へ初めて踏み出した、読者にとって一つのガイドになれば幸いです。

　出版まで根気強くお付き合い頂いた編集、デザイン、出版の各位、手にとって頂いた読者の皆さん、そしてオープンソースの発展に尽力されている Blender Foundation と日本語翻訳チームの皆さんに感謝いたします。

伊丹シゲユキ

■著者紹介

伊丹 シゲユキ（いたみ しげゆき）

職業はクリエーター。生まれたときからのフリーランス。イラストレーター業を機にグラフィック制作分野での活動を始める。デザイン、WEB、ゲーム企画、3Dを専門とし、加えて講師業、執筆、コンサルタント全般をフィールドとする。

HP：itami.info
Facebook, Twitter：itami shigeyuki
YouTube：youtube.com/buzzlyHan

入門Blender
－ゼロから始める3D制作－ 3.x対応

発行日	2023年 1月20日	第1版第1刷
	2023年 3月 1日	第1版第2刷

著　者　伊丹　シゲユキ

発行者　斉藤　和邦
発行所　株式会社　秀和システム
　　　　〒135-0016
　　　　東京都江東区東陽2-4-2　新宮ビル2F
　　　　Tel 03-6264-3105（販売）Fax 03-6264-3094
印刷所　三松堂印刷株式会社　　　　　　Printed in Japan

ISBN978-4-7980-6458-1 C3055